LA SCIENCE

DU

MAITRE D'HOTEL,

CONFISEUR,

A L'USAGE DES OFFICIERS,

AVEC

DES OBSERVATIONS

Sur la connoissance & les propriétés des Fruits. Enrichie de Desseins en Décorations & Parterres pour les desserts.

Suite du Maître d'Hôtel Cuisinier

Nouvelle Edition, revue & corrigée.

Prix 3 liv. relié.

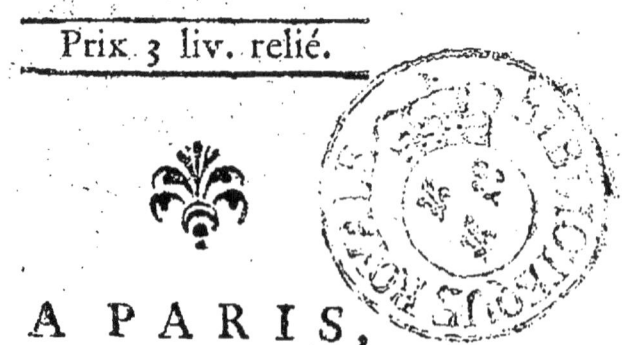

A PARIS,

M. DCC. LXXVI.

Avec Approbation & Privilege du Roi.

A PARIS.

Chez
- Veuve SAVOYE, rue S. Jacques.
- LECLERC, quay des Auguftins.
- HOCHEREAU, ainé, quay de Conti.
- DIDOT, jeune, rue du Hurpoix.
- LECLERC, au Palais.
- HUMBLOT, rue S. Jacques.
- BAILLY, quai des Auguftins.
- DELALAIN, rue de la comédie Françoife.

PRÉFACE.

LA Science du Maître d'Hôtel comprend une connoissance générale de tout ce qui se sert sur les tables. Ce n'est pas assez pour lui de connoître la nature & les qualités des mets, si l'art de les préparer lui est totalement inconnu; mais comme l'apprêt des alimens fait en partie l'objet de la Cuisine, & en partie celui de l'Office; après avoir instruit dans le volume précédent le Maître d'Hôtel des connoissances qui concernent le premier, il me restoit à lui communiquer dans celui-ci les lumieres qui ont rapport au second.

Mais quoique ce travail entrât

a

PRÉFACE.

dans le plan que je m'étois pref-
crit, j'avoue que je me ferois moins
preffé de publier l'Ouvrage préfent fur l'Office, fi d'un côté, l'ac-
cueil favorable que le Public a fait
au précédent volume fur la Cuifine, de l'autre les inftances réi-
térées de plufieurs perfonnes, ne
m'avoient engagé à recueillir toutes
mes forces, & à redoubler tous
mes foins pour les fatisfaire promptement.

Il y a longtems qu'il n'a paru
d'Ouvrage fur l'Office, & depuis
l'année 1691, que fut publié pour
la premiere fois le dernier Traité
fur cette matiére, quels change-
mens n'a-t-on pas vû? L'art de
l'Office, de même que les autres,
s'eft perfectionné par les variations
comme par autant de dégrés; de

maniere que l'ouvrage publié alors
eft prefqu'inutile pour l'Office d'aujourd'hui. Sans remonter même
jufqu'à la fin du dernier fiécle, depuis vingt ans qu'elle nouvelle face
l'art de l'Office n'a-t-il pas pris ?
Et pour ne pas entrer dans le détail de toute la manœuvre d'aujourd'hui, quelle différence de nos
defferts à ceux d'autrefois ? Que
font devenues ces pyramides éri-
gées avec plus de travail & d'induf-
trie que de goût & d'élégance,
qu'on voyoit fur nos tables ? Qu'eft
devenu cet amas confus de fruits
où il éclatoit plus de profufion
que d'intelligence & de délica-
teffe ? En un mot, il y a prefque entre l'Office moderne & celui d'autrefois la même différence,
qu'entre l'Architecture moderne &

l'Architecture Gothique. Au lieu
de ces efpeces d'édifices chargés
d'ornemens compaffés avec une
pénible fymétrie , une élégante
fimplicité fait toute la beauté &
le principal mérite de nos defferts.
Mais quoique plus fimples, quelle
charmante variété inconnue à nos
Peres, n'y remarque-t-on pas ?
Quel agréable coup d'œil n'of-
frent pas les décorations diverfi-
fiées qu'enfante chaque jour l'imagination féconde de nos Officiers
intelligens ? Voyez ce Parterre
orné de figures en fucre, de figures de Saxe, décorées de fable
en fucre de différentes couleurs,
d'arbres, de fruits fecs , de pots
à fleurs , de berceaux , de guir-
landes, avec des compartimens en
chenille de diverfes couleurs. Quelle

intelligence! Quel goût! Quelle aimable fymétrie.

Que feroit-ce, fi pouffant le parallele plus loin, on vouloit fe donner la peine de comparer le travail de l'Office moderne avec celui de l'ancien? Il fuffit de dire que ceux qui en voudront faire l'examen, reconnoîtront fans peine, que le travail de nos officiers, quoique plus fimple, moins compliqué & moins coûteux qu'autrefois, s'eft étendu bien au de-là des bornes anciennes. Je me flatte que l'Ouvrage que je donne préfentement en fera une preuve convaincante pour ceux qui daigneront le comparer avec ce qui a paru jufqu'ici fur cette matiere.

Je ne m'y fuis point écarté du plan que j'ai fuivi dans le premier

volume. On y trouvera des observations fur la connoiſſance & les
qualités des fruits, avec les emplois
différens qu'on en peut faire. Pour
donner aux Officiers une ébauche
de décoration dont ils peuvent di-
verſifier l'appareil des deſſerts, l'on
a fait graver des planches d'un deſſein moderne, qui ſont inſérées dans
quelques Chapitres de ce Livre. Il
ne faut pas qu'ils s'imaginent que
j'ai voulu les aſſujettir au deſſein
que je leur préſente, rien ne ſeroit
plus éloigné de mes vues. Mon but
n'a été que de leur donner une idée
du ſervice préſent & du goût moderne. Je laiſſe à chacun la liberté
de ſuivre ſon génie, & de donner
à ſon gré l'eſſor à ſon imagination,
pour jetter dans ſes deſſeins l'ordre
& la variété qu'il jugera à propos.

Quant à la diftribution de cet
Ouvrage , celle qui m'a parue la
plus naturelle , a été de le divifer
en cinq parties. L'emploi des fruits
qui paroiffent dans les quatre Saifons de l'année , fait l'objet des
quatre premieres ; & la cinquiéme ,
eft deftinée aux Ouvrages qui font
de toutes les Saifons. On trouvera
à la fuite une addition fur la Diftillation que j'ai cru pouvoir être de
quelqu'utilité.

Comme le tems de la maturité
des fruits varie felon la nature &
la pofition des climats, il y a des
Provinces , où la Saifon des fruits
eft prefque paffée , lorfqu'elle ne
fait que commencer en d'autres.
Je dois donc avertir que dans l'ordre que je ferai des fruits que chaque Saifon nous fournit , je n'au-

rai égard qu'à la nature du climat de Paris, où les fruits parviennent à leur maturité bien plus tard que dans les Provinces méridionales de la France. Je n'aspire même pas sur cet article à une exactitude parfaite. On ne doit pas s'attendre en ce genre à une régularité qui soit toujours la même, & qui ne se démente jamais; car outre que les années ne se ressemblent pas toujours, la nature du terroir dans une Province n'est pas partout la même. Ajoutez à cela que le travail & l'industrie d'un bon Jardinier hâtent souvent la maturité des fruits dans un même lieu.

F I N.

PREMIER PLAN.

Pour dreſſer les Parterres, il faut couper des cartons de la figure des deſſeins que vous voulez faire ; garniſſez tous les bords des cartons avec de la chenille qui doit être de la même couleur que le ſable que vous mettez en dedans pour appliquer la chenille ſur les cartons, il faut prendre de la cire verte, vous en faites de petites boulettes, groſſes comme la tête de deux épingles, que vous mettez ſur les cartons d'un pouce de diſtance, enſuite vous appliquez les cartons ſur les criſtaux que vous faites tenir avec de la même cire ; il faut que les contours de toutes les bordures ſoient garnis de chenille, afin de cacher le vuide qu'il y a de la glace à ſon cadre ; à l'égard des compotes & aſſiettes, l'on en met ce que l'on juge à propos.

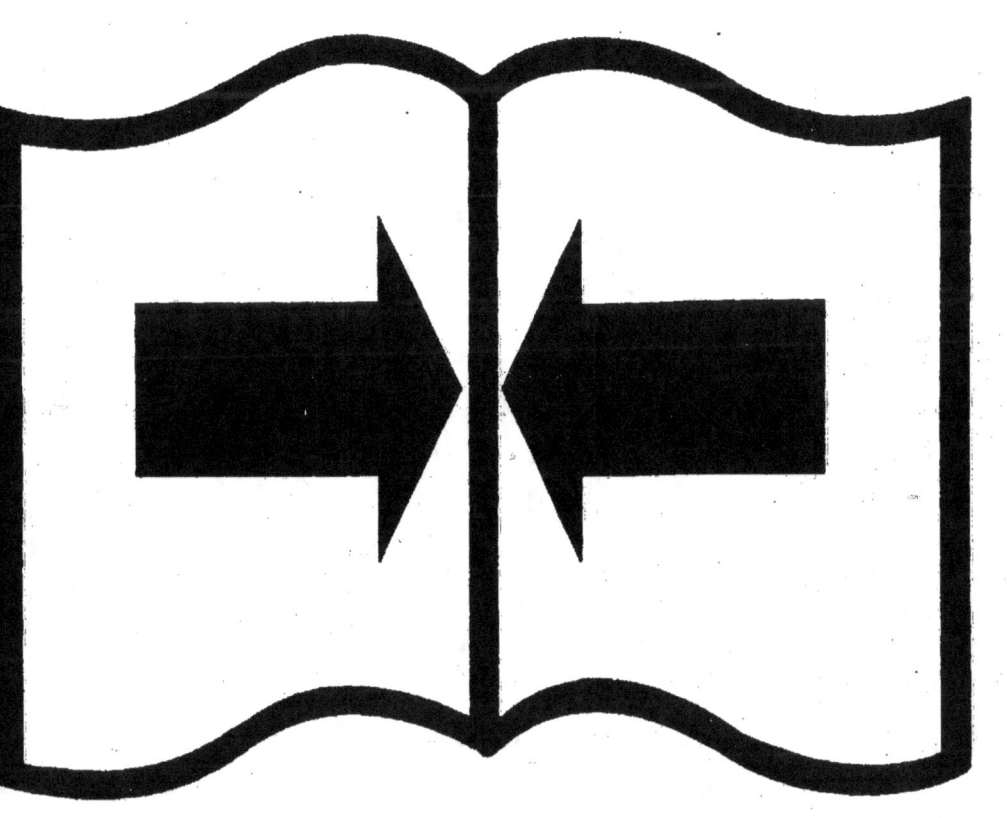

Reliure serrée

Table de douze à quinze couverts, fervi
à trois plateaux.

CELUI du milieu repréſente une baluſtrade hauſſée de deux dégrés, dont
le milieu eſt un Parterre, le carré du
milieu pour poſer une figure, les côté
repréſentent deux Parterres avec une
figure dans le milieu.

Nº. 1. Qui eſt le plateau du milieu
formé en dez, eſt la place où ſe doit poſer
la baluſtrade.

Nº. 2. Qui eſt le milieu du plateau,
eſt pour poſer la figure qui repréſente
Anchiſe, l'on mettra à la place celle
que l'on voudra.

Nº. 3. Sont les places de Parterres
que l'on garnit de ſable ou de jais de
différentes couleurs.

Nº. 4. Sont des places pour mettre
chacune une figure.

L. Le Gra

LA SCIENCE

DU

MAITRE D'HOTEL,

CONFISEUR,

A L'USAGE DES OFFICIERS,

AVEC DES OBSERVATIONS
Sur la connoissance & les propriétés
des fruits.

DU PRINTEMS.

LE Printems qui comprend les mois de Mars, Avril & Mai, nous fournit pour nouveauté la fleur de violette, les fraises, les framboises, les amendes vertes, les abricots verts, les groseilles vertes, les cerises précoces.

A

Comme chaque Saison fournit au travail de l'Officier à mesure que les fruits avancent en maturité, je vais exposer ici en général l'emploi que l'on peut faire des fleurs & des fruits que le Printems nous offre. Par ce moyen on verra d'un coup d'œil, & comme en gros, tout ce qui dans la suite sera traité séparément & en détail.

Dans cette Saison, l'on fait des pâtes de violettes, le sirop violat, dont le marc après l'avoir mis en marmelade pour le conserver, sert à faire des pâtes au sec dans d'autres Saisons ; la groseille verte se confit au liquide pour être conservée, on s'en sert pour faire des compotes, ou des tourtes dans le courant de l'année : les amandes vertes sont employées pour confire au liquide ou au sec, pour faire des pâtes, des marmelades & des compotes ; les abricots verds sont employés au même usage que les amandes ; les fraises se servent au naturel, & quelquefois en compotes : on en fait aussi de l'eau de fraises au naturel & de distillées ; les framboises se confisent au liquide & au sec, on en fait des compotes, des marmelades, des gelées, des pâtes, des conserves & des eaux ; les cerises précoces se mettent en compote, en conserve, & glacées de sucre en poudre.

Les fleurs que nous avons au Printems, outre la Violette dont nous avons parlé, & qui en fait l'ornement, sont les Giroflées de toutes espéces, la Hyacinte, l'Iris d'Angleterre & d'Alger, les Narcisses, le Muguet, l'Anemone, l'Helebore, les Renoncules, les Tulipes, les Roses de Gueldres, les Pieds d'Alouettes, les Oeillets d'Espagne & la petite feuille de Vigne en salade; des Mâches, de la petite Laitue, des Laitues nouvelles; toutes sortes de fournitures, comme l'Estragon, Corne-de-cerf, Pimprenelle, Cresson alenois, Baûme, Civette. Sur la fin du Printems les Laitues pommées & les Laitues Romaines.

DU SUCRE.

COMME j'ai parlé dans mon précédent volume, des propriétés du Sucre & de sa composition, où l'on peut avoir recours, il ne me reste à parler ici que des différentes cuissons qui sont à l'usage de l'Officier, suivant l'emploi qu'il en veut faire.

Sucre clarifié,

Pour cet effet, vous prenez le blanc d'un œuf que vous mettez dans deux pintes d'eau ; après que vous aurez fait mousser votre eau en la fouettant avec un fouet, mettez y un pain de sucre de six à sept livres, mettez le sucre sur le feu, & vous observerez quand il montera d'y jetter un peu d'eau ; la bonne façon est de le laisser monter trois ou quatre fois jusqu'à ce que l'écume commence à noircir ; vous l'ôtez de dessus le feu pour le laisser reposer jusqu'à ce que l'écume se détache d'elle - même ; il faut alors le bien écumer ; remettez le sucre sur le feu, & continuez de l'écumer, en y jettant un peu d'eau à mesure qu'il monte ; quand il est bien netoyé & clarifié il ne monte plus, pour lors vous l'ôtez de dessus le feu pour le passer dans une serviette mouillée, ou une étamine ; je dis mouillée, parce que cela dégraisse le sucre.

A l'égard des cuissons, la premiere est :

Le petit Lissé.

Après l'avoir clarifié comme ci-dessus, remettez-le sur le feu pour le faire bouillir, jufqu'à ce qu'en trempant le doigt dedans, que vous appuyez après contre le pouce, il fe forme un petit filet qui fe rompt, & forme une goute fur le doigt.

Le grand Liffé.

Il fe connoît de la même façon, à cette différence qu'il a un bouillon de plus, & qu'il s'étend davantage dans les doigts, & ne fe rompt pas fi facilement.

Si vous voulez le mettre :

Au Petit ou au grand Perlé.

Vous continuez à le faire bouillir, & recommencez le même effai avec les doigts ; & s'il file en ouvrant les doigts fans fe rompre, c'eft le *petit perlé* ; & quand vous ouvrez les doigts de toute leur étendue fans que le filet fe caffe, ou qu'il forme un bouillon comme des perles élevées & rondes, c'eft le *grand Perlé*.

Entre le grand perlé & le fouflé, il y a :

La petite & la grande queue de Cochon,

Que vous connoiffez en levant l'écumoire, fi le fucre retombe en petite bouteille qui forme une efpéce de queue de

cochon. Enfuite le fucre vient au fouflé.
Pour le mettre :

Au fouflé.

Vous continuez à lui faire prendre quelques bouillons, & connoîtrez qu'il eft à fon point en retirant l'écumoire de la poële que vous fecouez fur le fucre, & fouflez après d'un côté & d'autre au travers des trous, il en doit fortir des efpéces de petites bouteilles ou étincelles de fucre.

Si vous voulez le mettre :

A la petite Plume.

Continuez-lui quelques bouillons, & vous ferez le même effai qu'à la cuiffon précédente, il doit en fortir de plus groffes bouteilles ou étincelles

Si vous lui continuez quelques bouillons, il deviendra :

A la grande Plume.

Ce que vous connoîtrez, en fecouant l'écumoire d'un revers de main, s'il s'éleve en l'air de groffes boules & de longues étincelles qui fe tiennent enfemble.

Entre la grande plume & le caffé, vous avez :

Le petit & le gros boulet.

Que vous connoiffez de l'intervale de l'un à l'autre quand il fe forme, en trempant deux doigts dans de l'eau fraîche, & les mettez dans le fucre, vous les retirez promptement pour les remettre dans de l'eau fraîche, de crainte que le fucre ne s'attache après les doigts, & ne vous brûle ; vous roulez le fucre entre le doigt & le pouce pour en faire une petite boule, vous voyez quand le fucre fe ramaffe aifément & fe roule comme une pâte, il eft au boulet ; la différence du petit au gros boulet, la petite boulette fe tient molle, & le gros fe tient ferme quand le fucre eft refroidi. Pour le mettre :

Au caffé.

Continuez de le faire réduire ; vous faites le même effai pour le caffé que pour le boulet, excepté qu'après que vous aurez rafraîchi le fucre, il faut qu'il caffe entre vos doigts.

L'on ne fait point de différence de la cuiffon du fucre au caffé à celle :

Au Caramel.

Cependant fi vous voulez faire du

caramel, l'on y met un peu de jus de citron pour l'éclaircir. Voilà les principaux dégrés de cuisson du sucre à mesure qu'il continue de bouillir, qui ont chacun leurs usages différens, suivant les emplois que l'on en veut faire. Il est encore d'autre cuissons de sucre qui n'ont pas besoin d'être clarifiées, comme il sera marqué chacun à son article.

DU MIEL.

OBSERVATION.

LEs Anciens qui ne connoissoient point encore l'usage du sucre, avoient tant d'estime pour le miel, que Pline le nomme un *Nectar divin*, ils l'employoient presque partout où nous employons à présent le sucre. Au rapport de Laërce, le Philosophe Pithagore se contentoit de miel & de pain pour sa nourriture ordinaire, & a vécu jusqu'à l'âge de quatre-vingt-dix ans. On lit plusieurs exemples de personnes fortes & robustes, qui, en ne se servant presque d'autres alimens que de miel, sont parvenus à une grande vieillesse ; ce qui nous fait connoître l'estime que les An-

ciens en faisoient, & l'avantage qu'ils
en retiroient. Il y en a de deux sortes,
l'un jaune, & l'autre blanc qui est le plus
estimé & le plus employé parmi les alimens, principalement celui qui a été fait
au Printems, parce que les fleurs tendres
& nouvelles que les Abeilles sucent,
fournissent un bon suc; celui qui est fait
en Hyver est le moins estimé, parce
qu'il a un goût de cire; le meilleur que
nous ayons est celui de Narbonne, parce
que dans le Languedoc les fleurs de Ro-
marin sont abondantes, & ont plus de
force à cause de la chaleur du climat.

Il faut le choisir nouveau, épais,
grenu, clair & transparent, d'un goût
doux & piquant, d'une odeur douce &
un peu aromatique. Ses qualités varient
beaucoup selon la nature des lieux où il
est formé, & des fleurs que les Abeilles
sucent pour le travailler. On attribue
l'amertume du miel de Sardaigne à l'ab-
synthe qui y croît en abondance. Les
Anciens parlent de différentes sortes de
miel, qui produisoient de funestes effets,
dont ils cherchoient la cause dans les
sucs des plantes; celui que l'on recueille
dans les pays où l'on respire un air pur,
& où il croît beaucoup de plantes aromatiques, ne peut avoir que de bonnes

A v

qualités, & ne produire que de salu-
taires effets. Il fortifie l'eſtomac, en lui
communiquant une chaleur modérée ; il
lâche le ventre, en amoliſſant & humec-
tant les excrémens endurcis dans les in-
teſtins ; il facilite la reſpiration en adou-
ciſſant les âcretés de la poitrine, & divi-
ſant par ſes ſels la pituite il excite la ſa-
live. Les ſucs aromatiques qu'il tire des
plantes le rend propre à réſiſter à la ma-
lignité du venin, & lui donne les qualités
d'un aliment ſain, lorſqu'il eſt employé
avec modération. On remarque ſeulement que les Bilieux doivent s'en abſte-
nir, parce qu'il ſe convertit aiſément en
bile. On peut faire des confitures avec le
miel, en obſervant la même choſe que
pour le ſucre ; mais elles ne ſont point
ſi belles & ne ſe conſervent pas ſi long-
tems. Avant de s'en ſervir il faut le bien
clarifier ; vous le mettez dans une poële
ſur un fourneau, faites le bouillir à petit
feu, en le remuant ſouvent au fond avec
une eſpatule, parce qu'il eſt ſujet à brûler ; il faut l'écumer juſqu'à ce qu'il ſoit
bien clair, vous connoiſſez ſa cuiſſon en
mettant deſſus un œuf de poule ; s'il reſte
ſans aller au fond, c'eſt une marque
qu'il eſt bon pour être employé.

On fait avec le miel dans les pays où

il eſt commun, une boiſſon que l'on nomme Hydromel vineux. Vous prenez de
l'eau, & vous y faites diſſoudre autant
de miel qu'il en faut pour qu'un œuf
puiſſe être ſuſpendu dans la liqueur ;
mettez-le enſuite bouillir ſur le feu, en
l'écumant de tems en tems, juſqu'à ce
que l'œuf ſurnâge ſur la liqueur, vous le
verſez enſuite dans un tonneau que vous
n'empliſſez qu'aux deux tiers, bouché
avec du linge ou du papier ; expoſez le
tonneau pendant un mois dans une étuve
ou au Soleil, la liqueur fermente, &
devient vineuſe ; après vous le bouchez
bien, & le mettez à la cave pour vous
en ſervir.

DE LA VIOLETTE.

OBSERVATION.

L E Printems nous offre pour pré-
mice de ſes productions, la fleur de
violette, elle doit être cueillie avant
le Soleil levé, par un tems ſec, ſi l'on
veut qu'elle conſerve ſa vertu & ſa bonne
odeur ; on prétend que celle de Mars
appliquée ſur le front appaiſe la douleur
de tête qui provient de la boiſſon, &

excite le sommeil ; que la fleur pilée &
mife en boiffon, & prife pendant plufieurs jours, empêche les mauvaifes
fuites des coups reçus à la tête. L'on fait
du firop & conferve de violette qui eft
bonne pour l'inflammation des poul-
mons, la pleuréfie, la toux & fiévre.

Conferve de violettes.

Epluchez de la belle violette, il en
faut un quarteron pour deux livres de
fucre, vous vous réglerez fur cette dofe
pour la quantité que vous voulez faire ;
mettez-la dans un petit mortier pour la
piler très-fin ; prenez deux livres de
fucre que vous clarifiez & faites cuire à
la grande plume. Voyez *fucre à la grande
plume*, page 6. Lorfque vous l'aurez
ôté du feu, & qu'il fera à moitié froid,
mettez-y la fleur de violette pilée, pour
la bien mêler, & prendre garde de la
trop blanchir ; quand elle fera bien mêlée, vous la verferez dans un moule de
papier que vous aurez tenu prêt ; lorfqu'elle fera froide vous la couperez par
tablettes à votre ufage.

Candi de violettes.

Ayez de la belle violette épluchée ;
faites cuire du fucre à la plume, verfez-

le dans les moules à candi; lorfqu'il fera
à moitié froid, mettez-y la violette que
vous enfoncez légerement & également
avec une fourchette ; mettez par-deffus
une grille à candi faite pour le moule,
vous l'appuyez en mettant un poids de
deux livres & propre ; mettez le moule
à l'étuve, que vous ouvrirez le moins que
vous pourrez, entretenez l'étuve de feu
le plus également qu'il vous fera poffible,
ce doit être un candi de vingt-quatre
heures pour connoître fi votre candi
eft bien, il faut mettre quatre petits bâtons blancs, fecs, aux quatre coins du
moule que vous enfoncez juqu'au fond
pour effai, vous les retirez doucement
lorfque vous croyez que le candi eft
fait, vous verrez fi les bâtons font les
diamans deffus & également, pour lors
vous égouterez votre candi en penchant
le moule par le coin, que vous laiffez
égouter pendant deux heures, enfuite
vous renverfez le moule fur une feuille
de papier blanc, un peu fort, & également.

Paftilles ou ingrédiens de Violettes.

Si vous êtes dans le tems de la violette, vous en prenez un quarteron que
vous mettez infufer dans un peu d'eau

bouillante que vous mettrez à l'étuve pour en exprimer tout le fruit, vous vous servirez de cette décoction pour faire tremper une once de gomme adragante; lorsqu'elle sera fondue, vous la passerez au travers d'une serviette que vous presserez fort pour qu'il ne reste rien; mettez cette eau dans un mortier avec du sucre fin que vous pilez ensemble, en y mettant peu à peu une livre de sucre, jusqu'à ce que vous ayez une pâte maniable; vous formerez avec cette pâte des pastilles de tel dessein que vous voudrez, ou des ingrédiens comme des grains de bled, des cloux de gérofles, des grains de caffé &c. & si vous n'êtes pas dans le tems des violettes, vous prenez de la violette séchée & pulvérisée que vous mettez dans le sucre, en le pilant avec la gomme que vous aurez fait fondre dans un peu d'eau. Pour avoir de cette violette toute l'année, vous prenez de la violette dans la Saison, que vous épluchez, & la mettez sécher à l'étuve d'une chaleur douce; lorsqu'elle est séchée, vous la pilez & pulvérisez, & la mettez dans une boëte garnie de papier blanc, bien bouchée, que vous conservez dans un endroit sec.

Sirop Violat.

Prenez une demie livre de belle vio‑
lette épluchée, celle de bois eſt la meil‑
leure ; mettez‑la dans une terrine, faites
bouillir une chopine d'eau, que vous
jettez ſur la violette, mettez une aſſiette
deſſus pour l'enfoncer, afin qu'elle puiſſe
rendre ſon parfum ; vous la mettrez à
l'étuve du ſoir au matin ; ſi vous en avez
une demie livre épluchée, elle doit
fournir deux bouteilles de pinte ; faites
clarifier cinq livres de ſucre, que vous
ferez cuire au caſſé. Voyez *Sucre au caſſé*
page 7. Vous paſſerez la violette au tra‑
vers d'une ſerviette pour en exprimer
toute l'eau, vous la jettez dans le ſucre,
vous obſerverez que le ſucre ne bouille
pas, mais ſeulement que l'eau puiſſe
prendre corps avec le ſucre ſans le re‑
muer ; vous jettez le ſucre dans une ter‑
rine, & vous le mettrez à l'étuve, où
vous le laiſſerez pendant trois ou quatre
jours, vous entretiendrez l'étuve de feu
comme pour faire du candi, vous verrez
à votre ſirop de tems en tems avec une
cuilliere, quand il ſera à perlé il ſera
fait. Il n'eſt point ſujet à pouſſer ni à
candir, fait de cette façon.

Glaces de Violettes.

Épluchez une bonne poignée de violette, que vous mettrez dans un mortier pour la piler très-fin ; retirez-la pour
la mêler avec une pinte d'eau chaude,
mettez-y fondre une demie livre de
sucre, laissez infuser une demie heure,
ensuite vous passez cette eau au travers
d'une serviette, & la ferez prendre à la
glace comme il sera parlé à l'article des
Glaces,

Essence d'huile de Violettes.

Prenez des amandes douces la quantité que vous jugerez à propos ; pour
une livre, une demie livre de fleurs de
violettes bien épluchées sans être lavées ;
échaudez les amandes pour en ôter la
peau, mettez-les dans un mortier avec
la violette pour les piler ensemble ; le
tout étant réduit en pâte très-fine,
mettez cette pâte dans une étamine pour
la mettre ensuite dessous une presse pour
en tirer l'huile ; mettez cette huile dans
une bouteille bien bouchée, pour la
conserver.

Fleurs de Violettes confites.

Il ne faut ôter que les trois quarts

des queues de Violettes, & laisser la
fleur entiere, vous les mettrez ensuite
sans les laver dans un sucre clarifié &
cuit au grand lissé. Voyez *sucre au
grand lissé*, page 5. Laissez les réfroidir dans le sucre jusqu'au lendemain,
que vous leur donnez une douzaine
de bouillons jusqu'à ce que le sucre soit
cuit à la petite plume ; laissez réfroidir
votre confiture pour la dresser dans les
pots. Si vous voulez confire de la Violette sans être par bouquets, épluchez-
en les feuilles, que vous laissez entieres, & observerez la même façon qu'à
la précédente.

Marmelade de Violettes.

Pilez très-fin une demie livre de
belle violette épluchée, passez-la ensuite
dans une étamine en la bourant à force
de bras avec une cuilliere de bois,
jusqu'à ce que le tout soit passé ; vous
avez une livre & demie de sucre, que
vous clarifiez & faites cuire à la grande
plume. Voyez *Sucre à la grande plume*,
page 6. Délayez petit à petit la Violette avec le sucre à moitié chaud, vous
la mettrez ensuite dans les pots.

Gâteau de Violettes.

Il faut former un moule de papier un peu élevé, de la grandeur que vous voulez faire votre Gâteau ; épluchez de la Violette, pesez en une demie livre, que vous mettez dans une livre de sucre cuit à la grande plume. Voyez *Sucre à la grande plume*, page 6, Travaillez-la promptement sur le feu avec une espatule ; quand le tout commence à monter, & que vous êtes prêt à le verser dans le moule, ajoutez-y ce que vous aurez tout prêt un peu de blanc d'œuf battu avec du sucre en poudre, qui ne soit pas trop liquide, ce qui fera monter le Gâteau ; versez le promptement dans le moule, & tenez dessus le cul de la poële chaud à une certaine distance, ce qui fera encore monter le Gâteau.

Gâteau grillé de Violettes.

Faites griller un quarteron de sucre en poudre dans une poële, mettez-y la même quantité de Violette que dans le Gâteau précédent ; quand elle aura pris une couleur de grillé en la remuant également, vous la mettrez dans une livre de sucre cuit à la grande plume, & le finirez de la même façon.

Sables de Violettes.

Pilez très-fin un quarteron de vio-lette fans la laver, mettez-là dans une demie livre de fucre cuit à la grande plume. Il faut la bien travailler avec une efpatule, comme fi vous vouliez faire un tirage. On appelle un tirage, c'eft lorfque le fucre eft à la grande plume, on le laiffe réfroidir aux trois quarts, & vous le remuez avec une efpatule jufqu'à ce qu'il revienne en fu-cre. Quand la violette eft bien incor-porée avec le fucre, qu'il eft pris & réfroidi, vous le paffez au travers d'un tamis pour en former du fable ; ce fa-ble, ainfi que les autres, fervent à for-mer des deffeins de parterres fur des cryftaux. Si vous voulez faire du fable de violette à moins de frais, vous pren-drez une pierre d'indigo que vous frot-terez fur une affiette avec un peu d'eau chaude, jufqu'à ce que vous en ayez affez pour donner la couleur au fucre, & mettrez cette couleur bleue à la place de violette, & finirez le fable de la même façon.

Dragées de Violettes.

Pour faire les dragées de toutes ef-

peces, il faut avoir une baſſine de cuivre rouge avec deux anſes ſur les côtés
& une dans le milieu, pour avoir la
facilité de la manier, que cette baſſine
ſoit ſoutenue en l'air par deux cordes
de hauteur de la moitié du corps, vous-
mettrez en·deſſous du feu dans une poële
que vous placerez à trois pouces du
fond de la baſſine ; il faut avoir deux
cuiſſons de ſucre, dont la premiere eſt
au liſſé, & la ſeconde au perlé : ce ſont
ces deux cuiſſons de ſucre qui donnent.
le nom aux dragées que nous appellons dragées liſſées & dragées per-
lées. La petite dragée liſſée ſe fait en
mettant un feu modéré dans un réchaud,
vous mettrez ce réchaud dans un tonneau défoncé d'un côté & la baſſine
deſſus, pour que la chaleur du feu ne
s'évapore pas. Lorſque l'on n'en veut
faire qu'une livre, & que l'on n'a point
de baſſine, il faut prendre une grande
poële à proviſion, y mettre les dragées
avec le ſucre, que vous remuez conti-
nuellement ſur un moyen feu juſqu'à
ce que votre dragée ſoit finie. Pour
faire les dragées de violette, vous faites
fondre un peu de gomme adragante
avec un peu d'eau ; lorſqu'elle eſt fondue & bien gluante, vous la paſſez

dans un linge fin , & la preffez pour qu'elle paffe toute ; mettez-la dans un mortier avec de la marmelade de violette, & un peu d'eau de pierre d'indigo, ajoutez-y du fucre ce qu'il en faut, en pilant le tout enfemble jufqu'à ce que vous en ayez une pâte maniable ; vous la mettez enfuite fur une table avec du fucre fin, vous en prenez des petits morceaux pour en former comme des efpeces de petits grains de caffé ; lorfque vous les avez tout finis, vous les mettez fécher à l'étuve : vous les mettez après dans la baffine ou la poële à provifion avec du fucre au liffé, roulez-les fur un moyen feu jufqu'à ce que le fucre commence à fe fécher autour des dragées , que vous remettez encore du fucre au liffé, & continuez de la même façon jufqu'à ce que vous trouviez vos dragées affez groffes.

Pâte de Violettes.

Epluchez un quarteron de violette, que vous pilerez très-fin dans un petit mortier, faites cuire une livre de fucre à la grande plume ; lorfqu'il eft defcendu du feu mettez-y la violette , que vous délayez petit à petit avec le fucre pour les bien incorporer enfemble ; dreffez

dans les moules à pâte, & les mettez
fecher à l'étuve.

Bouquets de Violettes.

Prenez de la belle violette avec leurs
queues, mettez-en quatre ou cinq enfemble, que vous attacherez avec un
peu de fil, trempez-les par-tout dans un
fucre cuit au petit liffé & à dèmi froid,
vous les mettrez à mefure égouter fur
un tamis, enfuite vous les poudrerez par
tout avec du fucre très-fin, foufflez déf-
fus pour qu'il ne refte pas trop de fucre,
mettez-les fur un autre tamis, que les
fleurs y foient placées de façon qu'elles
reftent bien épanouies; mettez-les fécher à l'étuve, pour les ferrer enfuite
dans des boëtes garnies de papier blanc
dans un endroit fec.

Clarequets de Violettes.

Prenez une douzaine de pommes de
Reinette des plus belles que vous pourrez trouver, coupez-les pour en tirer
la décoction, l'on en fait une gelée
comme celle de pommes; vous prendrez
de la violette bien épluchée que vous
mettrez dans une terrine; faites bouillir
un demi-feptier d'eau, que vous jetterez fur la violette, couvrez avec une

affiete pour la faire enfoncer, & la mettrez à l'étuve du foir au lendemain, que vous la paſſerez dans une ſerviette pour en exprimer toute l'eau; vous aurez foin de bien ferrer la gelée de pommes dans ſa cuiſſon, & y mettrez votre décoction de violette, comme ſi vous y mettiez de la cochenille, en la tenant fur un feu bien doux, qu'elle ne faſſe que frémir, & vous remuerez bien légerement avec une cuilliere, afin de la bien mêler, & ne la point engraiſ-fer; vous ferez cuire au caſſé autant de fucre que vous avez de décoction, met-tez-y votre decoction de violette en la verſant doucement afin de décuire le fucre; remettez-le fur le feu, au premier bouillon vous écumerez votre gelée. & la ferez cuire deux ou trois bouil-lons couverts, vous tremperez une cuilliere d'argent dedans, ſi votre gelée tombe en nape & qu'elle quitte net, votre gelée fera faite; vous la mettrez dans les moules à Clarequets & prendre à l'étuve.

DES GROSEILLES VERTES.

OBSERVATION.

LEs Groſeilles vertes naiſſent en bayes ou grains ſéparés, & non en grapes ſur des Groſeillers épineux ; nous en avons de deux ſortes, de cultivées & de ſauvages, celle qui eſt cultivée eſt la meilleure & la plus groſſe : quand les Groſeilles ſont vertes, elles ſont d'une ſaveur acide ; cependant plus propres à être employées avec le ſucre que celles qui ſont mûres. Celles que l'on veut manger dans leur naturel, doivent être choiſies très-mûres, d'une ſaveur douce & exempte d'âpreté. Elles ſont rafraîchiſſantes, arrêtent le crachement de ſang & le cours de ventre, appaiſent la ſoif, & ſont propres au fébricitans, en les mêlant dans leur bouillon ; on ne doit point en manger de vertes, qu'elles ne ſoient préparées avec le ſucre.

Groſeilles vertes au liquide.

Fendez par le coté deux livres de Groſeilles vertes avec la pointe d'un couteau ou avec un cure-dent pour en
ôter

ôtez les pepins, enfuite vous les mettrez dans une eau chaude très-claire,
que vous laifferez fur un feu modéré
jufqu'à ce que les Grofeilles foient montées fur l'eau, defcendez les enfuite,
vous les laifferez dans la même eau,
& vous les rafraîchirez pour les empêcher d'être trop blanchies; il faut les
faire reverdir dans la même eau; vous
y mettrez pour cet effet un peu de fel
& du vinaigre, elles reverdiffent plus
aifément & en font plus claires: vous
aurez foin de les jetter dans de l'eau
fraîche pour qu'elles jettent leur âcreté;
enfuite vous clarifierez deux livres de
fucre, mettez-y les Grofeilles pour les
faire feulement frémir, laiffez-les vingt-
quatre heures dans le fucre, & les mettrez dans une paffoire pour faire réduire
le firop au perlé; remettez doucement
les Grofeilles dedans, pour leur donner
encore quelques bouillons en les remuant
doucement, & les mettre dans les pots:
vous vous reglerez fur cette dofe fuivant
la quantité que vous en voulez faire.

Grofeilles vertes au fec.

Après les avoir fait confire comme je
viens de marquer dans l'article précé-

B

dent, retirez-les de leur firop pour les
mettre fur des feuilles de cuivre, poudrez les de fucre fin & les faites fécher
à l'étuve : le firop peut fervir à faire des
rafraîchiffemens & des compotes.

Gelée de Grofeilles vertes.

Prenez trois livres de Grofeilles vertes, que vous mettez dans de l'eau
chaude fur le feu comme celles qui font
au liquide ; il ne faut point en ôter les
pepins ; quand elles font montées fur
l'eau, vous les retirerez dans l'eau
fraîche, & les remettrez fur le feu jufqu'à
ce qu'elles fléchiffent fous les doigts,
mettez-les égouter & les jettez dans
trois livres de fucre cuit au perlé. Voyez
Sucre au perlé, page 5. Faites leur prendre plufieurs bouillons en les écumant
jufqu'à ce que votre fucre foit revenu
au perlé, ce que vous connoîtrez en
prenant du fucre avec l'écumoire ; quand
le firop tombe en nappe, c'eft une
marque que la Gelée eft à fon point de
cuiffon ; vous la paffez dans une terrine
au travers d'un tamis, pour la dreffer
enfuite dans des pots.

Compote de Groseilles vertes.

Il faut préparer & faire cuire les Groseilles de la même façon que celles qui sont expliquées pour le liquide, à cette différence qu'il faut qu'elles soient moins cuites & moins de sucre. Si l'on veut faire des Compotes de Groseilles vertes dans le temps que la saison en est passée, il faut prendre de celles qui sont confites au liquide : mettez-en dans une poële ce qu'il en faut suivant la grandeur de votre compotier, avec du sirop & un peu d'eau ; faites leur faire un bouillon, & les dressez dans le compotier.

DES ABRICOTS VERDS.

Abricots lessivés.

POUR ôter le duvet qui est sur les Abricots verds, vous faites une lessive avec de la cendre de bois neuf passée au tamis, vous en mettez quelques poignées dans une poële avec de l'eau, que vous mettez sur le feu pour la faire bouillir quelque tems jusqu'à ce que la tâtant avec les doigts, vous la trouviez grasse & douce : mettez-y les Abricots ;

que vous aurez foin de bien remuer avec
l'écumoire, pour que la cendre ne fe
maffe point ou fond, enfuite vous obferverez, quand le duvet de l'Abricot
s'ôte aifément, de les retirer du feu;
vous les nétoyez un à un, que vous
jettez à mefure dans de l'eau fraîche; lorfqu'ils font tous nétoyés, vous prenez
une épingle & les picquez en plufieurs
endroits chacun, vous les mettez dans
de l'eau fur le feu, avec une pincée de
fel, & le quart d'un verre de vinaigre
pour les faire reverdir; vous aurez foin
de couvrir la poële & les mettre fur un
feu doux, pour qu'ils ne faffent que
frémir; lorfqu'ils font verds vous les
retirez dans de l'eau tiéde pour en ôter
l'âcreté; après que vous les aurez fait
dégorger dedans, vous les mettrez dans
de l'eau fraîche pour les y laiffer quelques heures, enfuite vous les mettrez
au petit fucre, jufqu'au lendemain, que
vous les jetterez fur un égoutoir, donnez
trois ou quatre bouillons au fucre, que
vous mettrez fur les Abricots pour les
laiffer encore jufqu'au lendemain, &
pour la troifieme fois vous les augmenterez d'un peu de fucre clarifié, &
pour la quatrieme, s'il y a fuffifamment
de fucre pour les finir, vous donnerez

cinq ou six bouillons à votre firop ; gliffez les Abricots dedans pour les faire
cuire jufqu'à ce que le firop foit au perlé. Il faut obferver que tous les fruits
qui font au liquide, doivent tremper
dans le firop; lorfqu'ils feront dans les
pots, il faut faire un rond de papier
pour en couvrir le fruit, & qu'il touche
au fruit.

Abricots verds au fec.

Vous faites confire des Abricots verds
de la même façon que les précédens.
Il faut obferver que ceux qui font trèspetits ne peuvent point fouffrir la leffive ; vous en ôtez le duvet en les frottant avec du fel, fans vinaigre, vous
les faites blanchir & laiffez dans la même
eau pour les faire reverdir ; après les
avoir confits & mis dans les pots, lorfque vous en voulez tirer au fec, vous
les mettez égouter de leur firop & les
roulez dans un fucre fin, pour les mettre dans un tamis fécher à l'étuve.

Abricots verds au Candi.

Prenez des Abricots verds confits, &
bien féchés à l'étuve, comme les précédens, mettez les fur les grilles qui fe
mettent dans les moules à candi ; vous

prenez du fucre fuivant la quantité que vous avez d'Abricots, faites-le cuire au fouflé, & le verfez fur les Abricots, vous les mettrez à l'étuve jufqu'à ce qu'ils foient candis.

Abricots pelés confits.

Ayez des Abricots verds qui foient tendres, dont l'épingle paffe au travers en les picquant, levez-en doucement la peau avec un couteau en les pelant dans leur longueur, vous les jettez à mefure dans de l'eau fraîche ; enfuite vous les mettez dans de l'eau bouillante, & les y laiffez jufqu'à ce qu'ils foient tous montés deffus, defcendez-les du feu pour les laiffer réfroidir dans la même eau ; lorfqu'ils feront froids, vous les remettrez encore fur le feu fans les changer d'eau, ce qui les fera reverdir, & vous aurez foin de couvrir la poële en les tenant fur un feu doux, pour qu'ils ne faffent que frémir ; quand ils commenceront à fléchir fous les doigts, vous les ferez confire de la même façon que ceux qui font au liquide.

Abricots verds à l'eau de vie.

Préparez les Abricots verds comme ceux qui font leffivés, vous les mettez enfuite dans de l'eau bouillante, pour les faire reverdir & bouillir jufqu'à ce qu'en les preſſant légerement, ils fléchiſſent facilement ſous les doigts, retirez-les pour les faire égouter, vous les mettrez dans un ſucre cuit au liſſé, il en faut demie livre pour une livre de fruit, faites-les bouillir cinq ou ſix bouillons couverts; ôtez-les du feu pour les écumer, & les retirez en douceur avec une écumoire, pour les mettre dans une terrine, faites encore prendre neuf ou dix bouillons à votre ſucre & le verſez ſur les Abricots, laiſſez-les vingt-quatre heures dans leur ſirop; quand ils auront pris ſucre, vous coulerez doucement le ſirop des Abricots dans la poële, pour lui donner encore ſept ou huit bouillons, après vous mettrez les Abricots pour leur faire prendre trois ou quatre bouillons couverts, deſcendez-les du feu; quand ils ſeront froids vous les mettrez dans des bouteilles, avec autant d'eau-de-vie, que vous avez de ſirop, il faut que l'eau-de-vie ſoit bien mêlée avec le ſirop avant que de le mettre dans les bouteilles.

Compote d'Abricots verds.

Vous prenez des Abricots verds & tendres, dont vous ôtez le duvet de la maniere que vous voulez avec du sel, ou une lessive, comme il est expliqué pour ceux qui sont confits au liquide, vous pouvez encore les peler. Après que vous les aurez préparés de la façon que vous jugerez à propos, mettez-les dans l'eau fraîche, ayez de l'eau bouillante, & y jettez les Abricots pour les faire bouillir, jusqu'à ce qu'ils fléchissent facilement sous les doigts, descendez-les du feu, couvrez-les bien pour les faire reverdir; après les avoir fait égouter, vous les mettrez dans un sucre clarifié. Voyez *Sucre clarifié*, page 4; une demie livre pour une livre d'Abricots; & leur donnez cinq ou six bouillons couverts; descendez-les du feu, & les laissez trois heures prendre sucre, ensuite vous les remettez sur le feu & leur donnez encore trois ou quatre bouillons; lorsqu'ils seront froids, vous les dresserez dans le compotier. Ceux qui en font pour plusieurs fois, doivent leur donner un sirop plus fort, & un nouveau bouillon avant que de les servir.

Compote d'Abricots verds hors la saison.

Il faut prendre des Abricots verds confits au liquide, que vous mettez dans
une poële avec un peu d'eau & de leur
firop ce que vous jugerez à propos,
faites leur prendre deux bouillons, retirez les abricots de la poële pour les dreffer dans le compotier, faites encore
prendre deux ou trois bouillons à votre
firop, & le verfez fur les abricots; au
défaut d'abricots liquides vous en prenez de ceux qui font confits au fec,
que vous mettez dans une poële avec un
morçeau de fucre & de l'eau, faites-les
bouillir deux ou trois bouillons, ôtez-les
du feu & les écumez, retirez légerement les abricots avec une petite écumoire pour les dreffer dans le compotier, redonnez encore quelques bouillons à votre firop jufqu'à ce qu'il ait la
confiftance que vous jugez à propos,
& le verfez fur les abricots.

Abricots verds au Caramel.

Prenez des abricots verds confits à
l'eau de vie que vous mettez égouter &
fécher à l'étuve, vous leur mettrez à
chacun un petit bâton pour pouvoir les
tremper dans un fucre cuit au caramel.

B v

Voyez *Sucre au Caramel*, page 7. A mesure que vous les trempez, vous les dressez sur un clayon, c'est-à-dire, vous mettez les petits bâtons dans la maille du clayon, afin que le caramel puisse sécher en l'air, vous les dresserez sur une assiette de porcelaine garnie d'un rond de papier découpé.

Marmelade d'Abricots verds.

Otez le duvet à des abricots verds & tendres avec du sel, comme il a été dit pour les abricots confits au sec, vous les mettrez dans de l'eau fraîche, faites bouillir de l'eau & y jettez les abricots pour les faire bouillir jusqu'à ce qu'ils soient bien cuits; vous les retirerez de l'eau pour les écraser & les passer dans un tamis en les pressant fort avec une espatule; le tout étant passé, vous prendrez cette marmelade que vous mettrez dans une poële pour la faire dessécher sur le feu en la remuant toujours avec l'espatule jusqu'à ce qu'elle commence à s'attacher à la poële, que vous l'ôtez du feu; prenez autant pesant de sucre que de marmelade, que vous faites cuire au cassé, mettez-y la marmelade pour la bien délayer avec le sucre en la tenant sur un feu très-doux sans qu'elle bouille:

lorfqu'elle fera bien mêlée, vous la mettrez dans les pots.

DES AMANDES VERTÉS.

Amandes vertes confites.

PASSEZ de la cendre de bois neuf dans un tamis, mettez-en cinq ou fix poignées avec de l'eau, que vous mettez bouillir jufqu'à ce que la tâtant avec les doigts vous la trouviez bien graffe & très-douce, mettez-y les amandes que vous aurez foin de bien remuer avec l'écumoire, pour que la cendre ne fe maffe point au fond; lorfque le duvet des amandes s'ôte facilement, vous les retirez du feu & les nétoyez une à une, & les jettez à mefure dans de l'eau fraîche : lorfque vous les aurez toutes nétoyées, vous les picquerez chacune en plufieurs endroits, avec une épingle, mettez-les dans l'eau fur le feu, feulement qu'elles ne faffent que frémir, vous aurez foin de couvrir la poële pour les faire reverdir : lorfqu'elles feront vertes, vous les rafraîchiffez, & les mettez enfuite dans un petit fucre pour les y laiffer jufqu'au lendemain, que vous les jettez fur un égoutoir pour donner trois ou quatre bouillons au fucre, mettez le fucre fur les amandes pour les y laiffer encore jufqu'au lendemain ; à la troifiéme fois vous les augmenterez de fucre clarifié, & à la quatriéme fois vous donnerez cinq ou fix bouillons à votre fucre ; mettez-y les amandes pour les faire cuire jufqu'à ce que votre firop foit cuit au perlé, que vous les ôterez du feu pour les mettre dans les pots. Vous obferverez qu'il faut que vos amandes ayent affez de firop pour qu'elles trempent dedans.

Amandes vertes au fec.

Les amandes vertes que l'on tire au fec fe confifent de la même façon que les précédentes, & ordinairement l'on prend de celles qui font confites au liquide lorfque l'on en a befoin, que l'on met égouter, & enfuite on les roule dans du fucre fin, vous les mettez fur un tamis pour les faire fécher à l'étuve.

Amandes vertes au candi.

Il faut prendre des amandes vertes confites au fec comme les précédentes, vous les dreffez fur les grilles qui fe mettent dans les moules à candi, verfez deſſus du ſucre cuit au ſouflé. Voyez *Sucre au ſouflé*, page 6. Lorſqu'il ſera à moitié froid, mettez-les juſqu'au lendemain a l'étuve avec un feu modéré; ſi le ſucre n'étoit point aſſez candi, vous égoutez ce qui reſte de liquide, & les laiſſez encore une heure ou deux avant que de les ôter des moules: pour être plus ſûr de votre candi, vous mettez quatre petits bâtons blancs ſecs au quatre coins du moule, que vous enfoncez juſqu'au fond pour vous ſervir d'eſſai: lorſque vous croyez que votre candi eſt fait, vous retirez doucement les bâtons, & vous verrez s'ils font le diamant deſſus & également, pour lors vous égouterez votre candi en penchant le moule; par le coin que vous laiſſez égouter pendant deux heures, enſuite vous renverſez le moule ſur une feuille de papier blanc en appuyant un peu fort & également, vous les conſerverez dans des boëtes garnies de papier blanc dans un endroit ſec.

Amandes vertes au caramel.

Les amandes vertes qui ont été confites au ſec, peuvent ſe ſervir au caramel pour les déguiſer; vous faites cuire du ſucre au caramel que vous tenez ſur un peu de cendre chaude, vous mettez à chaque amande un petit bâton pour les retourner dans le fucre, & les mettez à mefure égouter fur un clayon, vous en faites de la même façon avec celles qui font à l'eau de vie, après les avoir fait fécher à l'étuve.

Amandes vertes en filigrane.

Prenez des amandes vertes à l'eau-de-vie que vous faites fécher à l'étuve, enfuite vous les coupez en petits filets le plus mince que vous pouvez. Vous avez des feuilles du cuivre que vous frotez légerement de bonne huile d'olive, femez-y deffus les filets d'amandes, vous avez tout prêt un fucre cuit au caramel, que vous tenez chaudement, où vous trempez deux fourchettes tenant enfemble, vous faites couler légerement le fucre fur tous les filets, de façon qu'il fe trouve des vuides, ce qui forme un filigrane, enfuite vous les retournez fur une autre feuille auffi frottée d'un peu d'huile, pour faire couler du fucre comme vous avez fait au côté précédent.

Amandes vertes à l'Arlequine.

Il faut prendre des amandes vertes à l'eau-de-vie que vous faites fécher à l'étuve, enfuite vous les trempez une à une avec une fourchette dans un fucre cuit au caffé, que vous tenez chaudement fur un feu doux fans qu'il bouille, & mettez à mefure chaque amande dans de la nompareille de toutes couleurs, roulez les dedans pour qu'elles en foient bien garnies tout autour, vous les rangerez à mefure fur une feuille.

Amandes vertes à l'eau-de-vie.

Vous ôterez le duvet à vos amandes comme à celles qui font confites, enfuite vous les mettrez dans de l'eau bouillante, & les tiendrez fur le feu fans les faire bouillir, feulement qu'elles ne faffent que frémir ; vous aurez foin de couvrir la poële pour les faire reverdir ; lorfqu'elles feront vertes, vous les changerez d'eau & les ferez bouillir jufqu'à ce qu'elles commencent à fléchir fous les doigts, que vous les mettrez égouter fur un tamis ; fur trois livres d'amandes, faites cuire une livre & demie de fucre au liffé, mettez-y les amandes pour les faire bouillir avec le fucre cinq ou fix bouillons couverts, ôtez-les du feu pour les écumer, & les retirez en douceur avec une écumoire pour les mettre dans une terrine, faites encore prendre neuf ou dix bouillons à votre

fucre, & le verfez fur les amandes, laiffez-les vingt-quatre heures dans leur firop ; quand elles auront pris fucre, vous
coulerez doucement le firop dans la
poële pour lui donner encore fept ou
huit bouillons , enfuite vous mettrez
les amandes pour leur faire prendre
trois ou quatre bouillons couverts ; defcendez-les du feu ; lorfqu'elles feront
froides, vous les retirerez du firop pour
les mettre dans les bouteilles , enfuite
vous faites un peu chauffer le firop
pour y mettre autant d'eau-de-vie,
que vous remuez enfemble pour les
bien-mêler, & les mettrez fur les amandes dans les bouteilles. Il faut que la
liqueur couvre les amandes.

Compotes a'Amandes vertes.

Prenez des amandes vertes , que le
noyau ne foit pas formé, vous les lef-
fivez, comme celles qui font confites
au liquide, mettez-les dans de l'eau
prête à bouillir; & les tenez chaudement, qu'elles ne faffent que frémir, jufqu'à ce qu'elles foient reverdies, vous aurez foin de les couvrir, enfuite vous les
ferez bouillir jufqu'à ce qu'elles fléchiffent fous les doigts ; defcendez-les
du feu, & les couvrez encore un pe-

tit moment pour qu'elles foient bien vertes, mettez-les égouter, après vous les mettrez dans un fucre clarifié, demie livre pour livre d'amandes, faites-leur prendre cinq ou fix bouillons couverts, defcendez-les du feu & les laiffez trois heures pour prendre fucre, enfuite vous les remettrez fur le feu, & leur donnerez encore trois ou quatre bouillons ; lorfqu'elles feront froides, vous les drefferez dans le compotier.

Marmelade d'Amandes vertes.

Ayez des amandes vertes & tendres, ôtez en le duvet, comme à celles qui font confites au liquide, & les jettez à mefure dans l'eau fraîche ; vous faites bouillir de l'eau, & y mettez les amandes pour les faire bouillir, jufqu'à ce qu'elles foient bien cuites, retirez-les de l'eau, pour les écrafer & les paffer dans un tamis, en les preffant fort avec une efpatule, prenez cette marmelade pour la mettre dans une poële, & la faire deffécher fur le feu, jufqu'à ce qu'elle quitte la poële ; ayez foin de la remuer toujours avec une efpatule, de crainte qu'elle né brûle ; prenez autant pefant de fucre que de marmelade, faites-le cuire au caffé, mettez-y

la marmelade pour la bien délayer avec
le sucre, en la tenant sur un feu très-
doux, sans qu'elle bouille ; lorsqu'elle
sera bien mêlée, vous la verserez dans
les pots.

Pâte d'Amandes vertes.

Vous faites une marmelade d'amandes vertes, de la même façon que la
précédente ; lorsque vous avez bien
mêlé la marmelade avec le sucre, & que
vous l'ôtez du feu, vous la dressez dans
des moules à pâte, que vous avez ran-
gés sur des feuilles de cuivre, vous les
mettez sécher à l'étuve.

DES FRAISES.

OBSERVATION.

ON en distingue de deux sortes ; les
domestiques, qu'on cultive dans
les jardins ; & les sauvages, qui croissent
sans culture dans les bois. Les premieres sont les plus estimées, & ont plus
d'odeur. Les autres ont assez souvent un
goût un peu âpre, sans doute, parce
que l'ombre des arbres les a empêché
de sentir l'action des rayons du Soleil

Il y en a auſſi de rouges & de blanches ; mais les qualités des unes & des
autres ſont les mêmes. Il faut les choiſir
groſſes, & bien nourries, mûres, pleines
de ſuc, de bonne odeur, & d'un goût
doux & vineux. Ce fruit eſt bon aux
bilieux, calme la ſoif, excite l'apétit,
rafraîchit & tempere l'âcreté des humeurs, eſt apéritif & cordial. Il eſt ſi
eſtimé pour ſa couleur, ſon odeur, ſon
goût & ſes qualités bienfaiſantes, qu'on
le ſert ſur les meilleures tables, & cela
dans ſon naturel, avec un peu d'eau ou
de vin & du ſucre. L'excès ſeul peut
en devenir nuiſible. Sa ſaiſon ordinaire
commence au mois de Mai juſqu'à la
mi - Juillet.

Compote de Fraiſes.

Ayez de belles fraiſes, point trop
mûres, que vous épluchez & lavez, faites-les égouter ſur un tamis, mettez
dans une poële une demie livre de ſucre, avec un peu d'eau, & les faites
cuire à la grande plume, vous connoîtrez ſa cuiſſon en ſouflant au travers de
l'écumoire qui ait trempé dans le ſucre ; s'il s'envole comme de la plume,
jettez y les fraiſes, & les deſcendez de
deſſus le feu, laiſſez-les repoſer un peu

de tems dans le sucre, en les remuant doucement avec la poële; ensuite vous leur ferez faire un petit bouillon, & les retirerez promptement; si les fraises vouloient se lâcher & ne point rester entieres, quand elles seront à moitié froides, vous les dresserez dans le compotier.

Confiture Marmelade de Fraises.

Faites cuire à la grande plume deux livres de sucre; en le retirant du feu, mettez-y une livre de bonnes fraises pilées que vous aurez passées au travers d'une étamine, en les bourant avec une cuilliere de bois jusqu'à ce que le tout soit passé, mêlez bien les fraises avec le sucre, vous mettrez votre marmelade dans des pots, & ne la couvrirez que lorsqu'elle sera froide.

Massepains de Fraises.

Echaudez une livre d'amandes douces, que vous mettez égouter pour les piler très-fin dans un mortier; lorsqu'elles sont bien pilées, vous mettez deux poignées de fraises lavées & bien égoutées, que vous repilez encore jusqu'à ce que les fraises soient incorporées avec les amandes; vous avez une livre de fucre cuit à la plume, que vous mêlez avec les amandes & les fraifes, mettez le tout dans une poële, fur un feu très-doux, pour faire deffécher la pâte, jufqu'à ce qu'elle quitte la poële, retirez la pour la mettre fur une feuille, pour la laiffer réfroidir ; lorfqu'elle fera froide, vous la mettrez dans le mortier avec trois blancs d'œufs frais, repilez encore cette pâte l'efpace d'un bon quart d'heure, en y ajoutant un peu de fucre fin en la pilant ; dreffez enfuite les maffepains de la groffeur & figure que vous jugerez à propos, faites-les cuire dans un four doux.

Maffepains glacés de Fraifes.

Prenez une demie livre d'amandes douces, que vous échaudez & pilez très-fin dans un mortier, il faut y mettre en plufieurs fois, en les pilant, un blanc d'œuf, & quelques gouttes d'eau de fleurs d'orange, pour empêcher qu'elles ne tournent en huile. Vous avez dans une poële une demie livre de fucre cuit à la plume, mettez-y les amandes pilées pour les faire deffécher fur un feu doux, jufqu'à ce qu'elles quittent la poële ; retirez-les enfuite pour les mettre réfroidir ; lorfqu'elles font froides, remettez cette pâte dans le mortier pour la repiler, en y ajoutant deux blancs d'œufs frais, & un peu de fucre fin, après vous dreffez les maffepains de la grandeur que vous voulez. Faites-les cuire dans un four doux, quand ils feront prefque cuits, retirez-les pour les glacer avec de la marmelade de fraifes, que vous délayez avec un peu de blanc d'œuf, il faut qu'elle ait la confiftance d'une bouillie, couvrez-en tous les deffus des maffepains, remettez-les au four pour faire fécher la glace.

Crême de Fraifes.

Ayez une pinte de bonne crême que vous mettez dans une poële, avec un quarteron de fucre, faites-la bouillir jufqu'à ce qu'elle foit réduite à moitié, vous prenez deux bonnes poignées de fraifes épluchées & lavées, que vous pilez dans un mortier, délayez-les dans la crême ; lorfqu'elle eft à moitié froide, vous y délayez gros comme un pois de preffure, paffez tout de fuite votre crême dans une ferviette, pour la mettre dans le compotier que vous devez fervir, mettez ce compotier à l'étuve pour faire prendre la crê-

me ; lorfqu'elle fera prife, vous la mettrez rafraîchir fur de la glace.

Glace de Fraifes.

Pour faire trois demi - feptiers de glace de fraifes, vous prenez une demie
livre de fraifes avec un demi quarteron de grofeilles rouges ; que vous
écrafez enfemble dans une terrine, ajoutez - y une demie livre de fucre, avec
une chopine d'eau, laiffez infufer le tout
enfemble l'efpace d'un quart d'heure ;
paffez enfuite plufieurs fois à la chaûffe,
fi votre eau n'eft point claire de la premiere, vous la mettrez dans une terrine, jufqu'à ce que vous la mettiez à
la glace. Vous trouverez la façon de la
faire prendre à la glace, à l'article des
Glaces.

Fraifes au Caramel.

Mettez dans une poële un quarteron de fucre, ou une demie livre, fuivant la quantité de fraifes que vous voulez faire, avec un peu d'eau, faites-le
cuire jufqu'à ce qu'il foit au caramel,
d'une belle couleur de canelle, retirez-
le de deffus le feu, pour le mettte fur
une cendre chaude, & empêcher qu'il
ne fe prenne, trempez - y des groffes

fraiſes, en les tenant par la queue ; mettez-les à meſure ſur une feuille de cuivre, frottée légerement de bonne huile d'olive, vous les dreſſerez enſuite comme vous le jugerez à propos.

Fraiſes en chemiſe.

Fouettez un blanc d'œuf, prenez en un peu de mouſſe, ſuivant la quantité de fraiſes que vous voulez faire, paſſez - les dans cette mouſſe, & les roulez dans du ſucre fin, vous les mettez à meſure ſur une feuille de papier blanc placée ſur un tamis, ſerrez-les à l'étuve, que la chaleur en ſoit très douce.

Fromage glacé de Fraiſes.

Prenez un panier de fraiſes, que vous épluchez, & écraſez bien, vous les mêlerez enſuite avec une pinte de crême & trois quarterons de ſucre, laiſ-ſez le tout enſemble pendant une heure, que vous le paſſerez au tamis, mettez votre crême dans une ſalbotiere pour la faire prendre à la glace, comme il ſera dit ci-après à l'article des Glaces ; lorſ-que votre crême ſera priſe, vous la tra-vaillerez comme les glaces, enſuite vous la retirerez de la ſalbotiere pour la met-tre dans le moule à fromage, que vous

remettrez

remettez à la glace, pour le foutenir, jufqu'à ce que vous foyez prêt à fervir; vous aurez foin de tenir de l'eau chaude dans une marmite ou chauderon, pour enfoncer votre moule jufqu'à la hauteur du fromage, afin qu'il quitte le moule aifément, vous renverfez votre compotier ou affiette fur le moule & le reverfez deffus.

Canelons glacés de Fraifes.

Ecrafez dans une terrine deux livres de bonnes fraifes bien mûres, avec une demie livre de grofeilles rouges, mettez-y une pinte d'eau avec une livre de fucre, laiffez infufer le tout enfemble une bonne demie heure, & le paffez enfuite dans un tamis, mettez-le dans une falbotiere pour faire prendre à la glace; lorfque votre glace fera prife, vous la travaillerez, & la mettrez dans les moules à canelons, vous les remettrez à la glace, après les avoir enveloppés de papier; lorfque vous ferez prêt à fervir vous avez de l'eau chaude dans un chaudron ou une marmite, trempez-y les moules feulement pour que les canelons quittent le moule, vous les aiderez à fortir en donnant un coup par le bout avec le plat de la main, en les préfentant fur une affiette.   C

DES GROSEILLES
EN GRAPPES.
OBSERVATION.

Nous en avons de deux sortes, les unes rouges, & les autres blanches; celles-ci sont moins communes que les premieres, & elles ont toutes les deux à peu près le même goût; ce fruit qui est assez connu, vient en grappes sur un petit arbrisseau; sa saveur aigrelette, lui vient d'un sel acide qu'il contient, ce qui le rend rafraîchissant, & propre à modérer les ardeurs de la bile. il faut les choisir grosses, bien mûres remplies de suc, molles, luisantes, & les moins aigres qu'il se pourra; l'usage fréquent des groseilles, sans être mêlées avec le sucre, excite des picotemens sur l'estomac, & cause des fievres, mais lorsqu'elles sont travaillées avec le sucre, ce qui adoucit leur aigreur, elles sont d'un goût agréable, & fournissent une confiture propre pour les convalescens.

Conserve de Groseilles.

Mettez dans une poële deux livres

de grofeilles rouges, bien épluchées, faites rendre leur eau en les mettant fur le feu, enfuite vous en paſſerez le clair dans une terrine, au travers d'un tamis, ce jus vous le mettrez à part, il vous ſervira pour faire de la gelée ou des glaces; vous preſſez bien le marc au travers d'un tamis avec une eſpatule pour en faire ſortir le plus que vous pourrez; faites-le deſſécher fur le feu juſqu'à ce qu'il ſoit réduit à un tiers, & le mettrez enſuite dans un ſucre cuit au caſſé; remuez-les bien enſemble en travaillant toujours le ſucre juſqu'à ce qu'il ſe forme une petite glace deſſus, vous dreſſerez la conſerve dans des moules de papier, deux heures après vous l'ôterez des moules pour la couper par tablettes à votre uſage.

Glace de Grofeilles.

Prenez deux livres de grofeilles, & la valeur d'une livre de framboiſes, mettez le tout dans une poële, faites leur faire trois ou quatre bouillons couverts, vous les jetterez fur un tamis pour en avoir le jus, que vous paſſerez à la chauſſe; enſuite vous prendrez une livre & demie de ſucre que vous ferez fondre dedans fur le feu, & vous y mettrez une chopine d'eau & la mettrez dans une terrine pour réfroidir; enfuite vous mettrez votre eau de grofeilles dans une falbotiere pour faire prendre à la glace, comme il eft dit à l'article des glaces. Si vous n'êtes pas dans le tems de la grofeille en grains, prenez de la gelée de grofeilles framboifées, un pot ou deux felon la quantité que vous en voudrez faire, vous la mettrez dans de l'eau chaude pour qu'elle foit plus facile à fe dégeler, paffez-la au travers d'un tamis, en la preffant avec une efpatule, ajoutez-y du fucre, & un peu de cochenille, fi vous n'y trouvez pas affez de couleur, & finirez vos glaces comme à l'ordinaire.

Compote de Grofeilles rouges & blanches.

Faites cuire une demie livre de fucre à la petite plume, mettez-y une livre de grofeilles égrainées, faites-les bouillir à grand feu dans le fucre, environ quatre ou cinq bouillons couverts, enfuite vous les ôtez de deffus le feu pour les écumer, & les drefferez dans le compotier quand elles feront prefque froides.

La compote de grofeilles blanches fe fait de la même façon; l'on fait encore des compotes de grofeilles en grappes, qui fe font de même, en laiſſant les grappes fans les égrainer.

Gelée de Groſeilles ſans façon & belle.

Prenez plus ou moins de Groſeilles, fuivant la quantité que vous en voulez faire, vous les choiſirez point trop mûres; ſi vous en avez trente livres, vous les mettrez fans les éplucher dans une grande poële, avec un demi - feptier d'eau, mettez-les fur le feu pour leur donner quelques bouillons, juſqu'à ce qu'elles ayent rendus leur jus, que vous les paſſerez au tamis, en les preſſant fort avec l'écumoire, peſez le marc pour ſçavoir ce que vous avez de jus; s'il y a dix livres de marc, il vous reſte vingt livres de jus que vous mettez dans une poële, jettez peu à peu dans ce jus, en remuant avec l'eſpatule, vingt livres de ſucre fin; ſi vous la voulez moins ſucrée, vous n'en mettrez que quinze livres, mettez votre poële fur le feu pour la faire bouillir : lorſqu'elle jettera ſa groſſe écume, vous la deſcendez du feu pour l'écumer, remettez-la fur le feu pour lui donner trois ou quatre bouillons couverts, & la gelée ſera faite & belle.

Gelée de Groseilles d'une autre façon.

Prenez de la groseille rouge suivant la quantité que vous en voulez faire, écrasez-la & la passez au tamis pour en tirer tout le jus, sur une chopine de jus vous ferez cuire une livre de sucre au cassé, mettez-y le jus de groseilles & le faites cuire quelques bouillons; elle est assez cuite quand elle tombe en nape de l'écumoire, versez-la dans les pots & la couvrirez lorsqu'elle sera froide.

Il y en a qui ne mesurent point le jus, ils pesent les groseilles, & mettent une livre de sucre pour livre de fruit, ensuite ils écrasent les groseilles pour en tirer le jus, & le mettent dans le sucre cuit au cassé, & la finissent comme la précédente. Il en est qui ne mettent que trois quarterons de sucre pour livre de fruit; ceux qui ne la veulent qu'à demi sucre, c'est-à-dire, demie livre de sucre pour livre de fruit, tirent peu d'avantages de leur économie; parce qu'il faut faire bouillir plus long-temps la gelée, jusqu'à ce qu'elle ait acquis la consistance de la premiere, ce qui la fait beaucoup diminuer, & la rend sujette à être noire. L'on fait la gelée blanche, avec

la grofeille blanche, de la même façon
que l'on fait la rouge.

Gelée de Grofeilles framboifées.

Elle fe fait comme la précédente, à
cette différence que vous mettez un
demi quart de framboifes fur trois quarts
de grofeilles, & une livre de fucre pour
livre de fruit; ceux qui veulent faire la
gelée avec le marc, mettent le fucre
dans une poële, & le font cuire au caffé ; mettez-y enfuite les grofeilles, &
les faites bouillir avec le fucre, en l'écumant de tems en tems, jufqu'à ce que
votre gelée foit cuite entre le liffé & le
perlé ; mettez-la égouter fur un tamis
fin, en preffant un peu le marc, redonnez lui un petit bouillon pour l'écumer;
& vous la mettrez dans le pots.

Gelée de Grofeilles fans feu.

Prenez deux livres de grofeilles, que
vous écraferez bien pour en exprimer
tout le jus, au travers d'un torchon bien
ferré en le tordant fort, paffez ce jus
au travers d'une ferviette mouillée, ou
à la chauffe, prenez deux livres & demie
de fucre, que vous mettez en poudre,
que vous jetterez dans le jus de grofeilles,
vous la remuerez avec une efpatule pour

en faire fondre le fucre, enfuite vous l'expoferez au foleil dans deux vaiffeaux que vous verferez de l'un à l'autre pendant deux ou trois heures par intervale, toujours expofée au foleil, & à chaque fois vous la verferez dix ou douze fois de fuite; fi elle n'eft pas prife le même jour, elle prendra le lendemain en l'expofant au foleil. Cette gelée n'eft que pour rafraîchir, & n'eft point pour garder.

Marmelade de Grofeilles.

Faites bouillir trois livres de grofeilles égrainées avec un demi-feptier d'eau, que vous mettez dans une poële, pour lui faire prendre quatre ou cinq bouillons, pour les faire créver, vous paffez le clair des grofeilles au travers d'un tamis, que vous mettrez à part, enfuite vous les prefferez bien avec une efpatule, ou avec la main, pour en tirer le plus de marmelade que vous pourrez; faites cuire une livre de fucre à la grande plume, mettez-y la marmelade de grofeilles pour la faire bouilllir avec le fucre, en la remuant toujours avec une efpatule, jufqu'à ce qu'elle ait pris quatorze ou quinze bouillons, & la verferez à demie chaude dans les pots. Le clair

des grofeilles que vous avez mis à part,
fi vous n'avez point d'occafion de l'employer, vous pouvez le laiffer dans votre
marmelade, vous réduifez le tout enfemble, & lui donnez plufieurs bouillons de
plus.

Grofeilles en Bouquets.

Prenez une livre de groffes grofeilles, cueillies par petits bouquets, que
vous mettez dans une livre de fucre cuit
à la grande plume, pour leur faire prendre deux ou trois bouillons couverts,
écumez-les doucement, & les laiffez dans
leur fucre fans les ôter de la poële, il
faut les mettre à l'étuve jufqu'au lendemain que vous les mettrez égouter ; lorfqu'elles feront réfroidies , arrangez-les
proprement par petits bouquets, quand elles
feront bien égoutées , il faut les poudrer
de fucre fin , & les mettre fécher à l'étuve.

Grofeilles en grappes.

Les grofeilles en grappes , fe font de
la même façon que les précédentes, avec
cette différence que vous prenez les
grappes toutes fimples, fans être en bouquets, & les laiffez moins de tems dans
leur firop.

Grofeilles en chemife.

Ayez de belles grofeilles en grappes, que vous trempez dans un peu de mouffe de blanc d'œuf bien fouetté, paffez-les tout de fuite dans du fucre fin, & les mettez à mefure fur une feuille de papier blanc, pofé fur un tamis, mettez-les à l'étuve d'une chaleur très-douce pour les faire fécher.

Sirop de grofeilles.

Ecrafez dans une terrine quatre livres de grofeilles, avec une livre de cerifes, paffez les au tamis pour en tirer tout le jus, faites cuire trois livres de caffonade à la grande plume, mettez le jus des grofeilles & cerifes avec le fucre, pour les faire bouillir enfemble, jufqu'à ce qu'il foit réduit au grand liffé ou en firop; ôtez le du feu, quand il fera à moitié froid, vous le vuiderez dans les bouteilles. Ce firop ne peut fe garder que huit ou quinze jours, fi vous voulez en faire pour l'hiver, vous mettrez deux livres de caffonade pour une chopine de jus, & le finirez enfuite de la même façon.

Clarequets de Grofeilles.

Ayez deux livres de grofeilles, que vous écrafez à froid dans une terrine, ou, fi vous voulez, mettez-les dans une poële fur le feu, & leur faites prendre huit ou dix bouillons; jettez - les enfuite fur un tamis pour en exprimer le jus, paffez ce jus à la chauffe; fi vous en avez une chopine, vous ferez cuire cinq quarterons de fucre au caffé, mettez-y le jus de grofeilles pour les faire bouillir enfemble, & les réduire en gelée; lorfque votre gelée fera faite vous la verferez dans les petits gobelets à clarequets, & les fervirez quand ils feront pris.

Grofeilles en grains.

Prenez de belles grofeilles rouges & en ôtez les pepins, & les jettez à mefure dans de l'eau fraîche, clarifiez fix livres de caffonade pour quatre livres de grofeilles, que vous mettrez au caffé. Voyez *Sucre au caffé*, page 7. Vous mettrez votre fruit bien doucement dedans, & le remuerez toujours fur le feu en tenant votre poële par les deux anfes, jufqu'à ce que votre fucre foit décuit, vous ôterez la grofeille du feu, & la mettrez

C vj

dans les pots. Il ne faut point qu'elle bouille du tout. La groseille blanche se fait de la même façon.

Pâte de Groseilles.

Ayez quatre livres de groseilles, que vous égrainez, & les mettez dans une poële avec un demi-septier d'eau, faites les créver sur le feu, en leur faisant prendre deux ou trois bouillons couverts, mettez-les égouter sur un tamis & les pressez bien fort avec une espatule, pour en tirer toute la consistance des groseilles, vous ferez réduire sur le feu tout ce qui a passé au travers du tamis, en le remuant toujours, jusqu'à ce qu'il soit réduit en pâte : il faut péser cette pâte ; sur cinq quarterons, vous ferez cuire une livre & demie de sucre à la grande plume ; ôtez-le du feu, & délayez-y tout de suite la pâte de groseilles ; lorsqu'elle sera bien délayée avec le sucre, vous la mettrez dans les moules à pâte pour les mettre sécher à l'étuve.

Pâte de Groseilles d'une autre façon.

Après avoir exprimé tout le jus de quatre livres de groseilles au travers d'un tamis, comme il est expliqué dans

l'article précédent, mettez-le dans une
poële, avec deux livres de sucre en
poudre que vous faites bouillir ensemble,
en le remuant souvent, principalement
sur la fin, jusqu'à ce qu'il soit réduit à
la plume, ce que vous connoîtrez, en
souflant au travers de l'écumoire, il en
sortira comme de grosses étincelles ; vous
dresserez la pâte dans les moules que
vous mettrez sécher à l'étuve.

DES FRAMBOISES.

OBSERVATION.

LA bonne odeur, le goût & les qualités des framboises, sont à peu près
semblables à celles des fraises ; elles se
corrompent néanmoins un peu plus
promptement dans l'estomac : c'est une
espece de meure de Renard cultivée, plus
communément rouge que blanche, & un
peu velue, composée de quantité de petites bayes entassées les unes sur les autres.
Il faut les choisir grosses, mûres & pleines
d'un suc doux & vineux. On les croit
anti-néphretiques & anti-scorbutiques,
& bonnes pour les bilieux, & pour ceux

qui ont des humeurs âcres & trop agi-
tées, On fe fert de la fleur du framboi-
fier pour les inflammations des yeux &
les eréfipelles ; les feuilles & les fommi-
tés de cet arbriffeau font employées pour
faire des gargarifmes pour les gencives
& les maux de gorge. La Saifon des
framboifes eft un peu plus tardive que
celle des fraifes.

Compote de Framboifes.

Ayez des framboifes, épluchez ce qu'il
en faut pour une compote, faites cuire
une demie livre de fucre à la grande plume; lorfqu'il eft à fon point de cuiffon,
vous y mettez les framboifes, & les ôtez
du feu en les remuant en douceur en tenant la poële par les deux anfes, un quart
d'heure après vous les remettez fur le
feu pour leur donner un petit bouillon,
& ne point attendre qu'elles fe rompent
pour les retirer, vous les drefferez enfuite dans le compotier que vous devez
fervir.

Glace de Framboifes.

Ecrafez dans une terrine un panier
de framboifes, ajoutez-y trois demi-fetiers
d'eau, avec une demie livre de fucre,
battez-le tout enfemble, & le paffez en-

fuite à la chauffe, vous vous réglerez fur
cette dofe, fuivant la quantité que vous
en voulez faire; vous le mettrez dans la
falbotiere pour faire prendre à la glace,
comme il eft dit à l'article des glaces.

Framboifes liquides.

Ayez un panier de framboifes d'environ deux livres, que vous épluchez de
leur queue, faites cuire deux livres &
demie de fucre à la grande plume. Voyez
pag. 6. Jettez-y en douceur les framboifes, faites leur prendre un bouillon fur
un grand feu, vous y mettrez enfuite un
poiffon de jus de cerifes paffé à la chauffe, remettez les fur le feu pour leur faire
prendre encore tteize à quatotze bouillons, jufqu'à ce que le fucre foit réduit
en firop; pendant la cuiffon vous les defcendez deux ou trois fois pour les écumer : votre confiture étant cuite, vous
la laiffez réfroidir à moitié avant que de
la mettre dans les pots. Il y en a qui
ne mettent point de jus de cerifes.

Framboifes feches.

L'on fait cuire deux livres de fucre à
la grande plume, pour y mettre deux
livres de belles framboifes prefque mûres
& épluchées de leur queue, il faut leur

faire prendre un bouillon couvert, enſuite les ôter du feu pour les écumer, vous les verſez en douceur dans une terrine, pour les laiſſer dans leur ſirop juſqu'au lendemain en les mettant à l'étuve, après vous les retirerez de leur ſirop pour les mettre égouter, poudrez-les partout avec du ſucre fin, & mettez ſécher à l'étuve.

Pâte de Framboiſes.

Prenez un panier de framboiſes d'environ une livre, que vous épluchez & écraſez dans une terrine, faites paſſer le tout au travers d'un tamis, faites cuire une livre de ſucre au caſſé, mettez-y les framboiſes, & les travaillez avec une eſpatule juſqu'à ce qu'elles ſoient bien mêlées avec le ſucre, ſans le mettre ſur le feu; dreſſez votre pâte dans les moules pour les mettre ſécher à l'étuve.

Maſſepains de Framboiſes.

Il faut piler très-fin une livre d'amandes douces, après les avoir échaudées & bien égoutées, l'on y met enſuite deux poignées de framboiſes que l'on repile encore avec les amandes juſqu'à ce qu'elles ſoient bien incorporées enſemble, il faut faire cuire une livre de ſucre à la plume, pour le mêler avec les

framboifes & les amandes ; faites deffécher cette pâte fur un feu très-doux jufqu'à ce qu'elle quitte la poële, vous la
retirerez pour la mettre réfroidir & la repiler encore dans le mortier en y ajoutant deux blancs d'œufs frais & un peu de
fucre fin ; lorfque les blancs d'œufs feront
bien incorporés dans la pâte, il faut
dreffer les maffepains de la grandeur & figure que l'on juge à propos, & les faire
cuire dans un four très-doux ; quand ils
font cuits il faut les glacer avec une glace
blanche, qui fe fait avec du fucre fin paffé
au tambour, & le bien battre avec un peu
de blanc d'œuf & quelques goutes de jus
de citron, l'on en couvre tout le deffus
des maffepains : il faut les remettre un moment au four pour faire fécher la glace.

Conferve de Framboifes.

Pour une livre de framboifes il faut
un demi quarteron de grofeilles rouges,
vous mettez ces deux fruits enfemble
dans une terrine pour les écrafer & les
paffer enfuite dans un tamis, prenez tout
ce qui aura paffé pour le mettre dans une
poële que vous mettrez fur un moyen feu,
& faire réduire à un tiers, vous faites
cuire une bonne livre de fucre à la grande plume, lorfqu'il eft un peu diminué de

fa chaleur vous y mettez les framboifes
que vous travaillez bien avec le fucre,
& la dreffez dans un moule de papier ;
lorfque votre conferve fera prife, vous
la couperez par tablettes à votre ufage.

Gelée de Framboifes.

Mettez dans une poële deux livres de
fucre que vous faites cuire au caffé,
quand il eft à fon point de cuiffon, vous
avez deux livres de framboifes, & une
livre de grofeilles que vous mettez dans
le fucre, faites-les cuire en les écumant
de tems en tems jufqu'à ce que votre
firop en le prenant avec un doigt & appuyant l'autre contre, & les ouvrant
tous les deux de leur grandeur, il fe forme un fil qui a de la peine à fe rompre,
ou avec l'écumoire, quand vous l'enlevez elle retombe en nape, alors vous
jetterez la confiture fur un tamis que vous
avez mis fur une terrine pour en recevoir la gelée ; il ne faut point preffer le
fruit ; fi vous voulez qu'elle foit bien
claire, remettez-la fur le feu pour lui
donner un bouillon, après que vous
l'aurez écumée, verfez-la dans les pots.

Gelée de Framboises d'une autre façon.

Ayez trois livres de framboifes & trois livres de grofeilles, que vous écrafez bien dans une terrine, paffez-en le jus dans un tamis fur une terrine; faites cuire au caffé quatre livres & demie de fucre, mettez-y le jus pour le faire bouillir avec le fucre jufqu'à ce qu'il foit entre liffé & perlé, ce que vous connoîtrez en faifant le même effai que j'ai marqué à la précédente; enfuite vous la verferez dans les pots quand elle fera un peu diminuée de fa grande chaleur.

Crême de Framboises.

Faites bouillir dans une poële une pinte de bonne crême, avec un quarteron de fucre, jufqu'à ce qu'elle foit réduite à moitié, mettez-la réfroidir, ajoutez-y un quarteron de framboifes bien pilées que vous délayerez dans la crême, mettez trois jaunes d'œufs frais dans un autre vaiffeau que vous délayerez auffi peu à peu avec la crême, paffez le tout dans un tamis pour le remettre fur le feu feulement pour faire cuire les œufs, en les tournant toujours fans faire bouillir; lorfque votre crême commence à s'épaiffir vous l'ôtez promptement, quand elle fera tiede, vous y délayerez gros comme un pois de préfure, & la mettrez dans un compotier pour la faire prendre à l'étuve, lorfqu'elle fera prife vous la mettrez rafraichir fur de la glace jufqu'à ce que vous la ferviez.

Marmelade de Framboifes.

Ecrafez dans une terrine quatre livres de framboifes, que vous pafferez enfuite dans un tamis, mettez ce que vous avez paffé dans une poële fur le feu pour le faire deffécher jufqu'à ce qu'il foit réduit à moitié; vous prenez deux livres de fucre que vous faites cuire à la grande plume, mettez-y les framboifes pour leur donner environ douze bouillons en remuant toujours avec une efpatule; lorfque votre marmelade fera faite, vous la verferez toute chaude dans les pots.

Fromage glacé de Framboifes.

Ayez un bon panier de framboifes d'environ une livre, que vous écrafez bien dans une terrine, prenez une pinte de crême que vous mêlez avec les framboifes, & environ trois quarterons de fucre, laiffez le tout enfemble pendant une heure, & le paffez enfuite au tamis, vous le mettrez dans une falbotiere pour le faire prendre à la glace, comme il fera dit ci-après à l'article des glaces; lorfque votre crême fera glacée vous la travaillerez & la mettrez dans un moule à fromage, que vous remettrez à la glace pour le foutenir jufqu'à ce que vous foyez prêt à fervir : vous aurez de l'eau chaude dans une marmite ou chaudron, vous enfoncez le moule dedans jufqu'à la hauteur du fromage afin qu'il quitte aifément, vous mettez votre affiette ou compotier fur le moule, & renverfez le fromage deffus, que vous fervez promptement.

Canellons de Framboifes.

Mettez dans une terrine environ deux livres de framboifes avec une demie livre de grofeilles rouges, écrafez le tout enfemble, & y mettez enfuite une livre de fucre avec une pinte d'eau, laiffez infufer une demie heure, paffez votre eau de framboife dans un tamis, pour la mettre dans une falbotiere pour la faire prendre à la glace; lorfqu'elle fera prife vous la travaillerez pour la mettre dans des moules à canelons, que vous enveloppez de papier pour les remettre à la glace, feulement pour les foutenir juf-

qu'à ce que vous ferviez : vous tremperez les moules dans l'eau chaude pour
les faire détacher , vous les aiderez à
fortir en donnant un coup par le bout
avec le plat de la main en les préfentant
fur une affiette , & les fervirez promptement.

DES CERISES.

OBSERVATION.

LEs cerifes font ainfi appellées , parce
que les premieres ont été apportées
en Italie du tems de Mitridate , d'une
Ville de Pont autrefois nommée Cera-
fus , d'où elles ont pris leur nom. Nous
en avons beaucoup aux environs de
Paris, leur Saifon ordinaire commence
quelque fois au mois de Mai jufqu'à la fin
de Juillet ; il y en a de plufieurs fortes,
comme les précoces, feulement eftimées
pour la nouveauté, les hâtives viennent
après, celles à courte queue font les
meilleures , principalement celles de
Montmorency qui font les plus groffes;
les guignes, les bigarreaux & les ai-
griottes font compris fous le nom de cerifes. De ces trois dernieres efpeces, le

bigarreau est le plus estimé, parce que sa chair est ferme & croquante, & peut se servir quand il est à demi - rouge ; la guigne, dont il y en a de rouges, de blanches & de noires, n'est ni si ferme, ni de si bon goût que le bigarreau ; l'aigriote est une grosse cerise noire, assez ferme & fort douce, elle doit être bien noire pour être dans sa maturité.

En général, il faut choisir les cerises grosses, bien nourries, bien mûres & succulentes ; c'est un fruit rafraîchissant qui appaise la soif, excite l'apétit, pousse par les urines, & estimé propre pour les maux de tête. On croit que les noyaux pris intérieurement sont bons pour chasser la pierre des reins & de la vessie ; l'excès des cerises cause des vents & des coliques, parce qu'elles se corrompent aisément dans l'estomac.

Cerises à oreilles.

Pour faire quatre livres de cerises à oreilles, il faut prendre deux livres de sucre clarifié que vous faites cuire à la grande plume, jettez les cerises dedans pour leur faire prendre trois ou quatre bouillons couverts, vous aurez soin de les bien écumer, il faut les laisser jus-qu'au lendemain dans le sirop ; vous au-

rez deux autres livres de fucre clarifié
que vous jetterez dans le firop des cerifes enfuite vous les mettrez égouter,
& réduirez le firop jufqu'à ce qu'il tombe
en nape, vous gliffez les cerifes dedans
pour leur faire prendre trois ou quatre
bouillons couverts ; ayez foin de les
bien écumer, mettez les dans une terrine
avec leur firop pour les conferver tant
que vous voudrez ; lorfque vous voudrez
vous en fervir, il faut les retirer de
leur firop pour les ouvrir en deux, &
en appliquer deux l'une contre l'autre,
& deux autres deffus, une de chaque
côté, enfuite mettez les fur un tamis pour
les faire égouter & fécher à l'étuve.

Cerifes à mi-fucre.

Mettez dans une poële deux livres de
fucre que vous faites cuire à la grande
plume, lorfqu'il eft à fon dégré de cuiffon, vous y mettrez quatre livres de
cerifes à qui vous aurez ôté les queues
& les noyaux, & leur ferez prendre
quatre ou cinq bouillons couverts, enfuite vous les ôtez du feu & les laiffez
dans leur firop jufqu'au lendemain que
vous les mettez égouter, pour faire recuire le firop jufqu'à ce qu'il foit revenu
à la grande plume, remettez les cerifes
dans

dans le firop pour leur faire prendre dix
huit ou vingt bouillons, ayez foin de les
écumer a mefure, enfuite vous les mettez à l'étuve jufqu'au lendemain que vous
les retirez de leur firop pour les mettre
égouter fur un tamis ; & enfuite fur des
ardoifes pour les faire fécher à l'étuve.

Cerifes liquides à noyau.

Prenez quatre livres de groffes cerifes,
il faut leur couper les queues par la moitié : faites cuire trois livres de fucre à la
grande plume, mettez-y les cerifes dedans pour leur faire prendre une douzaine de bouillons couverts, ôtez-les
du feu pour les mettre dans une terrine
jufqu'au lendemain que vous les augmentez d'une livre de fucre cuit a la
grande plume, avec un poiffon de jus
de grofeilles ; remettez-les fur le feu
pour les rachever & les faire cuire jufqu'à ce que le firop foit cuit à perlé, ce
que vous connoîtrez en prenant du firop
avec deux doigts, & les féparant tous les
deux, il fe forme un filet qui fe foutient
fans fe rompre ; ôtez-les du feu, lorfqu'elles feront un peu réfroidies ; vous
les mettrez dans les pots.

Cerifes framboifées

Ecrafez dans une terrine une livre de framboifes, paffez-les enfuite dans une étamine pour en exprimer tout le jus, faites cuire quatre livres de fucre à la grande plume, mettez-y le jus de framboifes avec trois livres de groffes cerifes bien mûres, dont vous aurez coupé la moitié de la queue, faites-les cuire à grand feu au moins huit ou dix bouillons, defcendez-les du feu pour les écumer & repofer jufqu'au lendemain, enfuite vous les ferez recuire jufqu'à ce que le firop foit cuit au perlé comme les précédentes; lorfqu'elles feront à demi froides, vous les mettrez dans les pots.

Cerifes aux Quadrilles.

Ayez deux livres de cerifes d'égale groffeur; coupez-en un peu le bout des queues, & en mettez quatre enfemble que vous attachez avec du fil, mettez-les enfuite dans deux livres de fucre cuit au fouflé. Voyez *Sucre au fouflé*, page 6. Faites leur prendre au moins dix-huit bouillons en les écumant à mefure, verfez-les légerement dans une terrine pour les mettre vingt-quatre heures à l'étuve, enfuite vous les mettrez égouter fur un

tamis pour les mettre après sur des feuilles
de cuivre, & faire sécher à l'étuve.

Cerises en surtout.

Coupez un peu le bout des queues à
une livre de cerises, prenez-en trois autres livres à qui vous ôterez les queues
& les noyaux, faites cuire quatre livres
de sucre au souflé, mettez y toutes les
cerises pour leur faire prendre une vingtaine de bouillons, ayez soin de les écumer à mesure, vous les mettrez ensuite
dans une terrine pour les serrer à l'étuve
jusqu'au lendemain que vous les mettrez
dans des pots, pour les garder au liquide
jusqu'à ce que vous en ayez besoin ;
lorsque vous voudrez les mettre en surtout, vous les égoutez de leur sirop sur
un tamis très-clair, prenez celles qui ont
des queues & en appliquez deux ou trois
autres dessus du côté de la chair, ayez
soin de les bien arrondir & de les mettre
à mesure sur des feuilles de cuivre, poudrez-les partout de sucre, & les mettez
sécher à l'étuve, le dessus étant sec ; mettez-
les sur un tamis après les avoir encore
poudrées de sucre, & les remettez à l'é-
tuve pour achever de les sécher.

Cerifes à l'Eau-de-Vie.

Prenez quatre livres de groffes cerifes des plus belles & des plus claires, que vous pourrez trouver, coupez-en les queues à moitié, mettez vos cerifes dans une grande bouteille de verre à large goulot ; mettez dans une terrine un quarteron de meures, avec un peu de framboifes, que vous écrafez & délayez avec un peu de firop de cerifes, paffez-les au tamis pour mettre ce jus dans la bouteille avec les cerifes ; prenez une pinte d'eau de vie, mettez-y fondre deux livres & demie de fucre, lorfque le fucre fera fondu dans l'eau-de-vie, vous le mêlerez bien, & le mettrez dans la bouteille, fur les cerifes, avec un peu de canelle, bouchez bien la bouteille, pour la garder jufqu'à ce que vous en ayez befoin ; dans l'hiver vous vous fervez de ces cerifes pour les mettre en chemife, au caramel & autre façon.

Cerifes au Caramel.

Prenez de groffes cerifes, bien choifies & bien mûres, vous leur coupez la queue à moitié, les effuyez, & trempez l'une après l'autre dans un fucre

cuit au caramel, mettez-les à mesure sur
une feuille de cuivre frottée légèrement
avec un peu de bonne huile d'olive, vous
vous en servirez pour les dresser comme
vous le jugerez à propos : lorsque l'on
n'est point dans la saison des cerises,
vons prenez de celles que vous avez con-
servées à l'eau-de-vie, que vous mettez
égouter & ressuyer à l'étuve, vous vous
en servez de la même façon.

Cerises à la Nompareille.

Ayez de grosses cerises, comme les
précédentes, que vous préparez de la
même façon, trempez les dans un sucre
au caffé, & les poudrez à mesure avec
de la nompareille mêlée, il faut les mettre
à mesure sur une feuille de cuivre semée
de nompareille, vous les dresserez comme
celles au caramel.

Cerises en Chemise.

Fouettez un blanc d'œuf, vous en
prendrez de la mousse suivant la quantité
de cerises que vous voulez employer ;
prenez de belles cerises, coupez-en la
queue à moitié, & les passez dans cette
mousse, roulez-les à mesure dans du sucre
fin, soufflez dessus pour qu'il ne reste

point trop de fucre, il faut les mettre
à mefure fur un tamis, que vous mettez
à l'étuve d'une chaleur douce, jufqu'à
ce que vous les ferviez.

Cerifes filées.

Prenez des cerifes confites & tirées
au fec, ou des cerifes à l'eau-de-vie,
féchées à l'étuve, de celles que vous
voudrez; coupez-les en petits filets, le
plus mince que vous pourrez, vous prenez des feuilles de cuivre, que vou
frottez légerement de bonne huile d'o-
live, femez y deffus les filets de cerifes,
vous avez du fucre cuit au caramel,
trempez-y deux fourchettes tenantes enfemble, pour en prendre le fucre, &
le filez légerement fur les cerifes, fans
les trop charger de fucre, enfuite vous
les retournez fur une autre feuille de
cuivre auffi frottée d'un peu d'huile,
pour en faire autant de l'autre côté.

Compote de Cerifes.

Mettez dans une poële un peu d'eau,
avec fix onces de fucre, que vous faites
bouillir, jufqu'à ce qu'il foit prêt d'être
en firop, mettez-y une livre de cerifes,
les queues coupées par la moitié, & les

faites cuire à grand feu, aux moins dix
bouillons, defcendez-les du feu pour
les écumer, en paffant du papier blanc
deffus pour enlever l'écume, & les dreffez
dans le compotier. Dans la nouveauté,
que les cerifes ne font pas affez mûres,
il faut demie livre de fucre pour livre
de cerifes.

Conferve de Cerifes.

Otez les noyaux à deux livres de cerifes que vous mettez dans une poële pour
les paffer fur le feu, & rendre leur eau,
jettez les fur un tamis, en les preffant
avec une efpatule, enfuite vous remettez
fur le feu l'expreffion que vous en avez
tirée, pour la faire deffécher, & réduire
à demie livre, faites cuire deux livres de
fucre à la plume, mettez-y le marc
deffécher, que vous délayez bien avec
le fucre, & le travaillerez tout autour
de la poële, jufqu'à ce qu'il fe forme
deffus une petite glace, verfez votre
conferve dans un moule de papier; lorfqu'elle fera prife, vous la couperez par
tablette à votre ufage.

Gelée de Cerifes.

Ecrafez dans une terrine fix livres de
cerifes bien mûres, pour en tirer tout le

D iv

jus que vous paſſerez dans une étamine, laiſſez-le repoſer pour le tirer au clair, enſuite vous ferez cuire ſix livres de ſucre au caſſé, mettez-y le jus de ces ceriſes pour le faire cuire avec le ſucre, vous aurez ſoin de l'écumer à meſure, vous laiſſerez cuire votre gelée juſqu'à ce qu'elle ſoit entre liſſée & perlée, ce que vous connoîtrez, en mettant quelques goutes ſur une aſſiette ; quand elle eſt froide, elle ſe peut lever entiere avec un couteau, ou lorſqu'elle tombe en nappe en la lévant avec l'écumoire, vous la deſcendez du feu, & laiſſez un peu diminuer ſa grande chaleur pour la mettre dans les pots, vous paſſerez du papier blanc deſſus, pour ôter la petite écume qui ſe fait en la verſant, & ne la couvrirez que lorſqu'elle ſera froide.

Marmelade de Ceriſes.

Faites cuire à grand feu, & réduire à moitié ſix livres de ceriſes bien rouges, dont vous aurez ôté les queues & les noyaux, mettez-les enſuite dans trois livres de ſucre cuit à la plume, remuez le ſucre & les ceriſes enſemble avec une eſpatule, remettez la marmelade ſur le feu faire quelques bouillons, juſqu'à ce que le firop foit de confiftance un peu liquide ; la cuiffon faite, vous laiffez un peu diminuer la chaleur, avant que de la dreffer dans les pots. Lorfque vous l'aurez dreffée, vous jetterez un peu de fucre fin par-deffus, fi vous voulez.

Maffepains de Cerifes.

Pilez une livre d'amandes douces échaudées ; lorfqu'elles font pilées très-fin, mettez-y une demie livre de cerifes bien mûres, que vous aurez écrafées & paffées au tamis auparavant, repilez les cerifes avec les amandes jufqu'à ce qu'elles foient bien incorporées enfemble ; vous avez une livre de fucre cuit à la plume, que vous mêlez avec les amandes & les cerifes, mettez le tout dans une poële, fur un feu très-doux, pour faire deffécher la pâte, jufqu'à ce qu'elle quitte la poële, retirez-la pour la mettre fur une feuille, & laiffer réfroidir, enfuite vous la remettez dans le mortier avec trois blancs d'œufs frais, repilez encore cette pâte un bon quart d'heure en y ajoutant un peu de fucre fin en la pilant, dreffez les maffepains de la grandeur & figure que vous jugez à propos, faites-les cuire dans un four très-doux.

Clarequets de cérifes.

Ecrafez deux livres de cerifes, pour en tirer tout le jus, il faut mefurer ce jus pour y ajouter un tiers de jus de grofeilles ; paffez le tout à la chauffe, faites cuire au caffé autant de fucre que vous avez de jus, mettez-y la décoction pour la faire cuire jufqu'à ce qu'elle tombe en nappe de l'écumoire, & que la nappe tombe nette, vous verfez tout de fuite votre gelée dans les moules à clarequets. Si par hazard vous aviez manqué votre gelée, ce que vous verrez quatre heures après, fi vos clarequets n'étoient point pris, il faudroit les mettre à l'étuve pour les faire prendre.

Ratafiat de Cerifes.

Prenez des cerifes ; ôtez les noyaux, & les mettez dans une terrine pour les écrafer, & les laiffez cuver vingt-quatre heures. Ordinairement trois livres de cerifes produifent une pinte de jus ; lorfque vous les aurez paffées, vous mefurez le jus, & mettez autant d'eau-de-vie que de jus, pinte pour pinte, un quarteron de fucre par pinte, c'eft-à-dire, fur une cruche de douze pintes, trois livres de fucre, & fur cette cruche vous y mettez un panier de framboifes à l'ufage de Paris ; vous prendrez un cent de meures, que vous ferez fondre avec un peu de votre jus de cerifes, aux environs d'une pinte, vous jette-rez vos meures fur un tamis après leur avoir fait faire cinq ou fix bouillons fur un feu doux pour en tirer tout le jus, vous prendrez le fucre que vous jetterez dans le firop de meures, pour le faire fondre fans bouillir, & mettrez le tout dans la cruche, vous y ajouterez un morceau de canelle, & boucherez bien la cruche pour laiffer infufer fix femaines. Il faut obferver que les cerifes foient bien mûres, fans être gâtées ; toutes les épices que l'on a coutume d'y mettre, ne valent rien pour ce ratafiat.

Autre Ratafiat de Cerifes.

Prenez de belles cerifes bien mûres fans être gâtées, que vous mettrez dans une terrine avec la moitié de framboifes, & un quart de guignes noires, écrafez le tout enfemble avec les mains, ôtez-en les noyaux que vous concaffez dans un mortier, & les remettez avec les cerifes & framboifes, laiffez cuver le

D vj

tout enfemble pendant quatre ou cinq jours, que vous les paflerez dans un tamis, & en preflerez bien le marc; vous mefurerez ce jus, fur deux pintes vous y mettrez deux pintes d'eau-de-vie, avec une livre de fucre, & un petit bâton de canelle, mettez votre rata-fiat dans une cruche, que vous aurez foin de bien boucher, laiffez-le deux mois avant que de le paffer à la chauffe; lorfqu'il fera bien clair vous le mettrez dans des bouteilles.

Sirop de Cerifes.

Faites cuire trois livres de fucre à la grande plume, mettez-y trois livres de cerifes bien mûres, fans être gâtées, à qui vous aurez ôté les queues & les noyaux, faites leur prendre une douzaine de bouillons, defcendez-les du feu pour les écumer, & les laiffez deux heures dans le fucre, enfuite vous les remettez fur le feu pour leur donner encore huit ou dix bouillons, & vous les paflerez au tamis fur une terrine; fi votre firop n'a point affez de confiftance, faites-lui encore faire quelques bouillons; lorfqu'il fera à demi froid, vous le mettrez dans des bouteilles, pour vous en fervir au befoin.

Sirop de Cerises d'une autre façon.

Mettez dans une poële trois livres de cerises à qui vous aurez ôté les queues & les noyaux, avec un demi-septier d'eau; faites-les bouillir jufqu'à ce qu'el-les ayent jetté toute leur eau, paffez-les dans un tamis, prenez trois livres de fucre que vous clarifiez, & faites cuire à la grande plume; mettez le jus de cerises avec le fucre, faites-les bouillir enfemble jufqu'à ce qu'il foit réduit en firop un peu fort; lorfqu'il fera à demi froid, vous le mettrez dans des bou-teilles.

Autre firop de Cerifes.

Prenez le firop des cerifes qui ont été confites à oreilles, ou de celles qui font confites pour mettre en furtout; faites-le frémir un peu fur le feu, & vous y ajouterez uu peu de fucre clarifié; lorf-qu'il fera froid, vous le mettrez dans des bouteilles.

Vin de Cerifes.

Prenez la quantité de cerifes que vous jugez à propos de faire du vin de ce-rifes, il vous en faut au moins trois livres pour une pinte, ôtez les noyaux à toutes vos cerifes ; mettez-les à part ; vous pilez les cerifes pour en tirer tout le jus, mettez ce jus dans un baril avec les noyaux bien pilés, & un quarteron de fucre par pinte de jus; laiffez-les bouillir comme du vin pendant quinze jours ou trois femaines, ayez foin de le remplir à mefure avec du jus de cerifes, enfuite vous couvrez le bondon avec une feuille de vigne & du fable autour ; lorfqu'il ne bout plus, vous le bouchez à forfait jufqu'à ce que vous le tiriez au clair dans des bouteilles.

Vin de Cerifes d'une autre façon.

Sur vingt livres de cerifes vous y mettrez quatre livres de grofeilles, ôtez les noyaux des cerifes que vous pilez très-fin, & les mettez avec les grofeilles & cerifes ; écrafez bien le tout enfemble, & le mettez dans un baril avec un quarteron de fucre par pinte de jus, faites-le bouillir comme le précédent pendant quinze jours ou trois femaines, enfuite vous y ajouterez un demi-feptier d'efprit de vin, un peu de coriandre & de la canelle, lorfqu'il ne bouillira plus, vous le boucherez jufqu'à ce que vous le paffiez au clair.

Suc de Cerises.

Prenez la quantité de cerises que vous jugerez à propos, ôtez les queues & les noyaux, mettez les cerises dans une toile neuve que vous mettez après dans une presse pour en tirer toute l'expression du jus des cerises, que vous mettez dans une bouteille, & l'exposerez au soleil pendant deux jours pour le laisser rasseoir; le marc étant descendu au fond de la bouteille, vous le versez en douceur dans la chausse pour le tirer au clair, vous le mettrez dans des bouteilles pour le garder, en couvrant la superficie avec de bonne huile d'olive, vous vous servez de ce suc pour ce que vous jugez à propos hors la saison; lorsque vous voulez vous en servir, vous enleverez l'huile en y trempant du coton, vous aurez soin de le tenir dans un endroit chaud pour le conserver.

Pâte de Cerises.

Ayez quatre livres de cerises bien mûres sans être tachées, faites leur prendre sept ou huit bouillons sur le feu, & les passez au travers d'un tamis, en les pressant fort avec une espatule, ensuite vous prendrez tout ce qui aura paffé pour le remettre fur le feu, & le faire deffécher ; faites cuire deux livres de fucre à la grande plume, mettez y les cerifes deffécher pour les bien dé-layer avec l'efpatule, jufqu'à ce qu'elles foient bien mélées, & d'un beau rouge, dreffez dans les moules à pâtes, que vous mettez fécher à l'étuve.

Glaces de Cerifes.

Pour faire une pinte de glace de ce-rifes, vous écraferez dans une terrine une livre & démie de cerifes, après avoir ôté les queues & les noyaux, mettez y trois demi feptiers d'eau que vous battez bien avec les cerifes, enfuite vous les pafferez dans un tamis, & vous y ajou-terez une demie livre de fucre ; lorfque le fucre fera fondu, vous mettrez cette eau dans une falbotiere pour faire pren-dre à la glace, comme il fera dit à l'ar-ticle des Glaces.

DE L'ÉTÉ.

L'ÉTÉ nous préfente des fruits dans leur maturité, & nous annonce l'abondance de la Saifon qui la fuit pour ceux qui ne le font pas. Durant les mois de Juin, Juillet & Août qu'il comprend, il nous fournit encore des fraifes & framboifes, les cerifes de toutes efpeces, les grofeilles, les figues, la fleur d'orange, la fleur de jafmin, les abricots, les pêches & les prunes de toutes efpeces, des poires de plufieurs efpeces, la pomme calleville d'Eté, les melons ; premierement, ceux des environs de Paris, & enfuite ceux d'Amboife & de Langeais, les cerneaux, les meures, les noix nouvelles & les premiers raifins.

Dans cette Saifon les eaux glacées font le plus en ufage, tant par la chaleur qui engage à fe rafraîchir, que pour la maturité des fruits qui font dans leur bonté On eft encore occupé à confire des cerifes de différentes façons ; comme à oreilles, à mi-fucre, au liquide, à noyaux, aux quadrilles, en furtout, à l'eau-de-vie, en chemife, à faire des marmelades , des pâtes , des clarequets , des maffepains , des ratafiats , des firops , des pâtes , des gelées , des glaces , des compotes & du vin de cerifes. Pour les abricots , on en confit au liquide , au fec , en furtout ; on en met à l'eau-de-vie, en compote , à oreilles ; en marmelade , en pâte , en conferve ; l'on en fait des canellons , des glaces , des fruits glacés , des firops. La fleur d'orange , l'on en fait des fucres candi , de praliné , des clare-quets , des gâteaux , des pâtes , des rata-fiats , des maffepains ; l'on en fait con-fire au liquide , au fec , & autres façons qui feront marquées à leur article. Les pêches fe confervent & fe mettent en compote , à l'eau-de-vie ; l'on en fait des glaces , des canellons , des fruits glacés , des marmelades , des pâtes. Les meures fe fervent crues & font employées à faire des firops , à confire au liquide & au fec. Les prunes fe fervent crues & fe mettent en compote , en marmelade , en clarequets ; l'on en fait confire pour garder ; les poires fe fervent crues , en compote , ou de glacées ; on en fait des marmelades , des pâtes ; l'on en met à l'eau-de-vie , des confites , & différentes façons qui feront marquées à leur arti-cle. Les figues fe fervent crues , ou glacées avec le fucre en poudre; on en confit des feches pour les garder. Les pommes qui commencent à paroître fe fervent ordinairement en compotes. Les noix nouvelles fe fervent crues, on en confit au liquide pour les tirer au fec dans le courant de l'année.

Dans cette faifon, nous avons pour fleurs, la Lavande, la fleur de Sureau, des Anemones fimples, toutes fortes de beaux œillets, les pieds-d'Alouettes, la Tubéreufe, le Jafmin, les Capucines, les Rofes de toutes efpeces, beaucoup d'autres fleurs, & des feuilles de vigne.

En falades, nous avons la Laitue de Bellegarde, les Royales, les Capucines, les Impériales, les Perpignanes, les Laitues Romaines, la Rouge de Siléfie, la Laitue de Gènes, les Chicons rouges, blancs & verds, la chicorée, & toutes fortes de fournitures.

DU JASMIN.

OBSERVATION.

LE Jasmin est un arbrisseau qui jette du sarment comme la vigne, ses fleurs viennent au bout des branches, menues, longuettes, blanches, faites comme de petits lys, dont l'odeur est extrêmement agréable ; l'on en trouve dans beaucoup de jardins. Il fleurit sur la fin de Mai, en Juin & Juillet. On en tire une huile qui est bonne contre les douleurs froides des jointures & des nerfs.

Conserve de Jasmin.

Mettez dans un mortier un quarteron de fleurs de jasmin, bien épluchées, que vous pilez très-fin en l'arrosant de deux ou trois goutes de jus de citron ; faites cuire deux livres de sucre à la grande plume, ôtez-le du feu ; lorsqu'il sera à moitié froid, mettez-y la fleur de Jasmin pilée ; que vous délayez bien avec le sucre, en le battant avec une cuilliere ; ensuite vous la dresfez dans les moules ; lorfqu'elle fera froide, vous la couperez par tablettes à votre ufage.

Glace de Jafmin.

Pilez très-fin une poignée de fleurs de Jafmin épluchées, enfuite vous les retirez du mortier pour les mettre dans une pinte d'eau, avec une demie livre de fucre, battez bien le tout enfemble ; lorfque le fucre fera fondu, vous le paf-ferez dans un tamis bien ferré ; mettez-le dans une falbotiere, pour le faire prendre à la glace, comme il fera ex-pliqué à l'article des Glaces.

Dragées de Jafmin.

Faites fondre de la gomme adragan-te, avec un peu d'eau, en la tournant quelque fois jufqu'à ce qu'elle foit fon-due ; paffez dans un tamis fin, pour en former une pâte, avec de la mar-melade de jafmin, & de la poudre de racine d'Iris, que vous mettez enfem-ble dans un mortier, pour les piler ; en y mettant de tems en tems du fucre fin, jufqu'à ce que la pâte foit mania-ble ; retirez-la du mortier pour la met-tre fur une table, avec du fucre fin ; enfuite vous en prenez des petits morceaux de la groffeur d'un pois, que vous roulez dans la paume de la main gauche, avec le pouce de la main droite, pour en former de petits ronds ; votre pâte étant travaillée de cette façon, vous la mettez fur un tamis pour la faire fécher à l'étuve pendant fix jours ; enfuite vous finiffez vos dragées dans une poële à provifion, comme il est expliqué *page* 20 : à mefure que vous avez mis une couche à la dragée, & qu'elle eft féchée, vous y remettez encore du fucre cuit au liffé, & continuez de cette façon, jufqu'à ce qu'elles foient affez groffes.

Marmelade de Jafmin.

Prenez une demie livre de fleurs de jafmin épluchées, que vous pilez très-fin dans un mortier ; paffez les enfuite dans un tamis, en les preffant fort avec une efpatule, jufqu'à ce que le tout foit paffé ; faites cuire une livre & demie de fucre à la grande plume ; délayez-y peu à peu, pendant qu'il eft chaud, le jafmin que vous avez paffé au tamis ; enfuite vous mettrez la marmelade dans les pots.

Fleurs de Jafmin confites.

Ayez de beaux jafmins épanouis,

coupez-en les trois quarts des queues;
& laissez les fleurs entieres, faites cuire
du sucre au grand lissé; ôtez-le du feu,
mettez y les fleurs de jasmin, sans les
laver, vous les laisserez dans le sucre
jusqu'au lendemain, que vous leur donnerez une douzaine de bouillons, jusqu'à ce que le sucre soit cuit à la petite
plume, laissez réfroidir & versez dans
les pots. Si vous ne voulez confire que
la feuille de la fleur, vous ôterez les
queues, & éplucherez les feuilles pour les
confire de la même façon.

Pastilles ou Ingrédiens de Jasmin.

Prenez un quarteron de jasmin, que
vous mettez infuser dans un peu d'eau
bouillante, que vous mettrez à l'étuve
jusqu'au lendemain, passez ensuite votre eau de jasmin dans une serviette,
en la pressant fort, pour en exprimer
tout le suc; vous vous servirez de cette
décoction pour faire tremper deux gros
de gomme adragante; lorsqu'elle sera
fondue, vous la passerez dans une serviette en la pressant, pour n'en rien perdre; mettez cette eau dans un mortier
avec du sucre fin; pilez le tout ensemble,
en y ajoutant de tems en tems du sucre
fin; jusqu'à ce que vous ayez une pâte

maniable ; enfuite vous retirerez cette pâte pour en former des paftilles ou des petits coquillages, de telles efpeces & figures que vous voudrez, ou des grains de bled, de caffé, & autres ingrédiens.

Sirop de Jafmin.

Faites bouillir une chopine d'eau ; vous avez une demie livre de fleurs de jafmin épluchées, que vous mettez dans une terrine ; verfez votre eau bouillante deffus, vous mettrez une affiette deffus le jafmin, pour le faire enfoncer dans l'eau, pour qu'il puiffe tremper dedans ; mettez la terrine à l'étuve jufqu'au lendemain ; faites clarifiér cinq livres de fucre, que vous ferez cuire au caffé ; paffez votre jafmin dans une ferviette, en preffant doucement pour qu'il rende fon parfum ; il faut mettre cette décoction de jafmin dans le fucre ; metrez le tout enfemble fur le feu fans le faire bouillir, feulement pour que l'eau puiffe prendre corps avec le fucre ; enfuite vous le verferez dans une terrine, que vous mettrez à l'étuve pendant trois ou quatre jours ; il faut entretenir l'étuve de feu avec la même chaleur que pour un candi : vous

verrez

verrez de tems en tems avec une cuilliere à votre firop ; pour être fini, il faut
qu'il foit au perlé ; alors vous l'ôterez
de l'étuve pour le mettre réfroidir, &
enfuite dans des bouteilles.

Sable de Jafmin.

Ayez un quarteron de belles fleurs
de jafmin, épluchées & point lavées,
que vous mettez dans un mortier, pour
piler très-fin ; enfuite vous mettez cette
fleur dans une demie livre de fucre cuit
à la grande plume ; il faut bien la travailler avec le fucre, en la remuant
beaucoup avec l'efpatule, jufqu'à ce
qu'elle foit bien incorporée avec le fucre,
& que le fucre foit pris & réfroidi ;
vous le paffez au travers d'un tamis pour
en former du fable, & vous vous en fervirez pour former des parterres fur des
cryftaux.

Candi de Jafmin.

- Prenez de la fleur de jafmin épluchée, vous faites cuire du fucre à la
plume, que vous mettez dans le moule
à candi, lorfqu'il fera à moitié réfroidi, vous y mettrez la fleur de jafmin,
que vous enfoncerez doucement & également dans le fucre, avec une four-

E

chette : mettez fur votre candi une grille
faite pour le moule , & l'appuyerez en
mettant un poids deſſus ; mettez aux
quatre coins des petits bâtons blancs,
ſecs que vous enfoncez dans le ſucre ;
mettez votre candi à l'étuve pendant
vingt-quatre heures , que vous entretenez de feu également ; vous verrez ſi
votre candi eſt fait en retirant les petits
bâtons ; s'ils font le diamant également
par-deſſus, alors vous égouterez votre
candi en penchant le moule par un coin ,
laiſſez-le égouter pendant deux heures ,
enſuite vous renverſez le moule ſur une
feuille de papier blanc, en appuyant un
peu fort & également.

Gâteau de Jaſmin.

Faites un moule de papier de la grandeur que vous voulez faire le gâteau,
prenez une demie livre de fleurs de jaſmin bien épluchées que vous mettez dans
une livre de ſucre cuit à la grande plume,
travaillez-les promptement ſur le feu avec
une eſpatule ; lorſque le ſucre commence
à monter , & que vous êtes prêt à le
verſer dans le moule, mettez-y promptement un peu de blanc d'œuf battu avec du
ſucre en poudre , qui ne ſoit pas trop
liquide , ce qui contribuera beaucoup,

à faire monter le gâteau; verfez-le promptement dans le moule, & tenez deffus le
cul de la poële chaud à une certaine
diftance, ce qui fait encore monter le
gâteau.

Pâte de Jafmin.

Pilez très-fin dans un mortier une demie livre de fleurs de Jafmin épluchées,
enfuite vous la mettez fur une affiette
ponr la délayer avec quatre cuillerées de
marmelade de pommes; faites cuire une
livre de fucre à la grande plume, mettez-y la marmelade délayée avec les
fleurs, mêlez bien le tout enfemble, &
faites cuire une douzaine de bouillons:
votre pâte étant cuite, vous la dreffez
dans les moules à pâte pofés fur des
feuilles de cuivre; glacez tout le deffus
avec du fucre en poudre que vous faites
tomber avec le tamis, & les mettez fécher à l'étuve.

Bouquets de Jafmin au fec.

Il faut prendre de belles fleurs de jafmin bien épanouies avec leurs queues,
que vous coupez à moitié, fi elles font
trop longues, mettez-en trois ou quatre
enfemble que vous attachez avec un peu
de fil; trempez par-tout chaque bou-

quet dans un fucre cuit au petit liffé, &
à demi froid ; mettez-les à mefure égouter
fur un tamis, & les poudrez par-tout
avec du fucre très-fin ; remettez-les
à mefure fur un autre tamis, & que les
fleurs y foient placées de façon qu'elles
reftent bien épanoüies ; faites les fécher
à l'étuve ; & les conferverez dans un
endroit fec ; ferrez-les dans des boëtes
garnies de papier blanc.

Jafmin en chemife.

Prenez des fleurs de jafmin entieres,
bien épanoüies, ôtez-en les queues, &
les trempez dans un blanc d'œuf fouetté
en mouffe, il faut enfuite les rouler dans
un fucre fin, & les mettre à mefure fur
des feuilles de papier blanc pofées fur
un tamis, pour les mettre fécher à l'é-
tuve ; lorfqu'elles feront féches, vous
vous en fervirez pour les defleins que
vous jugerez à propos.

Bifcuits de Jafmin.

Mettez dans une terrine une cuillerée de marmelade de jafmin avec quatre
jaunes d'œufs frais (dont vous mettrez
les blancs à part) & une demie livre de
fucre en poudre ; battez bien le tout
enfemble avec une ou deux efpatules,

jufqu'à ce que le fucre foit bien incorporé avec le refte; enfuite vous prenez les quatre blancs d'œufs que vous avez mis à part avec encore deux autres que vous y ajoutez, que vous fouettez en neige, enfuite vous mêlez les blancs avec les jaunes & le fucre, que vous remuez enfemble avec le fouet, & y ajoûtez tout de fuite quatre onces de farine que vous paffez au tamis, & la faites tomber légerement dans la terrine en remuant toujours avec le fouet ; le tout étant mêlé enfemble, vous dreffez les bifcuits dans des moules de papier que vous avez beurés auparavant, & jettez fur les bifcuits un peu de fucre fin pour les glacer, mettez les cuire au four d'une chaleur douce.

DE LA FLEUR D'ORANGE

OBSERVATION.

LA Fleur d'Orange eft beaucoup employée dans les ouvrages d'Office pour fon bon goût & fon odeur agréable ; il faut la choifir fraîche cueillie, belle & bien blanche ; fon ufage modéré réjouit le cœur, aide à la digeftion, &

E iij

fortifie l'eſtomac. L'excès rend la bile âcre, & échauffe beaucoup.

Conſerve de fleurs d'Orange.

Epluchez de la fleur d'orange pour n'en prendre que la feuille, peſez-en un quarteron que vous hachez ſeulement de trois ou quatre coups de couteau, & la mettez ſur une aſſiette ; preſſez-y un jus de citron pour la conſerver blanche, enſuite vous ferez cuire une livre de ſucre à la grande plume, mettez-y la fleur d'Orange, & la travaillez avec l'eſpatule ſans remettre la poële ſur le feu, en remuant toujours juſqu'à ce que le ſucre blanchiſſe autour de la poële ; que vous verſez votre conſerve dans un moule de papier que vous avez tout prêt ; lorſqu'elle ſera froide & bien priſe ; vous la couperez par tablettes à votre uſage.

Eau de Fleurs d'Orange ſimple & double.

Prenez de la fleur d'orange nouvellement cueillie, n'en ôtez que les queues, & la mettez infuſer dans de l'eau tiede & très-claire pendant cinq ou ſix heures à l'étuve dans un pot bien couvert, vous mettrez la quantité de fleurs d'orange que vous jugerez à propos, ſuivant que vous la voulez forte ; pour la faire bonne, il faut deux livres pour une pinte d'eau, enfuite vous mettez le tout dans l'alambic pour la faire diftiler, comme il eft dit à l'article de la diftilation. Pour la faire double, vous prenez l'eau de fleurs diftilée comme la précédente, que vous faites tiédir, & y remettez de la fleur d'orange pour la faire infufer dans un pot bien couvert, que vous mettez à l'étuve du foir au lendemain, & la remettez enfuite dans l'alambic pour la faire diftiler une feconde fois.

Eau clairette de Fleurs d'Orange.

Faites infufer pendant trois femaines dans une cruche bien bouchée, trois demi-feptiers d'eau de fleurs d'orange, avec une demie livre de fucre, trois demi-feptier de bonne eau-de-vie; mettez-y aufli un peu de canelle avec une demie poignée de coriandre, que vous concaffez enfemble; lorfque vous aurez bien bouché la cruche, vous la tenez dans un endroit chaud, & vous aurez foin de la remuer tous les jours jufqu'à ce que vous paffiez votre liqueur à la chauffe, & la mettrez enfuite dans des bouteilles.

Glace de Fleurs d'Orange.

Epluchez de la fleur d'orange pour n'en prendre que les feuilles, mettez-en une bonne poignée dans un mortier pour la piler très-fine, enfuite vous la retirez pour la délayer dans une pinte d'eau tiede; mettez-y une demie livre de fucre, lorfque le fucre fera fondu, battez l'eau trois ou quatre fois en la verfant d'un pot à un autre; paffez-la dans un tamis ferré pour la mettre dans une falbotiere & la faire prendre, comme il eft dit à l'article des Glaces.

Fleurs d'Orange confites au liquide.

Epluchez de la fleur d'orange, la quantité que vous jugerez à propos, n'en prenez que les feuilles, mettez-les dans une eau bouillante, & les faites bouillir jufqu'à ce qu'elles foient tendres fous les doigts; avant que de la retirer, vous y mettez un once d'alun pilé, pour la rendre blanche, enfuite vous avez une autre eau auffi bouillante où vous preffez un grand jus de citron, mettez-y tout de fuite la fleur d'orange, pour rachever de la faire blanchir jufqu'à ce qu'elle s'écrafe facilement fous les doigts, vous la retirerez dans de l'eau fraîche, où vous presserez aussi le jus d'un citron pour tenir blanche la fleur d'orange. Prenez quatre livres de sucre pour une livre de fleur d'orange, que vous mettez clarifier ; après qu'il sera ôté du feu, laissez diminuer sa chaleur jusqu'à ce qu'il ne soit que tiede, mettez-y la fleur d'orange que vous aurez mis égouter auparavant, laissez-la dans le sucre jusqu'au lendemain, que vous la mettrez sur un égoutoir, & mettrez le sucre dans une poële ; & le ferez cuire au petit lissé ; remettez la fleur d'orange dans la terrine, laissez réfroidir le sucre jusqu'à ce qu'il ne soit que tiede, & le versez sur la fleur d'orange, & la laisserez encore dans le sucre jusqu'au lendemain, que vous remettez le sucre dans une poële, pour le faire recuire jusqu'à ce qu'il soit au grand perlé : vous l'ôtez du feu, & ne le mettez dans la fleur d'orange que quand il sera tiede, ensuite vous mettez votre confiture dans les pots, & la couvrirez lorsqu'elle sera tout à fait froide. Il faut observer que la fleur d'orange, après avoir été blanchie à l'eau bouillante, ne doit plus être remise sur le feu.

Esprit d'eau de Fleurs d'Orange.

Prenez de la belle fleur d'orange, la

E v

feuille la plus large que vous pourrez; lorsqu'elle fera épluchée, vous pefez une livre des feuilles, que vous enfilez toutes avec une aiguille & du fil, en forme de chapelet, qu'elles foient bien ferrées l'une contre l'autre, & laiffez paffer des grands bouts de fil pour les paffer tout au travers d'un grand bouchon de liege avec une groffe aiguille à tête, & les arrêtez par-deffus avec des nœuds; ce bouchon eft deftiné pour boucher une grande bouteille de verre à grand goulot; mettez toutes les fleurs d'orange dans cette bouteille, il ne faut pas qu'elles touchent en aucune façon au verre, & qu'elles reftent fufpendues en tenant au bouchon; enfuite vous mettez un parchemin mouillé fur la bouteille que vous ficelez; mettez-la au foleil du midi; la fleur d'orange jette fon eau dans la bouteille, & la fleur devient comme grillée; vous en tirez la liqueur qu'elle aura rendue pour la mettre dans de petites fioles bien bouchées, pour vous en fervir au befoin, vous en ferez de cette façon telle quantité que vous voudrez. Au défaut du foleil, vous pouvez la mettre à l'étuve avec un feu moderé.

Fleurs d'Oranges confites au sec.

Après avoir confi les fleurs d'orange, comme celles qui font au liquide, vous les laissez dans leur sirop jusqu'au lendemain, que vous les retirez pour les mettre égouter fur des feuilles de cuivre, & les poudrez par-tout avec du sucre fin, que vous jettez par-dessus avec un sucrier ; mettez-les sécher à l'étuve pour les conserver dans une boëte dans un endroit sec, pour le mieux ; lorsque vous en avez besoin, vous prenez de celles qui font confites au liquide, vous mettez le pot dans de l'eau chaude pour faire liquéfier le sirop ; retirez en la fleur, que vous mettez égouter, & poudrez de sucre pour la faire sécher à l'étuve.

Fleurs d'Orange au Candi.

Prenez une demie livre de fleurs d'orange que vous épluchez ; n'en prenez que la feuille ; faites cuire une livre de sucre au soufflé ; en l'ôtant du feu, vous y mettez la fleur d'orange pour la laisser dans le sucre un bon quart d'heure, pour lui donner le tems de jetter son eau, ensuite vous la mettez fur le feu pour la faire cuire avec le sucre, jusqu'à ce que le sucre soit revenu au soufflé ;

ôtez-le du feu, & le laissez réfroidir à
moitié avant que de le verser dans le
moule à candi, pour le mettre à l'étuve
usqu'à ce qu'il soit candi ; pour connoître s'il est comme il faut avant que de
le retirer du moule, vous mettrez un
petit bâton blanc à chaque coin du moule
que vous enfoncez jusqu'au fond ; lorfque vous jugerez que votre candi est
pris, vous retirerez les petits bâtons,
& vous verrez s'ils font le diamant des-
fus & également ; alors vous égouterez
votre candi en penchant le moule par
le coin, que vous laissez égouter pendant deux heures, & ensuite le renverserez
fur une feuille de papier blanc.

Candi de Fleurs d'Orange
d'une autre façon.

Mettez une demie livre de fleurs d'o-
range dans une livre de sucre cuit à la
grande plume, donnez lui deux ou trois
bouillons, & l'ôtez du feu ; lorsque le
sucre sera réfroidi aux trois quarts, vous
en retirez la fleur d'orange pour la mettre égouter, & faire sécher à l'étuve ;
remettez le sucre fur le feu pour le faire
recuire à la grande plume ; & le versez
dans le moule à candi ; lorsqu'il sera à
moitié froid, mettez-y la fleur d'orange

que vous avez fait fécher à l'étuve, que vous enfoncez légerement & également avec une fourchette ; mettez deffus une grille à candi faite pour le moule, avec un poids deffus pour l'appuyer ; mettez le moule à l'étuve, que vous entretenez de feu également, jufqu'à ce que votre candi foit fini ; pour vous y connoître, vous obferverez les mêmes chofes que pour le candi précédent.

Fleurs d'Orange filées.

Prenez de la fleur d'orange confite au fec, que vous femez fur des feuilles de cuivre frottées légerement de bonne huile d'olive ; vous avez du fucre cuit au caramel, que vous tenez chaudement fur un petit feu, trempez dedans deux four-chettes pour en prendre le fucre, que vous filez à mefure fur la fleur d'orange fans la trop charger de fucre, enfuite vous la retournerez fur une autre feuille de cuivre, auffi frottée d'huile, pour en faire autant de l'autre côté.

Fleurs d'orange pralinées.

Prenez deux livres de fleurs d'orange épluchées, clarifiez deux livres de fucre que vous faites cuire au caffé, jettez la fleur d'orange dans le fucre ; quand elle

aura fait un bouillon, vous la remuerez
avec l'efpatule jufqu'à ce que le fucre
foit à la petite plume, alors vous l'ôtez
du feu pour la praliner, c'eft à-dire,
de la remuer toujours avec l'efpatule
jufqu'à ce que le fucre devienne en poudre ; vous jetterez votre fleur d'orange
fur un tamis pofé fur un plat, pour en
recevoir le fucre qui paffera au travers ;
vous la ferez fécher à l'étuve, vous en
enleverez bien le fucre en la repaffant
fur le tamis, & la conferverez dans un
coffret à l'étuve, ou dans un endroit
fec. Cette fleur d'orange peut vous fervir l'Hyver pour mettre au candi, l'on
peut fe fervir du même fucre pour en
praliner d'autre, elle en fera plus brune,
mais elle n'en fera pas moins bonne.

Marmelade de Fleurs d'Orange.

Ayez une livre de fleurs d'orange épluchée, mettez-la dans l'eau bouillante,
& la faites blanchir deux ou trois bouillons ; avant que de la retirer, vous y
jetterez un peu d'alun pour la rendre
blanche ; ayez d'autre eau fur le feu,
lorfqu'elle bouillira, vous y prefferez un
grand jus de citron, & y mettrez votre
fleur d'orange, pour lui faire prendre
deux ou trois bouillons jufqu'à ce qu'elle

commence à fléchir fous les doigts, que
vous la retirez dans de l'eau fraîche,
où vous avez preffé un jus de citron;
laiffez-la une demie heure dans cette
eau, & la remettez encore dans une autre
eau de citron comme la précédente;
vous prenez deux livres & demie de
fucre que vous clarifiez, & le faites cuire
au petit fouflé; vous égouterez la fleur d'o-
range, que vous preflerez bien dans une
ferviette pour en faire fortir l'eau : il faut
la piler dans un mortier, & la mettre
dans une poële fur un feu doux, & vous
verferez très doucement le fucre à huit
ou dix fois, afin de la bien délayer,
vous obferverez qu'il ne faut pas feulement qu'elle fiémiffe, & la mettrez tout
de fuite dans les pots ; lorfqu'elle fera
froide, vous y poudrerez un peu de fucre
fin par-deffus, & les couvrirez à l'ordinaire.

Clarequets de Fleurs d'orange.

Mettez dans une poële une douzaine
de pommes de reinette, coupées par
tranches, avec une chopine d'eau, faites-les bouillir jufqu'à ce qu'elles foient
en marmelade, & les paffez dans un
tamis pour en tirer la décoction : mettez dans la décoction des pommes,

deux cuillerées de marmelade de fleurs d'orange, que vous délayez bien enfemble; remettez-les fur le feu, avec un peu d'eau pour leur faire faire deux ou trois bouillons, & les paffez au travers d'une ferviette mouillée; vous mefurerez votre décoction, & mettrez autant de fucre clarifié, que vous ferez cuire au caffé, enfuite vous mettrez votre décoction dans le fucre, faites cuire votre gelée, & vous verrez avec une cuilliere d'argent; quand elle tombera en nape, & qu'elle quittera net, vous l'ôterez du feu, & l'écumerez bien, verfez enfuite dans les moules à clarequets, que vous mettrez à l'étuve, pour les faire prendre.

Pommade à la Fleur d'orange.

Il faut prendre tout le jaune de la fleur d'orange, qu'il faut éplucher avec autant de foin que la fleur d'orange même, il en faut deux livres pour livre de panne de porc mâle; vous prenez de la panne de porc mâle, que vous ratiffez avec un couteau fur une feuille de papier; lorfque vous l'avez ratiffée, vous la mettez dans une terrine neuve bien vernie, vous y jettez pour la premiere fois une demie livre

d'épluchures de Fleurs d'orange, sur
deux livres de panne, que vous faites
bouillir pendant un quart d'heure; ensuite vous la retirez de dessus le feu,
vous la laissez figer, & le lendemain
vous la remettez sur le feu; après avoir
fait trois ou quatre bouillons, vous la
retirez, & la passez dans un torchon neuf,
qui vous durera pendant tout le tems
que votre pommade sera à faire : pour
la seconde fois, vous la ferez boullir une
douzaine de bouillons, en y mettant
autant d'épluchures; ensuite vous la lais-
ferez réfroidir jusqu'à ce que vous ayez
d'autres épluchures à y mettre; elle ne
doit plus aller sur le feu qu'une seule
fois pour la passer, après vous la remettrez à l'étuve, au premier étage,
avec un grand feu; vous observerez cette
façon jusqu'à la concurrence des quatre
livres d'épluchures qu'il vous faut. La
pommade de jasmin, & celle de jonquille se font de même.

Pastilles ou Ingrédiens de Fleurs d'Orange.

Faites tremper une demie once de
gomme adragante, avec une cuillerée
d'eau de fleurs d'orange, & un verre

d'eau, prenez une pincée de fleurs d'orange pralinées, si vous n'êtes point dans la saison d'en avoir de la nouvelle, hachez-la très-fin, & la mettez dans un mortier, avec la gomme adragante fondue, que vous passez au travers d'une serviette, & la pressez pour qu'il ne reste rien; mettez-y peu à peu une livre de sucre passé au tambour, à mesure que vous pilez, jusqu'à ce que vous ayez une pâte maniable, pour en former des pastilles de telle grandeur & figure que vous voulez, ou des ingrédiens, comme grains de bled, petits pois, grains de caffé, clous de gérofle, & autres différens petits coquillages.

Gâteau à la Fleur d'Orange.

Pesez une demie livre de feuilles de fleurs d'orange, faites cuire à la grande plume deux livres de sucre; mettez y la fleur d'orange pour la faire bouillir, & jetter son eau; continuez de faire bouillir le sucre avec la fleur d'orange, jusqu'à ce qu'il soit revenu à la grande plume; alors il faut travailler promptement le sucre avec l'espatule, en frottant au milieu, & tout autour de la poële, jusqu'à ce qu'il commence à monter; mettez-y tout de suite un peu de blanc d'œuf délayé avec du sucre fin, sans être trop liquide, que vous avez tout prêt : il faut le mêler promptement dans le sucre, & verser dans le moment le gâteau dans le moule de papier, tenez le cul de la poële chaud à une certaine distance du gâteau, ce qui contribue à le faire monter, & à le glacer, ainsi que le blanc d'œuf que vous mettez dedans.

Gâteau de Fleurs d'Orange grillées.

Mettez dans une poële une petite poignée de sucre en poudre que vous mettez sur le feu pour le faire griller ; ensuite vous mettrez dans cette même poële une livre de sucre avec de l'eau, que vous ferez cuire à la grande plume, mettez-y un quarteron de fleurs d'orange grillées ; faites cuire sur le feu, en le travaillant toujours avec l'espatule, jusqu'à ce qu'il commence à monter, que vous y mettez du blanc d'œuf, comme au précédent, & le finissez de même.

Gâteau de Fleurs d'Orange pralinées.

Prenez une demie livre de fleurs d'orange pralinées, que vous mettez dans une livre & demie de sucre cuit

à la grande plume; faites bouillir feulement un bouillon, en le travaillant toujours avec une espatule; lorsqu'il commence à monter, vous avez tout prêt
un peu de blanc d'œuf délayé avec du
sucre fin, sans être trop liquide, que
vous mettez dedans, & le mêlez promptement dans le gâteau; il faut le verser
tout de suite dans le moule de papier;
vous tiendrez le cul de la poële chaud
sur le gâteau, à une certaine distance,
pour le faire monter & glacer.

Essence de Fleurs d'Orange.

Ayez de la fleur d'orange la quantité que vous jugerez à propos, qu'elle
soit bien épanouie; mettez-la sans l'é-
plucher dans une grande bouteille de
verre à large goulot, avec deux fois
autant pesant de sucre en poudre, que
vous mêlez bien ensemble; bouchez la
bouteille avec un bouchon de liége &
un parchemin mouillé; ensuite vous mettez la bouteille à la cave pendant deux
jours & deux nuits; vous la retirez pour
la mettre autant de tems à l'étuve, avec
une chaleur modérée; ensuite vous la
passerez dans un tamis sans la presser,
pour la mettre dans des petites bouteilles, que vous aurez soin de bien

boucher. Cette eſſence peut vous ſervir à donner le goût de fleurs d'orange à des liqueurs & divers ouvrages d'Office.

Pâte de Fleurs d'Orange.

Epluchez une livre de fleurs d'orange pour n'en prendre que les feuilles ; mettez-les dans de l'eau bouillante pour les faire blanchir juſqu'à ce qu'elles fléchiſſent ſous les doigts, que vous les retirez dans de l'eau fraîche ; enſuite vous mettez de l'eau fraîche dans un autre vaiſ-ſeau, où vous preſſez le jus entier d'un gros citron ; mettez-y la fleur d'oran-ge, pour la laiſſer trois heures dans cette eau de citron ; enſuite vous la retirez pour l'égouter ſur un tamis, & la bien preſſer dans une ſerviette ; il faut la piler tout de ſuite dans un mortier, de crainte qu'elle ne noirciſſe ; faites cuire cinq quarterons de ſucre au ſouflé ; mettez-y la fleur d'orange pilée, que vous dé-layez bien enſemble, en les travaillant avec l'eſpatule, & la dreſſez dans les moules à pâte, poſés ſur des feuilles de cuivre ; mettez à l'étuve pour la faire ſécher.

Massepains de Fleurs d'Orange.

Pilez très-fin une demie-livre d'amandes douces, que vous arrosez en les pilant, pour qu'elles ne tournent pas en huile, avec de l'eau de fleurs d'orange; lorsqu'elles seront pilées vous ferez cuire une demie livre de sucre à la grande plume; mettez-y les amandes avec deux cuillerées de marmelade de fleurs d'orange, que vous remuez bien avec une espatule, en les remettant sur un très-petit feu, pour faire dessécher la pâte, jusqu'à ce qu'elle ne tienne plus aux doigts en les appuyant contre; mettez votre pâte sur une feuille de papier, avec du sucre fin dessus & dessous, pour l'abattre de l'épaisseur de deux écus, vous en formerez des massepains de la grandeur & figure que vous voudrez; faites-les cuire dans un four doux, sur des feuilles de cuivre; lorsqu'ils seront cuits, glacez tout le dessus avec une glace faite avec la moitié d'un blanc d'œuf, un peu de jus de citron, de l'eau de fleurs d'orange & du sucre fin passé au tambour, remettez-les au four pour faire sécher la glace.

Macarons liquides de Fleurs d'Orange.

Echaudez une demie livre d'amandes douces, que vous pilez très-fin, &
les arrofez avec un blanc d'œuf, en le
mettant à plufieurs fois en les pilant,
pour qu'elles ne tournent pas en huile;
enfuite vous les mettez dans une terrine, avec une demie livre de fucre en
poudre, que vous battez avec les amandes, jufqu'à ce qu'ils foient bien incorporés enfemble, vous y ajouterez quatre
blancs d'œufs fouettés, que vous battez encore avec les amandes & le fucre, dreffez vos macarons fur une
feuille de papier, de la groffeur d'une
noix; faites à chacun un petit trou dans
le milieu, pour y mettre gros comme
une noifette de la marmelade de fleurs
d'orange; couvrez le deffus comme le
deffous, fans que la marmelade paroiffe, faites-les cuire dans un four doux:
lorfqu'ils feront cuits, glacez-le deffus
d'une glace blanche, faite avec du fucre
paffé au tambour, de l'eau de fleurs d'o-
range, & un peu de blanc d'œufs; remettez-les un moment au four, pour faire
fécher la glace.

Bouquets de Fleurs d'Orange.

Ayez de la belle fleur d'orange épanouie, mettez-en quatre ou cinq en-semble avec leurs queues, que vous attachez avec du fil ; faites cuire du sucre au petit lissé ; lorsqu'il sera à demi froid, trempez-y par-tout les bouquets de fleurs d'orange, que vous mettez à mesure dans du sucre très-fin, soufflez dessus pour qu'il n'en reste pas trop, & les mettez à mesure sur un tamis, dressez de façon que la fleur reste épanouie ; faites-les sécher à l'étuve ; vous les conserverez dans un endroit sec, enfermés dans une boëte garnie de papier blanc.

Ratafiat de Fleurs d'Orange.

Prenez deux livres de fleurs d'orange épluchées, mettez clarifier quatre livres de sucre, que vous ferez cuire à la grande plume ; vous jetterez la fleur d'orange dans le sucre, pour lui faire faire trois ou quatre bouillons couverts, en-suite vous l'ôtez du feu, & y mettez quatre pintes d'eau-de-vie, que vous laissez infuser avec le sucre & la fleur d'o-range pendant quatre heures ; vous aurez soin de couvrir la poële avec un linge blanc en double pour le faire étouffer, ensuite

vous

vous le paſſerez dans un tamis pour le mettre dans des bouteilles ; c'eſt un ratafiat excellent & promptement fait : la fleur d'orange peut vous ſervir en la pralinant.

Ratafiat de Fleurs d'Orange au bain-marie.

Prenez une demie livre de feuilles de fleurs d'orange épluchées que vous mettez dans une cruche, avec deux pintes d'eau de-vie de la meilleure, trois chopines d'eau, une livre & demie de ſucre ; bouchez bien la cruche, & la mettez dans de l'eau au bain-marie, pour la faire bouillir l'eſpace de douze heures ; enſuite vous la retirez & la laiſſez réfroidir, après vous paſſerez votre ratafiat à la chauſſe : lorſqu'il ſera paſſé, il faut le filtrer. L'on appelle filtrer, c'eſt de mettre dans un entonnoir un papier fait en forme de cornet, où vous paſſez la liqueur au travers ; vous coupez en rond du papier Joſeph battu, & pliez ce rond en quatre, chaque moitié forme un cornet. A meſure que vous filtrez votre ratafiat, vous le mettez dans des bouteilles que vous aurez ſoin de bien boucher

Pour garder de la Fleur d'Orange blanche
toute l'année.

Ayez un vaiffeau proportionné à la
quantité de fleurs d'orange que vous vou-
ez conferver, prenez de la fleur d'o-
range nouvellement cueillie & bien blanche, que vous épluchez, & n'en prenez
que les feuilles, que vous mettez dans le
vaiffeau où vous la voulez garder : fuivant ce que vous en avez, vous ferez
clarifier du fucre, & le ferez cuire au
boulet; & le verferez dans le pot fur la
fleur d'orange, il faut qu'il y ait affez de
fucre pour que la fleur d'orange en foit
couverte, elle fe confervera de cette façon comme fi elle fortoit de deffus l'arbre.

Vinaigre à la Fleur d'Orange.

Faites infufer au Soleil pendant trois
femaines ou un mois un quarteron de
feuilles de fleurs d'Orange, que vous mettez dans une cruche avec deux pintes de
bon vinaigre blanc; ayez foin de bien
boucher la cruche, vous le pafferez enfuite dans un tamis fin, pour vous en
fervir au befoin.

Sucre candi de Fleurs d'Orange.

Prenez deux livres de fleurs d'orange épluchées, jettez-les dans fix livres de fucre clarifié, & réduit au caffé ; après que votre fleur d'orange aura fait trois ou quatre bouillons couverts, ôtez-la du feu, & la couvrez d'un linge blanc en double afin de l'étouffer ; lorfqu'elle fera à moitié froide ; vous la jetterez fur un tamis ; cette fleur d'orange peut vous fervir en la faifant praliner : le fucre où aura bouilli la fleur d'orange, vous le remettez fur le feu pour lui faire faire un bouillon, & le paffferez au travers d'une ferviette mouillée : remettez-le encore fur le feu pour le faire réduire à la grande plume, & le verferez dans un pot, que vous mettrez à l'étuve pendant dix ou douze jours jufqu'à ce qu'il devienne en pierre, cela vous fera un fucre candi excellent ; pour avoir le fucre, il faut caffer le pot. Le fucre candi au naturel fe fait de la même façon.

Sable de Fleurs d'Orange.

Prenez du fucre de fleurs d'orange pralinées, il vous fervira de fable.

F ij

Boutons de Fleurs d'Orange confits.

Prenez des boutons de fleurs d'orange
presque mûres avant qu'ils s'épanouissent ;
piquez-les dans plusieurs endroits avec
une epingle, principalement du côté de
la queue ; vous les péserez & les mettrez
tous dans une serviette, à la réserve d'une
demi poignée que vous garderez : ficelez
la serviette sans la trop serrer, faites bouillir de l'eau dans une poële, mettez-y les
boutons avec la serviette, & aussi ceux
que vous avez gardés, avec le jus d'un
citron, faites-les bouillir jusqu'à ce que
en tâtant avec les doigts, ceux qui ne
sont pas dans la serviette, & les pressant
un peu, ils s'écrasent facilement, otez-les
du feu pour les ôter de la serviette, & les
mettez dans l'eau fraîche avec un jus de
citron ; faites clarifier trois livres de sucre
pour une livre de boutons de fleurs d'o-
range, ensuite vous ôterez le sucre du feu :
lorsqu'il sera à demi froid, mettez-y les
boutons de fleurs, après les avoir fait
égouter, & ressuyer dans une serviette,
laissez-les dans le sucre jusqu'au lendemain, que vous coulerez le sucre de la
terrine où vous les avez mis, pour le
mettre dans une poële & le faire cuire au

petit liffé ; quand il fera à demi froid, vous le verferez dans la terrine fur les boutons de fleurs, & les laifferez encore jufqu'au lendemain , que vous recoulerez le firop dans la poële pour le faire cuire au grand perlé , & le verferez à demi froid fur les boutons de fleurs, pour les dreffer enfuite dans les pots. Les boutons de fleurs d'orange que l'on confit pour tirer au fec , fe font de la même façon , à cette différence , que vous ne mettez du fucre qu'autant péfant que vous avez de fleurs d'orange ; & lorfque votre fucre eft au grand perlé, & à demi froid , vous le verfez fur les boutons de fleurs d'orange , & les laiffez dans le firop jufqu'au lendemain , que vous les retirez fur des feuilles de cuivre pour les égouter, & les poudrez partout de fucre fin avec un fucrier ; mettez-les fécher à l'étuve , & enfuite vous les ferrerez dans des boëtes garnies de papier blanc, pour les conferver dans un endroit fec.

Boutons de Fleurs d'Orange au Candi.

Mettez égouter fur des feuilles de cuivre des boutons de fleurs d'orange confits au liquide comme les précédens, que vous faites fécher à l'étuve ; lorfqu'ils

feront à moitié fecs, vous les mettrez fur
un tamis pour rachever de les faire fécher, enfuite vous les drefferez fur les
grilles qui fe mettent dans les moules à
candi; verfez deffus du fucre cuit au fouflé, & à moitié froid; mettez-les jufqu'au
lendemain à l'étuve, avec un feu égal &
modéré: fi le fucre n'étoit point affez candi, vous égoutez ce qu'il refte de liquide,
& les laiffez encore au moins deux heures
avant que de les ôter des moules; quand
ils feront bien féchés, vous les mettrez
dans des boëtes garnies de papier blanc.
Pour être plus fûr de votre candi, il faut
mettre quatre petits bâtons blancs & fecs,
un à chaque coin du moule, que vous
enfoncez jufqu'au fond pour effai, vous
les retirez doucement lorfque vous croyez
que le candi eft pris, & vous verrez fi
les bâtons font les diamans deffus & également, enfuite vous égouterez votre
candi en penchant le moule par le coin,
que vous laiffez égouter pendant deux
heures, après vous renverferez le moule
fur une feuille de papier un peu fort, &
également.

Grillages de Fleurs d'Orange.

Prenez des boutons de fleurs d'orange,

de ceux qui font confits au liquide ; mettez-les égouter de leur firop , & enfuite vous les mettez daus un fucre cuit à la grande plume, il faut les remuer fur le feu avec l'efpatule, jufqu'à ce qu'ils foient grillés de belle couleur ; en les retirant du feu, preffez-y un jus de citron pour les dreffer tout de fuite en dôme fur des feuilles de cuivre frottées légerement avec de l'huile d'olive, que vous mettez à l'étuve pour les faire fécher. Si vous voulez les faire avec de la fleur d'orange , n'en prenez que les feuilles, ne les faites point blanchir, mettez-les comme vous les avez épluchées dans un fucre cuit à la grande plume , enfuite vous les travaillez fur le feu avec l'efpatule jufqu'à ce qu'elles foient grillées : en les retirant du feu, vous mettrez auffi un jus de citron , & les drefferez comme les boutons : fur un quarteron de fleurs d'orange , vous mettrez trois quarterons de fucre, pour les boutons il en faut la moitié moins , à caufe qu'ils font déja confits.

DES NOIX.

OBSERVATION.

LA noix est un fruit qui se digere très-
difficilement, il est couvert de deux écorces; la premiere est charnue & verte,
son usage est pour les Teinturiers; l'autre
qu'on appelle coquille, est employée dans
des tisannes avec la salsepareille, l'esquine
& le gaïac: celles qui ne sont pas encore
en maturité, que nous appellons cerneaux, sont très-tendres, de bon goût,
& plus aisées à digérer que celles qui sont
en maturité, principalement quand elles
commencent a se sécher; il faut les choisir grosses, bien blanches & tendres;
elles sont réputées propres pour tuer les
vers, résister au venin, exciter l'urine &
les sueurs. L'huile qui en est tirée par
expression est bonne pour adoucir les
tranchées des femmes en couche, pour
chasser les vents, pour faciliter la digestion, & pour fortifier les nerfs. Les noix
qui sont employées avec le sucre donnent
bonne bouche, corrigent les haleines
puantes, fortifient l'estomac, & ne sont
point indigestes comme les vertes.

Orgeat de Noisettes.

Pilez très-fin un quarteron de noisettes échaudées, avec un quarteron des quatre semences froides, arrosez-les de tems en tems, pour qu'elles ne tournent pas en huile, avec un peu d'eau : après les avoir pilées, vous les retirez dans une terrine pour les délayer avec une pinte d'eau, passez-les à plusieurs fois dans une serviette mouillée, lorsqu'elles seront bien passées, vous y mettrez un quarteron de sucre, avec le jus de la moitié d'un citron que vous mêlerez bien avec le lait de noisettes ; le sucre étant fondu, repassez l'orgeat dans la serviette, que vous mettrez ensuite rafraîchir.

Noix Blanches.

Pelez jusqu'au blanc des noix tendres dont le bois n'est point encore formé, que vous mettez à mesure dans l'eau ; ayez de l'eau prête à bouillir dans une poële où vous mettrez les noix après qu'elles seront toutes pelées, lorsqu'elles commenceront à bouillir, vous aurez d'autre eau bouillante, où vous mettrez un peu d'alun pulvérisé pour conserver

F v

la blancheur des noix, mettez-les dedans pour les y faire blanchir jufqu'à ce qu'en les piquant d'une épingle, & les foule- vant en l'air, elles retombent d'elles- mêmes, vous les retirez dans une eau fraîche où vous aurez preffé un jus de citron, faites clarifier autant de livres de fucre que vous avez pefant de noix, & le faites cuire au petit liffé. Voyez *Sucre au petit liffé*, page 4. Mettez égouter les noix pour les mettre dans une terrine; lorfque le fucre fera à demi froid, vous le mettrez fur les noix pour les y laiffer vingt-quatre heures, après vous coulerez le fucre dans une poële pour le remettre fur le feu, & le ferez cuire au grand liffé: quand il fera à demi froid, c'eft-à- dire un peu plus que tiede, vous le re- mettrez fur les noix pour les laiffer encore vingt-quatre heures, que vous remettrez le fucre dans la poële pour le faire recuire jufqu'au petit perlé; quand il fera à de- mi froid; vous le remettrez fur les noix jufqu'au lendemain que vous racheverez votre fucre pour le faire cuire au grand perlé, que vous remettrez fur les noix: lorfqu'il fera à demi froid, parce qu'il eft à remarquer que les noix, après avoir été blanchies, non feulement ne doivent plus être remifes fur le feu, mais que le fucre

que l'on verse dessus ne doit point être
trop chaud : après les avoir finies de cette
façon, vous les mettrez à l'étuve jusqu'au
lendemain que vous les mettrez dans les
pots.

Noix noires.

Prenez un cent de belles noix noires
de la grosse espece, tout ce qu'il y a de
plus beau, & les parez légerement, que
le coups de couteau soient marqués comme
si vous tailliez un diamant, il faut observer de ne point couper jusqu'au blanc.
Pour voir si ces noix sont bonnes à confire, vous prenez une grosse épingle, si
elle passe au travers sans résistance elles
seront bonnes, vous les jetterez dans de
l'eau avec leur brou, que vous laisserez
tremper dedans pendant vingt-quatre heures, il faudra piquer vos noix avant que
de les mettre blanchir, & vous les mettrez blanchir à grande eau avec leur brou,
vous les ferez aller à petit feu, vous verrez avec une épingle, quand elle entrera
dedans sans résistance, vos noix seront
blanchies, après vous les jetterez dans de
l'eau, & les rafraîchirez ; pour un cent de
belles noix, il faut quinze à seize livres de
sucre, vous en clarifirez la moitié, & les

F vj.

mettrez au fucre très-léger, vous mettrez
vos noix bien égoutées dans une terrine
& jetterez le fucre tout chaud pardeffus ;
vingt-quatre heures après vous égouterez
les noix, & donnerez trois ou quatre
bouillons au firop, que vous remettrez
tout chaud fur les noix, pour la troifieme
fois, vous les laifferez deux jours, & vous
les augmenterez de fucre, vous glifferez
les noix dedans que vous ferez frémir
pendant un quart d'heure, vous les remettrez dans la terrine & les laifferez trois
jours ; la quatrieme fois, vous mettrez tout
le fucre que j'ai expliqué ci-deffus, qui
fera clarifié, & vous le ferez réduire au
grand perlé, vous mettrez les noix dedans
pour les faire bouillir & réduire au grand
perlé ; ces noix-là ne font que pour le
tirage, & par conféquent fe mettent
dans de grands pots.

Ratafiat de Noix.

Le ratafiat de noix fe fait vers le tems
de la Magdelaine que les noix font for-
mées : pour deux pintes d'eau-de-vie que
vous mettez dans une cruche bien bouchée, vous y mettez quinze à feize noix
entieres, que vous fendez par la moitié,
mettez votre cruche à la cave pour y

laisser infuser les noix avec l'eau-de-vie environ quatre où cinq semaines, vous aurez soin de bien remuer la cruche au moins deux fois la semaine pour que les noix se mêlent avec l'eau-de-vie, & lui en communiquent le goût, ensuite vous passez l'eau-de-vie à la chausse, & la remettez dans la cruche avec une livre & demie de sucre clarifié & deux cloux de gérofle, un petit bâton de canelle, & très-peu de macis, faites encore infuser le tout ensemble l'espace de trois semaines, ensuite vous le passerez à la chausse, lorsqu'il sera bien clair, vous le vuiderez dans des bouteilles que vous aurez soin de bien boucher; plus vous garderez ce ratafiat, meilleur il deviendra.

Noix à l'eau-de-vie.

Prenez des noix tendres, que le bois ne soit point encore formé, il faut les parer jusqu'au blanc, vous les jettez à mesure dans de l'eau fraîche; vous mettez de l'eau dans une poële sur le feu, quand elle sera prête à bouillir, mettez-y les noix, pour les y laisser jusqu'à ce qu'elle soit prête à bouillir, ensuite vous avez d'autre eau bouillante où vous mettez un peu d'alun pulvérisé, mettez-y les noix pour les faire bouillir jufqu'à ce que les piquant d'une épingle & les levant en 'ai r elles retombent d'elles-mêmes, vous les retirez pour les mettre dans une eau fraîche de citron : fur trois livres de noix vous ferez clarifier deux livres de fucre, que vous ferez cuire au petit liffé, mettez égouter les noix, & les mettez dans une terrine, vous y verferez deffus le fucre à demi chaud, & laifferez les noix vingt-quatre heures dans le fucre, enfuite vous coulerez le fucre dans une poële pour le remettre fur le feu, & le faire cuire au grand liffé, & le mettrez fur les noix quand il fera à moitié réfroidi pour les laifler encore vingt-quatre heures ; après vous ferez cuire le fucre jufqu'au petit perlé, que vous remettrez encore fur les noix quand il fera à demi froid pour les laiffer encore vingt-quatre heures dans le firop, enfuite vous remettrez le fucre fur le feu pour le faire cuire au grand perlé, alors vous mettrez dans le fucre autant d'eau de vie que vous avez de firop, que vous mettrez fur le feu avec les noix & le fucre, vous les ferez frémir enfemble pendant trois ou quatre minutes, & mettrez dans des bouteilles ; il faut que la liqueur couvre les noix.

DES ABRICOTS.

OBSERVATION.

LES premiers qui ont été connus furent apportés de l'Arménie à Rome, & ils étoient encore fort rares du tems de Pline; mais à préfent ils font fi communs que prefque tous les jardins en font fournis: il y en a de trois fortes, fçavoir, le hâtif, qui commence à être mûr fur la fin de Juin, l'abricot ordinaire, qui eft dans fa matûrité à la mi-Juillet, l'abricot mufqué, qui vient à peu près dans le même tems: leur maturité fe connoît en ce qu'ils ont un beau coloris d'un côté & la chair jaunâtre. Il faut les choifir gros & charnus, que la chair fe fépare aifément du noyau; ceux qui viennent en plein vent ont plus de goût que ceux qui croiffent en efpalier, mais ils ne font pas ordinairement fi gros, ce fruit eft plus agréable au goût que bon pour la fanté, fon ufage modéré excite l'apétit, humecte & rafraîchit; l'excès remplit l'eftomac de vents, parce qu'ils s'y corrompent aifément. L'abricot travaillé avec le fucre eft préférable pour la fanté, parce que la

cuiſſon & le ſucre raréfient & ſubtiliſent
le phlegme viſqueux qu'il contient. L'a-
mande renfermée dans le noyau, priſe en
infuſion, eſt à ce que l'on prétend bonne
pour appaiſer les ardeurs de la fiévre,
& pour tuer les vers; on fait une huile
avec l'expreſſion de l'amande qui eſt propre pour adoucir les hémorroïdes, pour
la ſurdité, & pour le bourdonnement d'o-
reilles.

Abricots confits au liquide.

Prenez des abricots qui approchent
de leur maturité, il faut les peler & leur
faire une inciſion par le bout pour faire
ſortir le noyau, en le pouſſant avec la
pointe d'un couteau par le côté de la
queue: après que vous aurez ôté les
noyaux, vous péſerez les abricots pour
mettre autant péſant de ſucre; faites
bouillir de l'eau & y mettez un moment
les abricots pour leur faire faire deux
bouillons juſqu'à ce qu'ils commencent à
fléchir ſous les doigts, vous les retirez
en douceur dans de l'eau fraîche, & faites
égouter ſur un tamis; mettez le ſucre que
vous avez peſé dans une poële pour le
clarifier, & le faire cuire à la grande
plume: enſuite vous y mettrez doucement

les abricots pour leur faire prendre deux bouillons, & les retirerez du feu, il faut les laiffer douze heures dans leur firop pour prendre fucre, après retirez-les pour les mettre égouter, & remettez le fucre fur le feu pour lui donner une vingtaine de bouillons, remettez les abricots dans le fucre fans les faire bouillir, jufqu'au lendemain que vous les finirez, en leur donnant fix ou fept bouillons; quand ils feront à demi froids vous les mettrez dans les pots.

Abricots confits au fec.

Ayez des abricots un peu plus d'à moitié mûrs, que vous pelez proprement, & les jettez à mefure dans de l'eau fraîche, après que vous aurez ôté les noyaux, il faut les faire confire de la même façon que les précédens; lorfqu'ils feront confits & réfroidis dans le fucre, vous les mettrez fur un clayon pour les faire égouter, & les mettrez fur des feuilles de cuivre pour les poudrer partout de fucre fin, que vous faites tomber deffus avec un tamis; mettez-les à l'étuve pour les faire fécher; après que le deffus fera fec, vous les mettrez fur un tamis pofé fur le côté fec, & repoudrez l'autre côté de la même façon; remettez à l'étuve juf-

qu'à ce qu'ils foient bien fecs, & également; quand ils feront froids, vous les
mettrez dans des boëtes garnies de papier blanc, & des morceaux de papier
entre les abricots, & les tenez dans un
endroit fec; il faut les changer de papier
s'il leur furvenoit de l'humidité. Pour le
mieux, prenez des abricots confits au liquide, que vous mettez au fec de la même
façon, à mefure que vous en avez befoin.

Abricots mûrs confits.

Prenez des abricots point trop mûrs
que vous pelez & fendez par la moitié,
ôtez-en le noyau, pefez ce que vous avez
d'abricots, & mettez autant de fucre dans
une poële, que vous faites cuire à la
grande plume; mettez-y les abricots, &
ne leur faites prendre qu'un bouillon pour
jetter leur eau; ôtez-les du feu, deux
heures après vous les remettrez fur le feu
pour les faire bouillir, jufqu'à ce qu'ils
n'écument plus, retirez-les du feu pour
les laiffer dans leur firop pendant vingt-
quatre heures, enfuite vous les retirerez
légerement avec une écumoire pour les
faire égouter, remettez le firop fur le
feu pour le faire bouillir, jufqu'à ce qu'il
foit cuit au perlé, mettez les abricots

dansune terrine, & le firop par-deffus ;
pour les metttre vingt-quatre heures à
l'étuve, après vous les mettrez réfroidir
& drefferez dans les pots.

Abricots en Surtout.

Il faut prendre des abricots confits au
liquide, de ceux qui font entiers, que
vous mettez égouter de leur firop, vous
prenez un abricot entier, que vous fendez par le côté, pour qu'il s'ouvre par
la moitié fans fe détacher tout-à-fait, &
l'appliquez fur un autre entier, de façon
qu'il l'entoure tout-à-fait, & que les deux
paroiffent n'en faire qu'un, enfuite vous
les retrempez légerement dans le firop,
& les mettez egouter fur des feuilles de
cuivre, poudrez-les partout avec du fucre
fin, que vous faites tomber avec le tamis,
& les mettez à l'étuve pour les faire fécher; lorfqu'ils feront fecs d'un côté, il
faut les mettre fur un tamis du côté fec,
& les repoudrer de l'autre, remettez à
l'étuve, pour rachever de les faire fécher, vous les conferverez dans une boëte
garnie de papier blanc dans un endroit
fec.

Abricots à l'eau-de-vie.

Prenez des abricots les plus beaux que l'on peut trouver en espalier, à moitié murs, vous les jettez dans une eau bouillante, il faut qu'ils ne fassent que frémir; vous observerez qu'ils ne blanchissent pas trop, en les tâtant avec les doigts; quand ils commencent à fléchir, vous les jettez à mesure que vous les retirez dans de l'eau fraîche, & les ferez égouter sur un tamis; prenez trois quarterons de sucre pour livre de fruit, que vous clarifierez & ferez réduire au cassé, vous décuirez le sucre, en y mettant une chopine d'eau-de-vie; mettez-y les abricots; à qui vous donnerez trois ou quatre bouillons couverts; ôtez les du feu, pour les laisser réfroidir pendant deux heures; ensuite vous les mettrez sur un égoutoir, & remettrez le sirop sur le feu, auquel vous ferez faire cinq ou six bouillons couverts; glissez-y les abricots pour leur donner encore deux ou trois bouillons, vous y mettrez une pinte d'eau-de-vie si vous avez cinq à six livres de fruit, que vous jetterez dans la poële avant que de les retirer; afin de mêler l'eau-de-vie avec le sucre. Cette façon conserve la peau du fruit, & c'est la meilleure.

Abricots à Oreilles.

Il faut prendre des abricots d'espalier, sans tache, les plus beaux qu'on peut avoir, qui ne commencent qu'à tourner, les bien parer légerement, vous les passerez à l'eau bouillante, & aurez soin qu'ils ne soient point trop blanchis, vous les rafraîchirez en les changeant d'eau, prenez autant de livres de sucre que vous avez de fruit, faites-le clarifier, & en mettez un tiers à part pour le lendemain, mettez les deux autres tiers dans la poële avec les abricots que vous aurez fait égouter auparavant, faites leur faire trois ou quatre bouillons couverts, il faut les laisser reposer dans le sucre jusqu'au lendemain, que vous égouterez les abricots sur un égoutoir, mettez le sirop sur le feu, en y ajoutant le reste du sucre clarifié, que vous avez mis à part, faites-le cuire jusqu'au lissé, glissez-y les abricots pour les finir, en les faisant bouillir, jusqu'à ce qu'ils soient au perlé, & les mettrez ensuite dans les pots pour les garder au liquide, & vous en servir à mesure que vous en avez besoin ; lorsque vous voulez vous en servir, vous les mettez égouter sur des clayons, quand ils seront

bien égoutés , mettez-les fur un tamis
fécher à l'étuve.

Conferve d'Abricots.

Pelez des abricots à demi mûrs , que
vous coupez après par petits morceaux,
pour les mettre fur un petit feu , & les
faire deffécher jufqu'à ce qu'ils foient bien
cuits & en marmelade épaiffe ; fur fix onces
de cette marmelade , vous ferez cuire
une livre & demie de fucre à la grande
plume , ôtez-le du feu , le fucre étant
à demi froid , mettez-y la marmelade ,
que vous délayez bien avec le fucre , en
les remuant beaucoup avec l'efpatule, &
drefferez la conferve dans les moules de
papier , lorfqu'elle fera prife & froide ,
vous la couperez par tablettes à votre
ufage.

Dragées d'Abricots.

Faites tremper avec de l'eau un peu
de gomme adragante pendant vingt-
quatre heures , quand elle fera fondue ,
vous en prendrez le plus épais, que vous
mettrez dans un mortier , avec de la marmelade d'abricots & du fucre en poudre,
broyez-les enfemble, jufqu'à ce que vous
en puiffiez former une pâte maniable,

enfuite vous la mettrez fur une feuille
de papier, pofée fur une table, avec du
fucre fin deffus & deffous ; abattez cette
pâte en douceur avec le rouleau, quand
elle fera abbatue de l'épaiffeur d'un écu,
vous en couperez pour en former des
ronds de la groffeur d'un pois, ou fi vous
avez des fers à découper, vous en découperez des cœurs & autres façons, & les
mettrez à l'étuve pour les faire fécher,
enfuite vous les finirez, comme il eft expliqué pour les dragées de violettes,
page 20.

Marmelade d'Abricots à la Bourgeoife.

Prenez des abricots qui ne foient pas
trop mûrs, s'ils font en plein vent, vous
en ôterez la peau, s'ils font en efpalier,
vous la laifferez, vous les coupez le plus
mince que vous pouvez, après en avoir
ôté le noyau, vous prendrez le fucre que
vous voulez mettre, livre pour livre,
ou trois quarterons pour livre de fruit,
que vous pilerez, & jetterez fur les abricots à mefure que vous les pilerez, vous
mettrez le tout dans une poële ou chaudron, pourvu qu'il foit bien net, cette
marmelade fe fait fur le feu ou fur le
fourneau, pourvu que votre feu foit bien

clair, remuez la bien avec une écumoire de crainte qu'elle ne s'attache au
fond, vous aurez foin quand elle commencera à fe lier, de l'ôter de deffus le
feu, pour en écrafer tous ceux qui ne
feront pas fondus, avec une efpatule fur
une écumoire, vous la remettrez fur le
feu pour lui faire faire quelques bouillons, vous tremperez votre doigt dedans
légerement, vous l'appuyerez contre le
pouce, s'ils fe colent enfemble, cependant fans grande réfiftance, votre marmelade eft faite, elle fera belle & fimple.

Marmelade d'Abricots.

Pelez fi vous voulez des abricots bien
mûrs, parce qu'il y en a qui n'ôtent
point la peau, ôtez-en les noyaux, après
vous les pefez pour mettre autant pefant de fucre, faites deffécher les abricots fur un moyen feu, & les retirez,
enfuite vous ferez cuire votre fucre
au caffé, mettez-y les abricots deffécher, que vous remuez bien enfemble
avec une écumoire, après vous mettrez
votre marmelade fur un grand feu pour
lui faire prendre huit ou dix bouillons, ayez foin de la remuer de crainte qu'elle ne s'attache, ôtez-la du
feu,

feu, quand elle fera à demi froide, vous la mettrez dans les pots.

Marmelade d'Abricots d'une autre façon.

Mettez dans une poële la quantité d'abricots que vous voudrez ; ôtez-en les noyaux, & les coupez par morceaux, mettez-y autant pefant de fucre en poudre, ou fi vous voulez, vous ne mettrez que trois quarterons de fucre pour une livre de fruit : faites bouillir les abricots & le fucre enfemble, jufqu'à ce que la marmelade fe lie d'elle-même ; ôtez la du feu, pour bien écrafer les abricots, en les preffant contre la poële avec l'écumoire, remettez-la fur le feu pour lui donner quelques bouillons jufqu'à ce qu'elle ait la confiftance de cuiffon qu'elle doit avoir.

Compote d'Abricots.

Pelez, fi vous voulez, légerement & proprement huit ou dix Abricots prefque mûrs, fendez-les en deux pour en ôter le noyau, que vous caffez pour en tirer l'amande que vous pelez & mettez avec les abricots dans une poële avec un peu d'eau & un quarteron de fucre ; faites-les bouillir jufqu'à ce qu'ils foient cuits, ayez foin de les écumer ; lorfqu'ils feront

G

cuits , vous enleverez la petite écume qui reste , en passant pardessus des petits morceaux de papier blanc , mettez-les un à un avec une cuilliere dans le compotier , & sur chaque morceau d'abricot mettez-y la moitié de l'amande : si le sirop n'est pas assez réduit , vous lui faites prendre encore deux ou trois bouillons , & le versez légerement sur les abricots après l'avoir passé au tamis. Les compotes d'abricots mûrs se font de la même façon , à cette différence, qu'il ne faut point les peler , & moins d'eau dans la compote, parce qu'il faut peu de tems pour la cuisson. Il en est qui ne pelent point les abricots de ceux qui ne sont pas tout-à-fait mûrs. Quand on est dans la nouveauté des abricots , & que vous voulez faire des compotes de ceux qui ne sont qu'à moitié mûrs , vous les faites blanchir & cuire dans l'eau , jusqu'à ce qu'ils fléchissent sous les doigts ; vous les retirez dans de l'eau fraîche , & les mettez ensuite en compote de la même façon que les précédens.

Compote d'Abricots à la Cloche.

Fendez par la moitié huit ou dix abricots presque mûrs , ôtez-en le noyau ,

& les mettez fur un petit plat d'argent avec du fucre fin dans le fond, & un peu d'eau; faites-les bouillir fur un petit feu jufqu'à ce que le deffous foit prefque cuit, & qu'il refte peu de firop; enfuite vous les retirez du feu, & poudrez tout le deffus de fucre fin; mettez deffus un couvercle de petit four de campagne, ou d'une tourtiere; mettez-y deffus un feu raifonnable, laiffez le jufqu'à ce que les abricots foient cuits d'une belle couleur; vous les dreffez dans le compotier, & fervirez cette compote chaude ou froide, comme vous le jugerez à propos.

Glace d'Abricots.

Prenez une douzaine d'abricots bien mûrs, que vous écrafez avec la main, & y ajouterez une chopine d'eau, il faut les laiffer infufer pendant une heure ou deux, vous les pafferez au travers d'un tamis en les preffant fans remuer, pour en exprimer tout le jus: vous y mettrez enfuite une demie livre de fucre; lorfqu'il fera fondu, vous mettrez votre eau dans une falbotiere, pour faire prendre à la glace, comme il eft dit à l'article des Glaces.

G ij

Sirop d'Abricots.

Mettez dans une poële une trentaine d'abricots bien mûrs avec trois chopines d'eau, faites les bouillir sur un bon feu jusqu'à ce que les abricots soient en marmelade, que vous les mettrez sur un tamis avec une terrine dessous pour en recevoir tout ce qui en passera ; mettez tout ce jus d'abricots dans une chausse pour le tirer au clair, il faut peser ce qui a passé au travers de la chausse; si vous en avez deux livres, vous mettrez avec une livre de sucre clarifié, vous vous réglerez sur cette dose suivant la quantité que vous en aurez; mettez le sucre avec le jus d'abricots pour les faire bouillir ensemble jusqu'à ce qu'ils soient réduits en sirop; étant à demi froid, versez-le dans les bouteilles pour vous en servir au besoin. Ce sirop ne peut se conserver que peu de tems. Si vous en voulez faire pour l'hiver, vous mettrez deux livres de sucre pour une chopine de jus de fruit, & le finirez de la même façon.

Sirop d'Abricots à Noyaux.

Pelez des abricots bien mûrs que vous coupez par morceaux; cassez les noyaux pour en tirer les amandes que vous pelez

& les concaffez pour les mettre avec les abricots; il faut pefer les abricots, & fur deux livres faire cuire deux livres & demie de fucre au fouflé, enfuite vous mettrez les abricots avec les amandes dans le fucre; faites leur prendre neuf ou dix bouillons jufqu'à ce qu'en prenant du firop avec un doigt, & appuyant l'autre contre, & les ouvrant tous les deux, il se forme un filet qui ne fe rompt pas facilement, c'eft une marque qu'il eft à fon point de cuiffon : il faut le paffer dans un tamis pour en recevoir le firop, que vous mettrez dans des bouteilles quand il fera à demi froid. Si vous le faites pour l'hiver, vous mettrez deux livres de fucre pour une livre de fruit.

Sirop d'Abricots au Clayon.

Mettez fur une terrine un clayon d'ofier, vous prenez des abricots bien mûrs, la quantité que vous jugez à propos, il faut les peler, & en ôter les noyaux, caffer les noyaux pour en prendre les amandes que vous pelez, & les concaffez, pefez ce que vous employez d'abricots pour mettre une livre & demie de fucre pour livre de fruit; coupez les abricots par tranches, & les arrangez fur le clayon qui eft fur la terrine; faites

un lit de tranches d'abricots avec les
amandes concaſſées des noyaux, & un lit
de ſucre en poudre, remettez des tranches d'abricots, & enſuite du ſucre en
poudre, continuez de cette façon juſqu'à la fin en finiſſant par le ſucre ; couvrez avec une ſerviette, & portez votre
terrine à la cave, pour la laiſſer vingt-
quatre heures, après vous ferez chauffer
une chopine d'eau prête à bouillir, mettez-
y ce qui eſt reſté ſur le clayon ; laiſſez-
le dedans un quart d'heure ſur de la cendre chaude ſans bouillir ; paſſez-le enſuite
dans un tamis ſans preſſer les abricots,
vous paſſez auſſi au tamis le ſirop qui a
dégouté dans la terrine, que vous mêlez
avec l'autre ; faites-les bouillir enſemble
juſqu'à ce que votre ſirop ait la même
conſiſtance que le précédent.

Rataſiat d'Abricots.

Prenez un demi cent d'abricots bien
mûrs, coupez-les par morceaux, caſſez
les noyaux pour en prendre les amandes
que vous pelez & coupez par petits morceaux ; mettez les abricots dans une poële
avec une pinte de vin blanc, que vous
faites bouillir à petit feu juſqu'à ce que
les abricots ayent rendu tout leur jus ;
mettez-les égouter ſur un tamis pour
en tirer tout le clair ; vous mettrez le

jus des abricots dans une cruche avec autant d'eau-de-vie que de jus, & un quarteron de fucre par pinte de liqueur, ajoutez-y les noyaux d'abricots avec un peu de canelle, bouchez bien la cruche, & laiffez infufer ce ratafiat pendant quinze jours ou trois femaines, enfuite vous le pafferez à la chauffe, & le mettrez dans des bouteilles bien bouchées.

Abricots tappés.

Ayez un cent de beaux abricots pref-que mûrs, faites leur une incifion du côté de la queue, faites fortir le noyau en le pouffant avec la pointe d'un couteau par le côté de la tête, il faut caffer les noyaux pour en tirer l'amande entiere, que vous pelez proprement & mettez à part ; mettez vos abricots dans une eau bouillante pour les faire blanchir jufqu'à ce qu'ils fléchiffent fous les doigts, que vous les retirez à l'eau fraiche ; fur une livre d'a-bricots vous ferez cuire une demie livre de fucre au petit liffé, mettez-y les abri-cots pour leur faire prendre deux bouil-lons couverts, après les avoir écumés, vous les mettrez dans une terrine jufqu'au lendemain que vous remettrez le fucre dans une poële pour le faire cuire à la grande plume, mettez-y les abricots avec leurs amandes que vous avez mis à part, faites-leur faire un bouillon dans le fucre, & les ôtez du feu pour les remettre dans la terrine jufqu'au lendemain que vous les retirez de leur firop avec les amandes pour les mettre égouter, remettez une amande dans chaque abricot, & les pofez à mefure fur le côté deffus des grilles pour les faire fécher à l'étuve, quand ils feront fecs d'un côté, vous les retournerez de l'autre, ils s'applatiront d'eux-mêmes fans les tapper : après qu'ils feront également fecs, vous les confervez dans des boëtes garnies de papier blanc dans un endroit fec.

Pâte d'Abricots demi-mûrs.

Prenez des abricots demi-mûrs, que vous pelez, ôtez-en le noyau, pefez les pour mettre autant de fucre, enfuite vous mettez les abricots dans l'eau bouillante, pour leur faire prendre trois ou quatre bouillons, retirez-les de l'eau pour les écrafer & paffer au travers d'un tamis, faites-les deffécher fur le feu, faites clarifier votre fucre & le faites cuire à la grande plume, mettez-y les abricots deffécher pour les bien mêler avec le fucre en les remuant avec une efpatule, mettez votre pâte sur le feu pour lui faire prendre quelques bouillons en la remuant toujours avec une espatule jusqu'à ce que vous voyez qu'elle soit assez cuite, ce que vous connoîtrez quand elle tombe nette de l'espatule ; dressez-là toute chaude dans les moules, & mettez sécher à l'étuve.

Pâte d'Abricots mûrs.

Mettez dans une poële des abricots bien mûrs que vous aurez pelés, ôtez-en le noyau, faites-les dessécher à moitié sur un moyen feu, ensuite vous les péserez, & sur quatre livres, faites cuire deux livres de sucre à la grande plume, mettez-y la pâte d'abricots que vous délayerez bien avec le sucre en les remuant avec une espatule : quand elle sera réduite, & qu'elle quittera nette de l'espatule, vous la dresserez toute chaude dans les moules pour la faire sécher à l'étuve.

Pâte d'Abricots mûrs d'une autre façon.

Faites dessécher des abricots bien mûrs de la même façon que les précédens, ensuite vous péserez la pâte & mettrez autant pesant de sucre fin que vous mêlerez bien ensemble, mettez-les sur le

G v

feu pour leur faire prendre seize ou dix-huit bouillons en remuant toujours avec une espatule ; vous la dresserez toute chaude dans les moules pour la mettre à l'étuve ; il faut remarquer que cette pâte demande une chaleur d'étuve plus forte & plus continuelle que les autres.

Abricots glacés en fruits.

Prenez la quantité d'abricots que vous jugerez à propos, suivant ce que vous en voulez faire, qu'ils ne soient pas trop mûrs, ôtez-en la peau & les noyaux, coupez-les par morceaux pour les mettre dans une poële avec une livre de sucre fin pour une livre de fruit, faites-les cuire à grand feu en les remuant toujours avec l'espatule jusqu'à ce qu'ils soient en marmelade, lorsque votre marmelade commence à se lier, vous l'ôtez du feu pour écraser ceux qui ne sont pas fondus, remettez-la sur le feu, pour lui donner quelques bouillons, elle sera faite quand vous aurez trempé un doigt dedans, & qu'appuyant le pouce contre, ils se collent ensemble : lorsque votre marmelade sera froide, vous la mettrez dans une salbotiere pour la faire prendre à la glace, quand elle sera prise vous la travaillerez

bien & la mettrez dans des moules pour
lui faire prendre la figure des fruits natu-
rels , enveloppez tous les moules avec
du papier , & les mettez à la glace , avec
de la glace pilée en neige mêlée avec du
fel ou du falpêtre , vous aurez foin que
le vaiffeau où vous les mettrez foit percé
& qu'il ne retienne pas l'eau ; avant que de
les fervir vous leur donnerez la couleur
d'abricots ; que vous mettrez deffus avec
un petit pinceau , un peu de gomme gut ,
où vous ajouterez un peu de cochenille
ou du carmin , comme pour faire une couleur d'abricots en plein vent.

Canelons d'Abricots.

Ayez un quarteron d'abricots bien mûrs
que vous écrafez avec la main , & les
délayez avec une pinte d'eau , vous les
laifferez infufer enfemble pendant deux
heures , enfuite vous les pafferez dans un
tamis en les preffant fort pour en exprimer
tout le jus , mettez fondre dans ce jus
une livre de fucre , mêlez bien enfemble
pour mettre prendre à la glace dans une
falbotiere ; lorfque votre glace fera prife
vous la travaillerez bien & la mettrez dans
des moules à canelons , que vous remettrez à la glace après avoir enveloppé les

moules avec du papier ; quand vous voudrez les fervir, vous avez de l'eau chaude
dans un chaudron, trempez-y les moules
feulement pour les faire quitter, & vous
les aiderez à fortir en donnant un coup
par le bout avec le plat de la main en
les préfentant fur une affiette.

DE LA JONQUILLE.

OBSERVATION.

IL y en a de plufieurs fortes que l'on
cultive dans les jardins. La jonquille
d'Efpagne, la grande jonquille, la petite,
la jonquille d'Automne, & d'autres ; c'eft
une plante bulbeufe qui produit des fleurs
jaunes & odorantes, qui reffemblent affez
pour la figure au Narciffe ordinaire, quoi-
qu'elles foient moins grandes. La médecine, ne fait préfentement aucun ufage
de cette plante.

Glace de Jonquille.

Mettez dans un mortier une poignée
de fleurs de jonquille que vous pilez
très-fin, retirez-la pour la mêler avec

une pinte d'eau & une demie livre de
fucre, laiffez infufer une demie heure &
la paffez enfuite dans une ferviette pour
la mettre dans une falbotiere, & la faire
prendre à la glace, comme il eft dit à
l'arricle des glaces.

Effence de Jonquille.

Ayez une demie livre de fleurs de
jonquille épluchée, & une livre & demie
de fucre en poudre, prenez une bouteille
de verre à grand goulot à pouvoir entrer
la main dedans, mettez du fucre fin dans
le fond de la bouteille & de la fleur de
jonquille pardeffus, recommencez de re-
metttre du fucre fin fur la jonquille, &
continuez ainfi l'un après l'autre jufqu'à
la fin, vous boucherez la bouteille avec
un bouchon de liege & un parchemin
mouillé, il faut la porter à la cave pour
y refter un jour & demi, enfuite vous
la retirez de la cave pour la mettre autant de tems à l'étuve, apres vous la mettrez égouter fur un tamis dans une terrine fans en preffér les fleurs, la liqueur
que vous en recevrez vous la mettrez
dans une bouteille pour vous en fervir à donner le goût de jonquillle à ce
que vous voudrez.

Fleurs de Jonquille naturelle au sucre.

Faites cuire une demie livre de sucre au petit liſſé, quand il ſera à demi réfroidi, vous avez de belles fleurs de jonquille, avec leur queue, que vous trempez une à une dans le ſucre, vous les mettrez un peu égouter ſur un tamis pour les poudrer par-tout d'un ſucre très-fin, & les ſouflerez à meſure pour qu'il ne reſte point trop de ſucre, il faut les dreſſer ſans deſſus deſſous ſur un autre tamis pour que la fleur ſe trouve épanouie, mettez les ſécher à l'étuve, vous les conſerverez ſéchement dans des boëtes garnies de papier blanc.

Candi de Jonquilles.

Faites cuire du ſucre à la plume & le mettez dans les moules à candi, lorſqu'il ſera à moitié réfroidi vous y mettrez de la belle jonquille épluchée, que vous mettrez également dans le moule, & l'enfoncez légerement avec une fourchette; il faut mettre deſſus une grille à candi, que vous appuyez avec un poids de deux livres, mettez le moule à l'étuve, que vous ouvrirez le moins que vous pourrez, entretenez l'étuve de feu le plus également qu'il eſt poſſible, ce doit être un candi de vingt-quatre heures.

Fleurs de Jonquilles blanchies.

Prenez des fleurs de jonquille, que vous trempez dans un blanc d'œuf fouetté en mouffe, & les roulez enfuite dans du fucre fin, il faut les mettre à mefure fur une feuille de papier blanc dreffé fur un tamis que vous mettrez à l'étuve pour les faire fécher, & les confervez dans des boëtes dans un endroit fec.

Conferve de Jonquille.

Pilez très-fin dans un mortier un quarteron de fleurs de jonquille, prenez deux livres de fucre que vous faites clarifier & réduire à la grande plume : quand il fera à moitié froid, mettez-y la fleur de jonquille pour la bien mêler avec le fucre en la travaillant avec l'efpatule, que vous dreffèrez enfuite dans des moules de papier ; lorfqu'elle fera froide, vous la coupez par tablettes à votre ufage.

Gâteau de Jonquille.

Faites un moule de papier un peu élevé, de la grandeur que vous voulez faire le gâteau, épluchez de la jonquille,

pefez - en une demie livre que vous
mettez dans une livre de fucre cuit à
la grande plume, travaillez les promptement fur le feu avec une efpatule; quand
il commence à monter, vous y mettez un
peu de blanc d'œuf battu avec du fucre
fin ; pour le rendre plus léger, verfez
promptement le gâteau dans le moule,
& tenez deffus le cul de la poële chaud
à une certaine diftance, ce qui fait encore monter le gâteau ; le blanc d'œuf
que vous délayez avec le fucre ne doit
pas être trop liquide; il faut l'avoir tout
prêt, & le mettre promptement dans le
gâteau.

DES ROSES.

OBSERVATION.

CETTE fleur qui eft très-commune,
& qui vient dans prefque tous les jardins, fleurit en Mai & Juin. Le fuc des
rofes eft bon, à ce que l'on prétend,
pour l'épanchement de bile, & aux opi-
lations de l'eftomac & du foye; comme
auffi aux fievres tierces; la conferve eft
eftimée bonne pour les crachemens de
fang ; la racine du rofier mife en poudre

& prife dans du vin avec quelques eaux
cordiales, eft un bon remede contre la
morfure des chiens enragés.

Conferve de Rofes.

Vous faites de la conferve de rofes
de deux couleurs, une de rouge & une
de blanche; la feule différence, c'eft que
pour la rouge, vous prenez des rofes
rouges, & mettez-y un peu de cochenille
dans le fucre pour augmenter la couleur; & que pour la blanche, vous ne
prenez que des rofes blanches, & vous
y preffez quelques goutes de jus de citron pour la rendre plus blanche. Pour
faire celle que vous voudrez, faites cuire
une livre de fucre à la grande plume : en
l'ôtant du feu, il faut le travailler quelques tours avec l'efpatule, & y mettre
enfuite une demie once de feuilles de
rofes hachées très fin; après que vous les
aurez bien mêlées avec le fucre, il faut
verfer la conferve dans un moule de
papier; lorfqu'elle eft tout-à-fait froide,
vous la coupez par tablettes à votre ufage.

Eau-Rofe.

Prenez des rofes fraîchement cueillies,
n'en prenez que les feuilles; fi vous en

avec une livre, vous ferez tiédir une pinte d'eau que vous mettrez dans un pot bien couvert avec les rofes, pour les laiffer infufer jufqu'au lendemain que vous mettrez le tout dans une alambic pour les faire diftiller, comme il eft dit à l'article de la diftillation.

Ratafiat de Rofes blanches.

Mettez dans une cruche une demie livre de rofes blanches avec une pinte d'eau tiéde, & très-claire; faites-les infufer deux fois vingt-quatre heures au foleil, enfuite vous pafferez cette eau dans un tamis bien ferré, & mettrez autant d'eau-de-vie que vous avez d'eau de rofes; fur deux pintes de cette liqueur, vous y mettrez une livre de fucre clarifié, avec un gros de canelle & autant de coriandre; bouchez bien la cruche, & la mettez au foleil cinq ou fix jours, enfuite vous pafferez ce ratafiat à la chauffe jufqu'à ce qu'il foit bien clair.

Ratafiat de Rofes rouges.

Le ratafiat de rofes rouges fe fait de la même façon que le précédent, à cette différence, que vous prenez des rofes rouges à la place des blanches; & pour

lui donner une couleur bien vermeille ;
vous y mettez de la cochenille.

Essence de Roses.

Ayez une grosse bouteille de verre à
large goulot, mettez-y dans le fond une
couche de feuilles de roses, ensuite une
couche de sucre fin par-dessus, vous continuerez de cette façon jusqu'à la fin en
finissant par le sucre : sur une demie
livre de roses, il faut une livre & demie
de sucre ; lorsque vous avez fini, vous
bouchez bien la cruche avec un bouchon
de liége & un parchemin mouillé, mettez
cette bouteille pendant trois jours au
soleil ; le sucre étant bien fondu, il faut
passer l'essence de roses dans un tamis
fin sans les presser, & la conserver dans
une bouteille bien bouchée, elle vous
servira à donner un goût de rose à ce
que vous jugerez à propos.

Glaces de Roses.

Prenez de l'essence de roses comme la
précédente, que vous mêlez avec de l'eau
& du sucre ; si vous êtes dans la saison des
fleurs, vous en prenez deux bonnes pincées que vous pilez très-fin, & les délayez dans une pinte d'eau, mettez-y
une demie livre de sucre, laissez infuser

une demie heure, paſſez le tout au tamis pour le mettre dans une ſalbotiere,
& le faire prendre à la glace, comme il
eſt dit à l'article des glaces.

DE L'EAU.

OBSERVATION.

RIEN de plus commun que l'eau, rien
de plus utile, rien de plus précieux. Elle
doit tenir dans l'ordre des alimens le
même rang qu'elle a dans l'ordre des principes que la nature fait ſervir à la pro-
duction de ſes effets. Si nous devons laiſſer
aux Phyſiciens le ſoin d'expliquer en détail ſa nature, ſes vertus, ſes propriétés ;
le plan que nous nous ſommes preſcrit,
ne nous permet pas de n'en rien dire. Mais
nous nous contenterons d'obſerver que
la qualité de l'eau eſt différente ſuivant
la nature des pays, des climats, & des
lieux où elle paſſe. Enſuite laiſſant diſ-
cuter & fixer à la médecine les principes & les vertus différentes des eaux
minérales, il nous ſuffira de remarquer
en général que l'eau ordinaire qui s'é-
chauffe & ſe rafraîchit fort vite, qui eſt
claire, & légere, ſans couleur, ſans ſaveur, qui diſſoud facilement le ſavon,

& cuit promptement les légumes, eſt la meilleure & la plus ſalutaire. Elle ne peut être contraire à la ſanté que par ſon excès ou par ſa mauvaiſe qualité, ou quand elle eſt trop froide, parce qu'alors elle peut congeler les liqueurs du corps, & en arrêter le cours. On prétend, & la raiſon le veut, que les ſanguins, les bilieux & les mélancoliques en doivent boire plus que d'autres.

DES GLACES.

Pour glacer toutes ſortes de fruits & liqueurs.

POUR faire des glaces de toutes eſpeces, vous prenez de la glace ſuffiſamment, ſuivant la quantité que vous en voulez faire; il faut piler la glace en neige, & vous y ajouterez du ſel ou du ſalpêtre; mêlez le tout enſemble, & le mettez dans un ſeau fait au moule de la ſalbotiere, dans laquelle eſt la liqueur que vous voulez glacer, que vous remuerez ſans ceſſe à la main l'eſpace de ſept ou huit minutes; enſuite vous les travaillerez ou détacherez de tems à autre avec la houlette. Quand elles feront prifes, vous drefferez promptement dans les gobe[l] pour les fervir; fi vous ne pouviez po[int] les fervir dans le moment, il faut laiffer à la glace, & les travailler enc[ore] lorfque vous êtes prêt à fervir. L'on a[p]pelle *travailler*, c'eft de les remuer av[ec] la houlette jufqu'à ce qu'il ne refte po[int] de grumelot ou de glaçon. Toutes [les] eaux qui font deftinées pour être glace[es] doivent être plus fortes de fruit & [de] fucre, que celles qui font pour boi[re] liquides, parce que la glace diminue bea[u]coup la force du fruit & du fucre; j[ai] marqué les dofes pour celles à la gla[ce] fi on veut les boire liquides, il faudra [les] rendre plus légeres de fruit & de fuc[re.] A l'égard du fucre, c'eft à l'Officier [à] fe conformer au goût de ceux qui l'[ai]meront plus ou moins.

Des Liqueurs glacées.

Glace de Violettes. *Voyez page* 16.
Glace de Fraifes. *Voyez page* 47.
Glace de Grofeilles. *Voyez page* 51.
Glace de Framboifes. *Voyez page* 62
Glace de Cerifes. *Voyez page* 88.
Glace de Jafmin. *Voyez page* 93.
Glace de Fleurs d'Oranges. *Voy[ez]*
page 104.

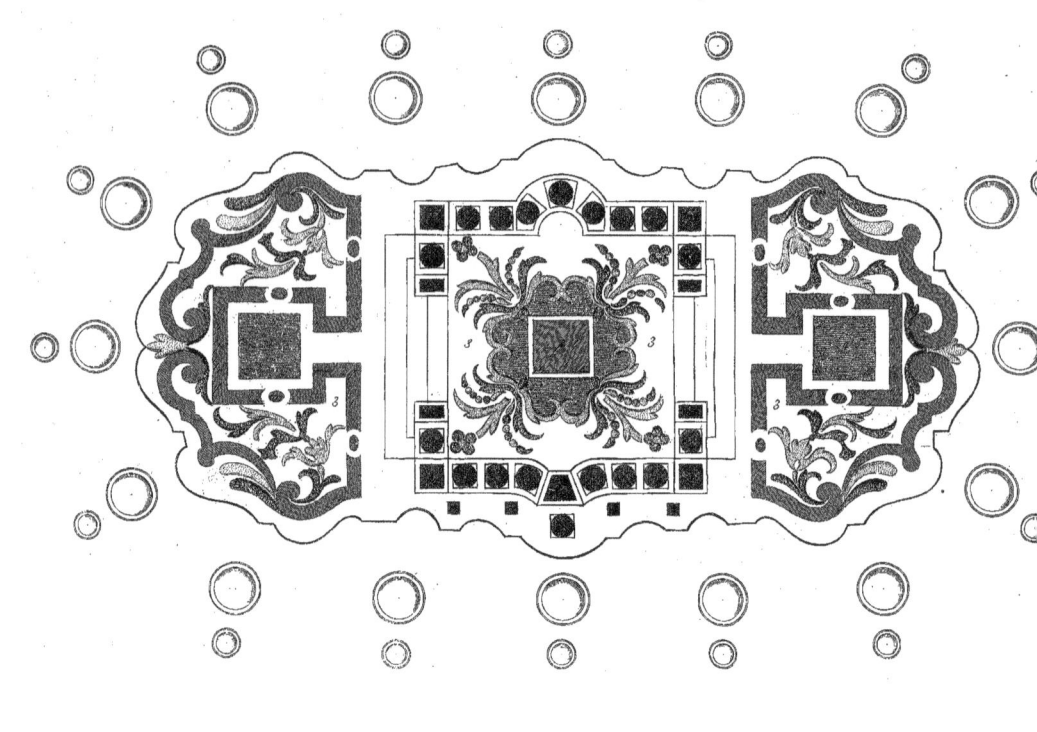

Glace d'Abricots. *Voyez page* 147.
Glace de Jonquille. *Voyez page* 156.
Glace de Roses. *Voyez page* 163.

Glace d'Œillets.

Mettez dans un mortier une petite poignée de feuilles de fleurs d'œillets que vous pilez très-fin, ensuite vous les retirez pour les délayer avec une pinte d'eau; mettez-y une demie livre de sucre; quand il sera fondu, vous battrez trois ou quatre fois l'eau en la versant d'un pot à un autre; passez le tout dans un tamis serré pour le mettre dans la salbotiere, & faire prendre à la glace.

Glace de pêches.

Prenez huit belles pêches bien mûres, que vous écrasez avec la main, & y ajouterez une chopine d'eau, il faut les laisser infuser pendant une heure ou deux; vous les passerez au travers d'un tamis en les pressant sans les remuer, pour en exprimer tout le jus, vous y mettrez une demie livre de sucre, & ferez prendre à la glace.

Glace de Pavi.

Prenez huit Pavis bien mûrs, coupez-en la chair bien menu, pour les mettre dans une pinte d'eau que vous mettrez fur le feu pour leur faire prendre une douzaine de bouillons ; enfuite vous les jettez fur un tamis pour en tirer le plus de jus que vous pourrez ; mettez-y une demie livre de fucre ; lorfqu'il fera fondu, mettez prendre à la glace comme à l'ordinaire.

Glace de Verjus.

Pilez une livre de verjus pour en tirer tout le jus que vous paffez dans un tamis bien ferré, mettez-y une livre de fucre & trois demi-feptiers d'eau ; lorfque le fucre fera fondu, paffez le tout enfemble dans une chauffe, & le mettez dans la falbotiere pour faire prendre à la glace.

Glace de Grenade.

Choififfez des grenades qui ayent les grains bien rouges, fi elles font groffes, vous n'en prendrez que trois, mettez tous les grains dans un mortier pour les concaffer, enfuite vous les mettrez dans un pot avec une pinte d'eau & trois quarterons de fucre, laiffez-les infufer un bon quart d'heure, & les battez en les verfant trois ou quatre fois d'un pot à l'autre, paffez-les dans un tamis ferré,

&

& mettez cette eau dans la falbotiere
pour la faire prendre à la glace.

Glace d'Epine-vinette.

Mettez une pinte d'eau dans une poële
que vous mettez fur le feu ; quand elle
fera chaude, vous y ajouterez deux poignées d'épine-vinette d'un beau rouge
& bien mûre, que vous ferez bouillir
cinq ou fix bouillons, avec une livre de
fucre, enfuite vous l'ôtez du feu, & la
laiffez infufer jufqu'à ce que l'eau ait pris
le goût & la couleur de l'épine-vinette,
que vous paffez dans un tamis bien ferré
pour la mettre dans la falbotiere, & faire
prendre à la glace.

Glace de Citron.

Exprimez le jus de fix citrons dans
trois demi-feptiers d'eau, mettez-y la
fuperficie de l'écorce coupée en zefts, &
trois quarterons de fucre, faites infufer
le tout pendant une bonne heure, enfuite
vous le paffez dans un tamis ferré pour
le mettre dans la falbotiere & faire prendre
à la glace. L'on appelle limonade cette
compofition, quand on la boit liquide
fans la faire glacer.

H

Glace de Bigarades.

Prenez huit groffes bigarades qui ayent beaucoup de jus, fi elles font petites, vous en prendrez à proportion, preffez-en le jus dans une pinte d'eau, & y mettez auffi quelques zefts de l'écorce, avec une livre & demie de fucre, faites infufer le tout enfemble pendant une heure, en-fuite vous le pafferez dans un tamis ferré pour le mettre dans la falbotiere & ferez prendre à la glace.

Glace d'Oranges douces.

Mettez dans une pinte d'eau le jus de fix oranges douces, zeftez légerement leurs peaux pour les mettre dedans, avec trois quarterons de fucre, faites infufer le tout enfemble l'efpace d'une heure, & le paffez enfuite dans un tamis ferré pour le mettre dans la falbotiere, & faire prendre à la glace.

Glace à la Crême.

Pour une pinte de crême que vous faites bouillir, mettez-y une demie-dou-zaine d'amandes douces que vous faites bouillir avec la crême environ deux bouil-lons, ôtez-la du feu, & y ajoutez un peu d'eau de fleurs d'oranges, & de la

conferve, fi vous en avez ; vous raperez un citron frais fur une demie livre
de fucre, que vous jettez dans la crême,
laiffez infufer un quart d'heure, enfuite
vous la paffez dans un tamis, & ne la
mettez dans la falbotiere que quand vous
êtes prêt de faire prendre à la glace.

Glace de Chocolat.

Prenez trois demi-feptiers de crême
& un demi-feptier de lait que vous faites
bouillir avec trois quarterons de fucre,
vous prendrez une demie livre de chocolat que vous ferez fondre dans de l'eau
en les mettant dans une poële fur le
feu, que vous remuerez avec une efpatule ou cuilliere de bois, & ferez réduire
jufqu'à ce qu'il foit en bouillie, il faut
y ajouter quatre jaunes d'œufs que vous
délayerez bien avec le lait & la crême,
vous verferez le tout dans la poële avec le
chocolat pour les mêler enfemble, enfuite
il faut le mettre dans une terrine jufqu'à
ce que vous foyez prêt à mettre à la
glace.

Glace de Caffé.

Faites bouillir deux ou trois bouillons
fix onces de caffé avec une chopine d'eau,

lorfqu'il fera repofé vous le tirerez au clair, & le mettrez bouillir avec trois demi-feptiers de bonne crême & trois quarterons de fucre, vous le ferez bouillir en le remuant toujours jufqu'à ce que votre crême foit diminuée d'un tiers, que vous l'ôtez du feu pour la mettre dans une terrine jufqu'à ce que vous la faffiez prendre à la glace.

Glace de Canelle.

Mettez dans une pinte d'eau tiede une once de canelle que vous faites infufer pendant une heure, enfuite mettez-la fur le feu pour lui donner un bouillon, vous l'ôtez du feu pour la mettre dans un pot bien couvert, que vous mettez fur de la cendre chaude pour la laiffer encore infufer pendant une heure après que vous aurez mis trois quarterons de fucre; paffez cette eau à la chauffe pour la mettre dans la falbotiere, & faire prendre à la glace.

Glace de Geniévre.

Prenez une demie poignée de geniévre que vous concaffez, & la mettez dans une pinte d'eau avec un peu de canelle & une demie livre de fucre, faites bouillir le tout enfemble cinq ou fix bouillons,

enfuite vous la paffez à la chauffe, & la
mettez dans une falbotiere pour faire
prendre à la glace.

Glace d'Anis.

Faites infufer de l'anis dans une pinte
d'eau tiede avec trois quarterons de fucre,
vous aurez foin de le gouter pour que
l'eau n'en prenne pas trop le goût ; lorfque vous trouverez qu'elle a pris fuffi-
fament le goût d'anis, vous la paffez dans
un tamis bien ferré pour la mettre dans
la falbotiere prendre à la glace.

Glace de Coriandre.

Concaffez une petite poignée de coriandre, que vous faites infufer dans une
pinte d'eau chaude, & la laiffez jufqu'à
ce qu'elle foit prefque froide, que vous
y ajoutez une demie livre de fucre ; remuez le tout enfemble pour le paffer enfuite dans un tamis bien ferré, & le mettez dans la falbotiere pour faire prendre
à la glace.

DES MOUSSES.

Mousse à la Crême.

PRENEZ une pinte de bonne crême, mettez-y une demie livre de sucre fondre dedans, & une cuillerée d'eau de fleurs d'orange, trois goutes de cédra ou de bergamotte; fouettez la crême, & à mesure qu'elle moussera mettez-la sur un tamis avec une écumoire ou une cuilliere à olives; si votre crême ne moussoit pas comme il faut, il faudra y mettre quelques blancs d'œufs pour lui aider; quand vous aurez mis sur le tamis toute celle que vous avez fouettée, si vous n'en avez pas suffisamment vous prendrez celle qui a passé au travers du tamis, que vous refouetterez, & remettrez avec l'autre. Ordinairement les mousses se mettent dans de grands gobelets d'argent faits exprès, quand on n'en a pas l'on en prend de verre que l'on met dans une cave de fer-blanc faite exprès, où on a eu le soin de faire pratiquer une grille de la forme des gobelets pour les contenir; l'on met de la glace dessous bien pilée avec du sel ou du salpêtre; on en met de même fur le couvercle de la cave, qui doit être fait comme un deſſus de four de campagne, il doit y avoir une eſpece de goutiere pour couler l'eau, cette précaution eſt pour foutenir les mouſſes fraîches, elles peuvent attendre deux ou trois heures avant-que de les ſervir.

Mouſſe de Chocolat.

Faites fondre ſix onces de chocolat dans un bon verre d'eau, que vous mettez ſur un petit feu doux, remuez-le avec une eſpatule, quand il ſera bien fondu & réduit comme une eſpece de bouillie, vous le retirez de deſſus le feu pour y mettre ſix jaunes d'œufs frais, que vous incorporez dedans, enſuite vous y mettrez une pinte de bonne crême, que vous mêlerez avec le chocolat & les œufs, ajoutez y une demie livre de ſucre, mettez le tout enſemble dans une terrine; lorſque le ſucre ſera fondu, & que la crême ſera rafraichie, vous finirez les mouſſes de la même façon que les précédentes.

Mouſſe de Caffé.

Faites du caffé comme à l'ordinaire; prenez-en ſix onces que vous mettez dans une chopine d'eau, laiſſez-le repoſer au moins une bonne heure avant que de le tirer au clair, vous y mettrez ſix jaunes d'œufs frais, que vous démêlerez dedans ſans le remettre ſur le feu, ajoutez-y trois demi-ſeptiers de crême & une livre de ſucre ; mêlez-bien le tout enſemble, lorſque le ſucre ſera fondu vous finirez les mouſſes de la même façon que les précédentes.

Mouſſe dé Safran.

Prenez deux gros de ſafran que vous mettez infuſer dans un demi-ſeptier de crême ſur des cendres chaudes ; quand elle ſera réfroidie vous la paſſerez ſur un tamis, enſuite vous la mettrez dans trois autres demi-ſeptiers de crême, & y mettrez une demie livre de ſucre ; lorſqu'il ſera fondu, il faut mettre le tout dans une terrine, & finir les mouſſes de la même façon que celle à la crême.

DES FRUITS GLACÉS.

ABRICOTS glacés en fruits. *Voyez* *pag* 147.

Pêches glacées en Fruits.

Prenez de bonnes pêches preſque mûꝰ

res, de celles que vous jugerez à propos,
ôtez-en la peau & le noyau, coupez-les le
plus mince que vous pourrez, vous pilerez autant de livres de sucre que vous
avez de livres de pêches, mettez le sucre
& les pêches dans une poële, que vous
faites bouillir ensemble sur un feu clair,
en remuant toujours avec l'écumoire jufqu'à ce qu'elles soient en marmelade;
vous aurez soin, lorsqu'elles commenceront à se lier, de les ôter du feu pour
écraser les pêches qui ne seront pas fon-
dues, remettez-les sur le feu pour les
faire cuire jusqu'à ce que trempant un
doigt dedans & appuyant le pouce contre,
ils se colent ensemble; ôtez votre marmelade du feu; quand elle sera froide
vous la mettrez dans des moules à glace
pour la faire prendre à la glace; lorsque
votre marmelade sera prise, il faut la travailler, & ensuite la mettre dans des moules
à pêches, quand ils sont tout pleins il
faut les envelopper de papier & les remettre à la glace, avec de la glace pilée,
mêlée avec du sel & du salpêtre : vous
aurez soin que le vaisseau où vous les
mettrez soit percé, & qu'il ne retienne
pas l'eau; lorsque vous voulez les servir
vous les retirez des moules pour appliquer dessus avec un pinceau, une cou-

H v

leur de pêche naturelle, que vous avez toute prête, faite avec de la gomme gut & un peu de carmin, ou de la cochénille, si vous n'avez point de carmin.

Poires de Rousselet glacées en Fruit.

Faites blanchir des poires de rousselet avec leur peau jusqu'à ce qu'elles fléchissent sous les doigts, que vous les retirez à l'eau fraîche pour leur ôter la peau, prenez en la chair que vous passez dans un tamis en la pressant fort avec une espatule; mettez cette marmelade dans une poële pour la faire dessécher sur le feu; faites clarifier autant de sucre que vous avez pesant de marmelade, que vous ferez cuire à la grande plume; mettez les poires dans le sucre pour les bien mêler ensemble : lorsque la marmelade est bien incorporée avec le sucre, il faut la mettre dans des moules à glace, pour la faire prendre à la glace, ensuite vous travaillez cette glace pour la mettre dans des moules de plomb qui ont la figure des poires de rousselet, que vous enveloppez de papier, & les mettez à la glace de la même façon que les pêches. Pour la couleur, il faut prendre un peu de cochenille avec une plume, vous tâchez d'imiter le côté qui a été au soleil; & le reste, vous y

mettrez de la couleur verte, comme celle
qui eſt expliquée aux figures de Paſtil-
lage. Voyez *couleur verte*. On mitige ces
deux couleurs, de façon qu'elles puiſſent
imiter le naturel.

Orange , Bergamotte & Cédra glacés en fruits.

Vous prenez de ces fruits ceux que
vous voulez , que vous ne faites que
vuider, ſans les tourner ; mettez-les dans
l'eau bouillante pour les faire blanchir
juſqu'à ce qu'ils fléchiſſent ſous les doigts ,
retirez les à l'eau fraîche ; après les avoir
bien égoutés , il faut les mettre dans un
mortier pour les piler très-fin, & les paſſer
au travers d'un tamis fin ; faites cuire à la
grande plume autant peſant de ſucre que
vous avez de marmelade, mettez la marmelade dans le ſucre que vous remuez juſqu'à
ce qu'ils ſoient bien incorporés enſemble ,
enſuite vous la mettez dans des moules à
glace pour faire prendre à la glace ; lorſqu'elle ſera priſe , il faut la travailler &
la mettre dans des moules de plomb faits
en figure d'orange , que vous enveloppez de papier, & les remettez à la glace ,
comme il eſt dit pour les pêches ; lorſque vous voudrez les ſervir, il faut leur

donner une couleur qui imite le naturel. Pour le cédra, l'orange & le citron, il faut prendre une pierre de gomme gut que vous frottez sur une assiette où il y a un peu d'eau chaude, jusqu'à ce qu'elle vous fasse une couleur foncée. Pour la bergamotte, il faudra mettre une petite nuance de verd dans la même couleur, attendu qu'elle est toujours plus verdâtre.

Marons glacés en fruit.

Faites griller des marons entre deux tourtieres, après leur avoir ôté la première peau; quand ils seront bien cuits & tendres, ôtez la seconde peau, & les passez en marmelade au travers d'un tamis, sucrez-les à proportion comme il convient; il faut mettre cette marmelade dans une salbotiere pour faire prendre à la glace; lorsqu'elle sera prise vous la travaillerez & la mettrez dans des moules de plomb faits en figure de marons, que vous enveloppez, & les remettrez à la glace dans un vaisseau qui ne retienne pas l'eau, vous les y laisserez jusqu'au moment que vous devez servir.

Œufs en glace.

Prenez six œufs que vous faites durcir,

Il faut en prendre les jaunes que vous
conferverez en boulettes; prenez fix autres
œufs frais que vous cafferez avec foin par
la moitié, pour en conferver les coquilles
entieres, pour pouvoir les remettre comme dans leur entier, il faut les marquer,
mettez le blanc de ces fix œufs frais dans
un demi feptier de crême que vous fouet-
rez enfemble pour les mettre fur un plat
d'argent, & les faire prendre fur le feu
comme des œufs au miroir, fans qu'ils
ayent de la couleur deffus : lorfqu'ils feront cuits, vous les pafferez au travers
d'un tamis comme une marmelade; laiffez-les réfroidir, & y mettez un peu de
fucre en poudre, & ferez prendre comme
d'autres glaces; lorfqu'ils feront pris, &
que vous les aurez bien travaillés, prenez les coquilles d'œufs que vous avez
mis à part, mettez en un peu dans une
moitié, & un jaune dur dans le milieu,
achevez de les remplir comme s'ils étoient
entiers, en remettant les coquilles l'une
contre l'autre; enveloppez chaque œuf
avec du papier pour les mettre dans une
cave de fer blanc, avec de la glace,
comme il a été dit pour les pêches glacées, & les laifferez jufqu'à ce que vous
ferviez. Ces œufs font de cuifine, mais
on peut les fervir au fruit.

DES FROMAGES GLACÉS.

Fromage glacé à la Crême.

PRENEZ une pinte de bonne crême qui puisse aller sur le feu ; quand elle aura fait un bouillon ou deux, il faut la retirer ; délayez quatre jaunes d'œufs, après en avoir bien ôté les germes, vous les mettrez dans la crême, que vous mêlerez bien ensemble ; prenez un bon citron frais que vous raperez sur environ une demie livre de sucre, que vous mettrez dans la crême, remettez-la sur le feu pour lui donner cinq ou six bouillons en la remuant toujours ; mettez-y une cuillerée d'eau de fleurs d'orange, vous la passerez au tamis, vous y pouvez mettre une demi-douzaine d'amandes douces pilées avant que de la passer, & un peu de conserve de fleurs d'orange, si vous en avez, mettez votre crême dans une salbotiere pour la faire prendre à la glace, lorsqu'elle sera prise, vous la travaillerez comme les autres glaces, ensuite vous la retirez de la salbotiere pour la mettre dans un moule à fromage, que vous remettrez à la glace pour le sou-

tenir jufqu'à ce que vous foyez prêt à
fervir; vous aurez foin de tenir de l'eau
chaude dans une marmite ou chaudron,
pour enfoncer votre moule jufqu'a la hauteur du fromage, afin qu'il quitte le moule
aifément, vous mettez votre compotier ou
affiette fur le moule, & le verfez dedans,

Glace en Beurre.

Faites bouillir une pinte de bonne
crême, quand elle aura fait un bouillon,
vous y mettrez une demie livre de fucre
avec l'écorce d'un citron rapé ; remettez-la fur le feu pour lui donner encore
deux bouillons, prenez dix-huit ou vingt
œufs, que vous caffez pour n'en prendre
que les jaunes, il faut les délayer dans
la crême ; remettez la crême fur le feu
feulement pour faire prendre les œufs,
en l'ôtant du feu vous y mettrez une
cuillerée d'eau de fleurs d'orange, & pafferez la crême au travers d'un tamis clair,
pour la mettre enfuite dans une falbo-
tière, & la faire prendre à la glace ; lorfqu'elle fera prife, vous la travaillerez
comme les autres glaces, fi vous voulez
en faire un fromage, vous la mettrez
dans un moule à fromage que vous finirez comme le précédent, Si vous voulez

en faire des beurres, il faut remettre la falbotiere à la glace jufqu'à ce que vous ferviez; alors vous levez cette glace avec une cuilliere de la même façon que le beurre frais, que vous fervez fur des affiettes en y mettant de l'eau à la glace.

Fromage glacé de Chocolat.

Prenez une demie livre de bon chocolat, mettez-y environ un demi-feptier d'eau pour le faire fondre fur le feu, vous aurez foin de le remuer toujours avec une efpatule; quand vous verrez qu'il fera bien fondu, & réduit comme une bouillie légere, vous y mettrez fix jaunes d'œufs que vous délayerez bien dedans; vous aurez une pinte de bonne crême, faites lui faire un bouillon, mettez-y une demie livre de fucre, enfuite vous mettez la crême dans la poële où eft votre chocolat, que vous remuerez bien enfemble fur le feu: lorfque les œufs feront pris, mettez votre crême dans une falbotiere pour la faire prendre à la glace, que vous travaillerez avec la houlette, & la mettrez enfuite dans un moule à fromage pour le remettre à la glace, & le finirez de la même façon que celui à la crême.

Fromage glacé de Caffé.

Faites du caffé comme à l'ordinaire; il en faut prendre fix onces pour chopine d'eau; lorfqu'il fera bien repofé & tiré au clair, prenez une pinte de crême qui puiffe aller fur le feu; après avoir fait un bouillon, mettez-y aux environs d'une livre de fucre, & le caffé que vous avez tiré au clair; faites faire cinq ou fix bouillons en remuant toujours, enfuite vous mettrez votre crême dans une falbotiere pour la faire prendre à la glace, & vous finirez votre fromage de la même façon que celui à la crême.

Fromage glacé de Fraifes. Voyez p. 48.
Fromage glacé de Framboifes. Voy. p. 68.

Fromage glacé de Piftaches.

Pour une pinte de crême qui doit aller fur le feu, prenez fix onces de piftaches, que vous échaudez & émondez, il faut les piler très-fin, & les paffer au travers d'un tamis à plufieurs reprifes, afin de n'en point perdre; vous les délayerez dans la crême après que vous lui aurez donné un bouillon, vous la remettrez fur le feu en la remuant toujours pendant trois ou quatre bouillons, vous y mettrez environ une bonne demie livre de fucre & une cuillerée d'eau de fleurs d'orange, enfuite vous mettrez votre crême dans une fal-botiere pour la faire prendre à la glace, & le finirez de la même façon que celui à la crême.

Fromage à la Chantilly.

Prenez une pinte de bonne crême dou-ble, mettez-y une cuillerée d'eau de fleurs d'orange, il faut fouetter cette crême jufqu'à ce qu'elle foit bien montée en nei-ge, autant que des blancs d'œufs que vous fouettez pour faire des bifcuits à la cuil-liere. Prenez un citron que vous raperez fur une demie livre de fucre que vous ferez fécher à l'étuve, enfuite vous le pilerez & le pafferez au tamis, pour le met-tre dans la crême & les bien mêler en-femble, vous laifferez le tout dans la ter-rine jufqu'à ce que vous le mettiez à la glace. Ce fromage fe met dans fon moule & ne fe travaille point comme les autres; vous aurez foin d'avoir de l'eau chaude pour tremper votre moule dedans pour le détacher, il faudra cerner le haut de votre fromage avec un couteau autour du moule, afin de ne le tremper qu'à moitié dans l'eau.

Fromage à la Choify.

Faites bouillir trois chopines de crême double, lorfqu'elle aura fait un bouillon, vous y mettrez une demie livre de fucre, & les zefts de la moitié d'un citron; remettez-la fur le feu pour la faire bouillir, en la remuant toujours jufqu'à ce qu'elle foit diminuée d'un tiers, enfuite vous y mettrez quatre jaunes d'œufs frais délayés avec un peu de crême, vous la remettez fur le feu fans la faire bouillir, feulement pour faire prendre les œufs en la remuant toujours jufqu'à ce qu'elle commence à s'épaiffir que vous la retirez promptement; quand elle fera à demi-froide, vous y mêlerez cinq ou fix cuillerées de marmelade de telle confiture que vous voudrez: paffez le tout enfemble dans un tamis clair pour le mettre dans une falbotiere, & le faire prendre à la glace lorfque votre crême fera glacée, vous la travaillez pour la mettre dans un moule à fromage, que vous remettez à la glace jufqu'à ce que vous foyez prêt à fervir, vous lui ferez quitter le moule de la même façon que les précédens.

Biscuits de glace.

Faites six gros biscuits en caisse, quand ils seront cuits, vous aurez soin d'en lever la glace bien légerement, & prendre garde de ne pas la casser; lorsque vous l'aurez levée, conservez-les à l'étuve dans un tamis; faites sécher toute la mie des biscuits jusqu'à ce qu'elle puisse se piler & mettre en poudre comme du sucre, que vous passerez au travers d'un tamis. Prenez une pinte de bonne crême que vous faites bouillir; après qu'elle aura fait un bouillon, vous y mettez un peu plus d'un quarteron de sucre, & une cuillerée d'eau de fleurs d'orange avec la mie des quatre biscuits que vous aurez pilée & passée au tamis, mêlez le tout ensemble pour le mettre dans une salbotiere & faire prendre à la glace; lorsque votre crême sera prise, il faut la bien travailler pour la mettre dans les moules de papier des biscuits que vous aurez conservés, il faut les mettre entre deux glaces pour la soutenir, après leur avoir mis à chacun un dessus de biscuit, afin de les servir comme des biscuits en caisse. Il faut toujours avoir quelque dessus de biscuits de plus, attendu que quelques

précautions que l'on prenne, on n'est
point à l'abri d'en casser ; cela fait une
assiette de glaces fort agréable à servir,
& excellente à manger.

DES CANELONS GLACÉS.

Canelons glacés à la Crême.

SI vous voulez faire six canelons, il
faut en remplir quatre avec de la bonne
crême, vous mettrez cette crême dans
une poële pour la faire bouillir : lorsqu'elle aura fait deux bouillons, vous
l'ôtez du feu pour y mettre une livre de
sucre, deux cuillerées d'eau de fleurs
d'orange, & l'écorce d'un citron frais
rapé ; laissez infuser une demie heure, &
passez votre crême dans un tamis pour
la mettre dans une salbotiere, & la faire
prendre à la glace ; lorsqu'elle sera prise,
il faut la bien travailler pour la mettre
dans les moules à cannelons que vous
envelopez de papier, pour les remettre à
la glace, avec de la glace pilée en neige
mêlée avec du sel ou du salpêtre ; vous
aurez soin que le vaisseau où vous les
mettez soit percé & ne retienne pas l'eau ;
lorsque vous voulez les servir, vous avez

de l'eau chaude dans un chaudron ou une marmite, trempez-y les moules pour les faire détacher, & vous les aiderez à sortir en donnant un coup par le bout avec le plat de la main, en les présentant sur une assiette.

Canelons glacés de Chocolat.

Pour faire six canelons, vous en emplirez quatre pour les mesurer avec de la bonne crême; mettez cette crême sur le feu pour la faire bouillir, ensuite vous y mettrez une livre de sucre; prenez trois quarterons de chocolat, que vous faites fondre dans de l'eau, en le mettant sur le feu dans une poële, & le remuez toujours jusqu'à ce qu'il soit en bouillie; vous y ajoutez six jaunes d'œufs, que vous délayez bien ensemble, mettez y aussi la crême; lorsque vous aurez bien mêlé le tout ensemble, vous le passez au tamis pour le mettre dans une salbotiere pour le faire prendre à la glace; quand la crême sera prise vous la travaillez pour la mettre dans les moules à canelons, que vous enveloppez de papier pour les remettre à la glace dans un vaisseau qui ne retienne point l'eau; lorsque vous serez prêt à servir, vous leur ferez quitter le moule de la même façon que les pré-cédens.

Canelons glacés de Caffé.

Pour faire six canelons, mesurez-en deux avec de l'eau, vous mettrez cette eau dans une caffetiere lorsqu'elle bouillira vous y mettrez au moins six onces de caffé pour en faire du caffé comme à l'ordinaire : quand il sera fait, bien reposé & tiré au clair, vous le mettrez dans de la crême, que vous aurez fait bouillir auparavant avec une livre de sucre, vous mesurez votre crême avant que de la faire bouillir ; il en faut la mesure de quatre canelons : faites bouillir la crême avec le caffé & le sucre jusqu'à ce qu'elle soit diminuée d'un tiers, en la tournant toujours sur le feu, vous la mettrez ensuite dans une terrine jusqu'à ce que vous la fassiez prendre à la glace ; vous finirez vos canelons de la même façon que les précédens.

Canelons glacés d'abricots. *Voyez page* 155.

Canelons glacés de Pêches.

Il faut écraser avec la main au moins une douzaine de bonnes grosses pêches bien mûres que vous délayerez avec de

l'eau la mefure de quatre canelons, ajoutez-y une livre de fucre, laiffez infufer
le tout enfemble environ deux heures,
enfuite, vous le pafferez dans un tamis
en preffant les pêches fans les remuer
pour en tirer tout le jus, que vous mettrez dans une falbotiere pour faire prendre
à la glace ; quand elle fera prife, vous
travaillerez cette glace pour la mettre
dans fix moules à canelons que vous en-
velopperez de papier pour les remettre
à la glace dans un vaiffeau percé qui ne
retienne point l'eau ; lorfque vous voudrez les fervir, vous leur ferez quitter les
moules de la même façon que les précédens.

Canelons glacés de Fraifes. Voy. p. 49.
Canelons glacés de Framboifes. Voy.
page 69.

Canelons glacés de Verjus.

Prenez deux livres de verjus que vous
pilez pour en tirer tout le jus que vous
paffez au tamis, mettez ce verjus avec
autant d'eau qu'il en faut pour remplir
quatre canelons, ajoutez-y une livre &
demie de fucre ; lorfqu'il fera fondu,
vous mettrez le tout dans une falbotiere
pour le faire prendre à la glace, que
vous travaillerez enfuite pour le mettre

tre à la glace de la même façon que les
canelons à la crême.

Des Eaux que l'on fait rafraîchir sans prendre à la glace.

Orgeat d'Amandes.

ECHAUDEZ un quarteron d'amandes douces, que vous pilez avec un quarteron de graines des quatre semences froides, en les pilant il faut les arroser de tems en tems avec une demie cuillerée d'eau, seulement pour empêcher qu'elles ne tournent en huile ; lorsqu'elles sont pilées très-fin, vous les retirez du mortier pour les mettre dans une terrine, & les délayer peu à peu avec une pinte d'eau, si vous voulez rendre votre orgeat, bien blanc, vous pouvez y ajouter un poisson de lait, ensuite vous le passez à plusieurs fois dans une étamine en bourant les amandes avec une cuilliere de bois pour qu'elles expriment leur suc dans le lait, après vous y mettrez un quarteron de sucre ; quand il sera fondu, vous repasserez l'orgeat dans une serviette sans presser, & mettrez rafraîchir.

I

Orgeat de Noisettes, *Voyez page 129.*

Orgeat de Pistaches.

Prenez un quarteron de pistaches que vous échaudez, mettez-les dans un mortier avec un quarteron, moitié de graine de concombre, & moitié de graine de melon, pilez le tout ensemble en l'arrosant de tems en tems avec une demi-cuillerée d'eau pour empêcher qu'elles ne tournent en huile, ensuite vous les retirez dans une terrine pour les délayer avec trois chopines d'eau, passez les plusieurs fois dans une étamine en bourant avec une cuilliere; lorsqu'elles seront passées, vous y mettrez un peu plus d'un quarteron de sucre avec le jus d'un citron, mêlez le tout ensemble, & le repassez dans une serviette avant que de mettre rafraichir.

Eau de Cerfeuil.

Faites infuser dans trois demi-septiers d'eau tiéde pendant une demi-heure une poignée de cerfeuil épluché & lavé, ensuite vous la passez dans un tamis, mettez-y deux onces de sucre; quand il sera fondu, vous repasserez cette eau dans une serviette un peu serrée, pour

la mettre rafraîchir. L'eau de pimprenelle se fait de la même façon.

Eau de Fenouil.

Prenez deux branches de fenouil , si
elles sont grosses , & un peu davantage
si elles sont petites ; après les avoir lavées , vous les mettez infuser un bon
quart d'heure dans une pinte d'eau tiéde :
comme le fenouil est extrêmement fort,
il ne faut le laisser dans l'eau que le
tems qu'il lui faut pour en prendre un
peu le goût, ensuite passez-la au tamis
& mettez y environ un quarteron de
sucre, repassez cette eau dans une serviette
pour mettre rafraîchir.

Aigre de Cedre.

Prenez un quarteron de gros citrons
que vous coupez de leur longueur avec
les zests & les pepins, levez doucement
l'endroit où est le jus , mettez le tout ensemble dans un pot de terre neuf, faites
cuire deux livres de sucre à la plume &
le mettez dans le pot où sont les citrons,
mettez votre pot sur le feu pour faire
bouillir les citrons avec le sucre jusqu'à
ce que votre sirop soit cuit au perlé,
après vous le passerez dans un tamis , &
le serrerez dans des bouteilles quand

I ij

fera à demi-froid ; lorſque vous voulez vous en ſervir, vous en mettez la
quantité que vous jugez à propos dans
de l'eau que vous battez enſemble, & la
mettez rafraîchir. Cette liqueur eſt ra-
fraîchiſſante, & ſe peut auſſi ſervir glacée, en le faiſant une fois plus forte de
ſirop que pour boire liquide. L'on fait
un ſirop de limon & de cedre de la
même façon,

DES PRUNES,

OBSERVATION,

Nous en avons d'une infinité de
ſortes, tant de cultivées que de ſauvages ; ces dernieres ne ſont employées
qu'en médecine ; les eſpeces de prunes
cultivées varient beaucoup & pour la
couleur & pour le goût, il y en a de
blanches, de rouges, de griſes, de jaunes,
de vertes, de groſſes, de petites, de rondes, d'ovales & d'oblongues, elles ſont
plus ou moins eſtimées ſuivant leur bonté. Je ferai un article particulier de celles qui ſont les meilleures à ſervir ſur les
bonnes tables, ainſi que de celles dont
on fait les confitures & les pruneaux. En

général il faut que les prunes foient bien mûres, nouvellement cueillies & avant le lever du Soleil, que la chair en foit tendre & bien fondante, d'un goût doux, fucré & relevé, la peau tendre & fine, & qu'elles quittent aifément le noyau. Elles font rafraîchiffantes, excitent l'appétit, appaifent la foif, bonnes aux jeunes gens bilieux & fanguins; comme elles relâchent beaucoup & fe digerent difficilement, elles font contraires à ceux qui ont l'eftomac foible, principalement aux perfonnes d'un âge avancé.

Des différentes fortes de Prunes.

Le gros *Damas noir* eft affez connu.

La *Mirabelle* de deux fortes, la groffe & la petite; quand elle eft dans fa parfaite maturité, fa couleur eft d'un jaune tirant fur l'ambre, fon goût eft fucré, elle quitte le noyau.

Le gros *Damas d'Efpagne*.

La *Reine-Claude* très-eftimée; cette prune eft blanche & ronde, à l'eau fucrée & quitte le noyau.

La *Diaprée* très-eftimée, elle eft longue, très-fleurie & quitte le noyau.

Le gros *Damas de Tours* très-eftimé; cette prune eft hâtive, a la chair jaune & quitte le noyau.

I iij

La Roche-Corbon est une espèce de Diaprée.

Le Perdrigon violet est une prune plus longue que ronde, elle a l'eau sucrée ; il y en à deux sortes, une qui ne quitte pas le noyau, & l'autre qui le quitte ; cette derniere est la plus estimée.

Le Perdrigon blanc très-estimé , est bonne crue & en confiture , elle quitte le noyau.

Le Perdrigon hâtif aussi très-estimé.

La Prune de l'Isle verd ressemble au Perdrigon violet , & quitte le noyau.

La Sainte-Catherine , très-sucrée , excellente en confiture , elle est blanche & devient d'un jaune ambré à mesure qu'elle mûrit sur l'arbre.

L'Impératrice , très-estimée , & a l'eau fort sucrée.

La Prune virginale , très-estimée, c'est une prune qui quitte le noyau , elle est blanche d'un côté , & un peu rouge de l'autre.

La Prune mignonne.

La Prune Royale est bonne , d'une eau sucrée , grosse & ronde, d'un rouge clair & bien fleuri.

L'Impériale violette , excellente, d'une eau sucrée; elle est grosse, longue & bien fleurie.

La Prune Dauphine ne quitte point le noyau, elle a cependant l'eau fort sucrée, sa couleur est verdâtre, de figure ronde & assez grosse.

La Prune de Monsieur n'est bonne que dans les années chaudes, il faut préferer celles des terres légeres ; elle quitte le noyau, elle est grosse, ronde & violette.

La Prune de Maugeron quitte le noyau, elle est grosse, ronde & violette.

Le Damas d'Italie a l'eau sucrée, elle est presque ronde, d'un violet brun & très-fleurie.

Le Drap d'or, c'est une espece de petit Damas qui a l'eau très-sucrée, d'un jaune marqueté de rouge.

Le Damas musqué, petite prune qui quitte le noyau, d'un goût musqué, plate & bien fleurie.

Le Damas à perle, ainsi nommé, parce qu'elle en a la figure, quitte le noyau, sa chair est jaune, d'un goût sucré & de médiocre grosseur.

Les meilleures prunes pour faire des pruneaux, sont celles de Sainte-Catherine & la Roche-Corbon ; cependant il est assez général que toutes les prunes qui sont bonnes cruës, sont aussi bonnes pour faire des confitures, des compotes & des pruneaux.

Compote de Prunes.

Les meilleures prunes, & presque les feules qui font bonnes pour compotes, confitures & à l'eau-de-vie, font la Mirabelle, la Reine - Claude, le Perdrigon ; vous prenez des trois celles que vous voulez pour faire vos compotes, que vous piquez de plufieurs coups avec une groffe épingle, & les mettez à mesure dans l'eau, enfuite vous les faites blanchir dans l'eau bouillante jufqu'à ce qu'elles foient montées deffus, que vous les ôtez du feu pour les laiffer réfroidir dans la même eau, que vous remettez après fur un petit feu, couvrez-les pour les faire reverdir, & ramolir, chacune fuivant fon efpèce ; quand elles font reverdies, vous les retirez à l'eau fraîche, & mettez égouter. Sur une livre de prunes, faites cuire au petit liffé trois quarterons de fucre, mettez-y les prunes pour leur faire prendre un bouillon, ôtez-les du feu pour les mettre dans une terrine jufqu'au lendemain que vous les remettez fur le feu pour les faire bouillir jufqu'à ce qu'elles fléchiffent fous les doigts ; & qu'elles n'écument plus ; dreffez-les dans le compotier avec le firop par-deſſus. Vous pouvez faire de cette façon une compote aſſez grande pour vous ſervir pluſieurs fois , parce qu'elle ſe conſerve.

Compote de Prunes à la Bourgeoiſe.

Mettez dans une poële environ ſix onces de ſucre pour une livre de prunes, avec un peu d'eau ; faites les bouillir & écumer ; mettez-y une livre de prunes preſque mûres que vous faites bouillir juſqu'à ce qu'elles fléchiſſent ſous les doigts, ayez ſoin de les écumer ; quand elles ſeront cuites , vous les dreſſez dans le compotier , & faites réduire le firop , s'il ne l'eſt pas aſſez ; paſſez-le au tamis ſur les prunes.

Marmelade de Prunes.

Prenez des prunes de celles que vous jugerez à propos ; ôtez-en les noyaux, & les mettez dans une poële avec un peu d'eau ; faites-les cuire juſqu'à ce qu'elles ſoient en marmelade, que vous les mettez ſur un tamis pour les paſſer au travers, en les preſſant fort avec une eſpatule ; remettez la marmelade dans la poële, pour la faire deſſécher ſur le feu ; faites cuire au caſſé autant péſant de ſucre que vous avez de marmelade ;

I v

mettez-la dans le fucre, & la remuez
beaucoup avec une efpatule jufqu'à ce
qu'ils foient bien incorporés enfemble;
enfuite vous la remettez fur le feu, feulement pour la faire frémir, & la drefferez chaude dans les pots. Poudrez-en
le deffus avec du fucre fin.

Prunes de Reine-Claude pour provifion.

Prenez de belles prunes de Reine-
Claude, qui ne foient pas mûres, cependant à leur groffeur; vous les piquerez
dans plufieurs endroits avec une lardoire, ou quelque chofe de femblable;
vous les jettez dans l'eau bouillante;
quand elles commenceront à monter,
il faut les retirer de deffus le feu, &
les laifferez réfroidir dans la même eau
jufqu'au lendemain, que vous les ferez
reverdir dans la même eau, en les mettant fur un feu bien doux; vous aurez
foin qu'elle ne bouille pas, & d'y regarder de tems en tems; en les prenant
fur votre écumoire, vous les tâterez
pour fçavoir fi elles commencent à
fléchir fous les doigts, pour les retirer
à mefure & les jetter dans l'eau fraiche;
quand elles feront reverdies & bien
rafraîchies, vous clarifierez votre fucre;
fi vous avez un cent de prunes, il faut

dix livres de fucre ; après avoir égouté les prunes, mettez-les dans une terrine ; verfez deffus les deux tiers de votre fucre clarifié, il faut laiffer les prunes dans le fucre pendant vingt-quatre heures ; après quoi vous les jetterez fur une paffoire ou un tamis ; remettez le fucre fur le feu, & vous l'augmenterez du tiers de fucre clarifié, que vous avez gardé ; faites-lui prendre au moins une douzaine de bouillons, enfuite vous le remettrez fur les prunes, pour les laiffer encore deux jours dans le fucre, que vous les remettrez fur un égoûtoir, pour remettre le firop fur le feu, & lui donner une douzaine de bouillons, que vous remettrez dans la terrine fur les prunes, & les laiffer jufqu'au lendemain que vous les finirez ; il faut remettre le firop fur le feu pour le faire cuire, jufqu'à ce qu'il foit au grand perlé, que vous y mettez les prunes pour leur donner deux ou trois bouillons couverts, & enfuite vous les mettez dans les pots.

Les prunes de l'Ifleverd fe font de même, le Perdrigon fe confit de la même façon, à cette différence qu'il ne reverdit point, & qu'il faut le blanchir tout de fuite.

I vj

Prunes de Reine Claude à l'Eau-de-Vie.

Faites reverdir des prunes de Reine-Claude de la même façon que les précédentes ; lorfqu'elles feront bien égoutées, fi vous en avez un cent, faites clarifier fix livres de fucre, que vous mettrez fur les prunes dans une terrine, & les laifferez vingt-quatre heures, enfuite vous jetterez les prunes fur un égoutoir ou un tamis, & donnerez une douzaine de bouillons au firop, que vous jetterez encore fur les prunes pour les y laifler jufqu'au lendemain que vous égouterez encore les prunes, & réduirez le firop jufqu'à la plume ; vous jetterez une chopine d'eau-de-vie dedans, & vous y gliflerez les prunes, à qui vous donnerez deux ou trois bouillons couverts, vous les revuiderez dans la terrine pour les laiffer repofer deux jours dans le firop ; pour les finir, vous les égouterez encore, & réduirez le fucre au gros boulet ; mettez-y une pinte d'eau-de-vie ; enfuite vous glifferez les prunes dedans pour les faire frémir un quart d'heure fur le feu, retirez-les pour les mettre dans les bouteilles.

Prunes de Mirabelle pour garder.

Prenez des prunes de Mirabelle qui soient d'un jaune clair, presque mûres, ôtez le noyau, si vous voulez; passez-les à l'eau bouillante, & qu'elles ne fassent que frémir, il faut les retirer pour les mettre dans de l'eau fraîche; si elles sont à noyaux, il faut les piquer toutes; faites clarifier du sucre environ livre pour livre de fruit; faites cuire le sucre à la plume; mettez-y les prunes après les avoir fait égouter pour leur faire faire deux bouillons couverts; vous aurez soin de les bien écumer, & les mettrez dans une terrine pour les y laisser vingt-quatre heures; si elles sont à noyaux, vous les laisserez deux jours, après vous les ferez bien égouter sur une passoire ou tamis; mettez le sirop sur le feu, pour le faire réduire au grand perlé; alors vous y glisserez le fruit, & le ferez cuire jusqu'à ce que le sucre soit revenu au grand perlé, que vous les ôtez du feu pour les bien écumer, & les mettre dans les pots. Il faut remarquer que tous les fruits que l'on confit avec le noyau, il faut laisser leurs queues.

Compote de Prunes de Mirabelle.

Prenez un cent de Mirabelles pref-que mûres, que vous faites blanchir deux bouillons, & les retirez dans l'eau fraîche pour les mettre égouter, & les mettez enfuite dans un petit fucre leger, pour leur donner trois ou quatre bouil-lons; il faut les écumer avant que de les mettre dans le compotier; fi le fi-rop n'étoit point affez réduit vous le remettrez fur le feu pour le rachever.

Prunes de Perdrigon confites.

Ayez la quantité que vous jugerez à propos d'employer de prunes de Per-drigon, qui ne foient pas mûres, que vous piquez dans plufieurs endroits avec une lardoire; mettez-les dans une eau bouillante pour les faire feulement frémir, jufqu'à ce quelles commencent à fléchir fous les doigts; enfuite vous les retirez dans l'eau fraîche, & les mettez égouter; vous les ferez confire de la même façon que les prunes de Reine-Claude.

Prunes confites à la Bourgeoife.

Choififfez de bonnes prunes pref-que mûres, comme Perdrigon, Mira-

belle, Reine-Claude, celles que vous
voudrez, piquez-les avec une lardoire
dans plusieurs endroits ; faites cuire à
la grande plume autant pesant de sucre que vous avez de prunes ; mettez
les prunes dans le sucre, & les faites
bouillir sept ou huit bouillons, en remuant toujours la poële, que vous
tenez par les deux anses, jusqu'à ce
qu'elles soient cuites, & le sucre réduit
en sirop ; ayez soin de les bien écumer ; quand elles seront à demi froides,
vous les mettrez dans les pots que vous
ne couvrirez que lorsqu'elles seront tout-
à-fait froides.

Prunes confites sans noyaux.

Prenez des prunes presque mûres, de
celles qui quittent facilement le noyau ;
faites une incision avec un petit couteau
à la pointe de chaque prune, & poussez
le noyau du côté de la queue pour le
faire sortir ; après que vous aurez préparé vos prunes, faites clarifier autant
pesant de sucre que de fruit ; mettez les
prunes dans le sucre, & les remuez
toujours sur le feu, pour les empêcher
de bouillir, & qu'elles ne fassent que
frémir ; ensuite vous les ôtez du feu ;

quand elles feront froides, mettez-les égouter fur un tamis ; remettez le fucre dans la poële, pour le faire cuire au grand liffé ; remettez les prunes dans le fucre pour leur faire prendre aux environs de dix bouillons couverts ; écumez les à mefure ; enfuite vous les mettez à l'étuve jufqu'au lendemain que vous les égoutez fur des feuilles de cuivre ; poudrez-les de fucre fin, & mettez fécher à l'étuve ; vous pouvez garder ces prunes au liquide, & ne les mettre au fec, que lorfque vous en aurez befoin. Les prunes que l'on peut mettre de cette façon, font, la prune Royale, la prune de Monfieur, le Perdrigon violet, la prune de l'Ifleverd, la prune de Maugeron, le Damas d'Italie, & le Damas mufqué.

Pâte de Prunes.

Otez le noyau à de bonnes prunes, & les mettez dans une poële, avec un peu d'eau, il faut les faire cuire jufqu'à ce qu'elles foient en marmelade, que vous les paffez au travers d'un tamis, en les preffant fort avec une efpatule ; mettez cette marmelade dans la poële pour la faire deffécher fur un moyen feu ; faites cuire au caffé autant pefant de fu-

cre que vous avez de marmelade ; mettez-la dans le fucre ; & la travaillez avec
l'efpatule, jufqu'à ce qu'ils foient bien
incorporés ; remettez-les fur le feu en
remuant toujours , feulement pour les
faire frémir ; enfuite vous la drefferez
dans les moules à pâte que vous mettrez
fecher à l'étuve. Si vous voulez faire des
pâtes dans le tems hors de la faifon , prenez de la marmelade de prunes, que
vous délayez dans du fucre cuit à la
grande plume ; mettez-la fur le feu pour
la faire frémir , en la remuant toujours ;
dreffez dans les moules pour faire fécher à l'étuve.

Prunes en furtout.

Faites cuire autant de livres de fucre au grand perlé que vous employez
de livres de prunes ; mettez-les dans
le fucre pour leur donner deux bouillons ; ôtez-les du feu pour leur donner
le tems de jetter leur eau ; enfuite vous
les remettez fur le feu pour les faire
cuire, jufqu'à ce que le fucre foit revenu au grand perlé ; mettez-les dans
une terrine à l'étuve jufqu'au lendemain que vous les mettez égouter fur
des feuilles de cuivre ; prenez trois
prunes , ôtez le noyau à deux & les

appliquez fur celle qui a le noyau, il faut l'entourer de façon qu'elles paroiffent n'en faire qu'une ; roulez - les dans le fucre fin , pour les remettre fur des feuilles de cuivre , que vous mettrez fécher à l'étuve ; il faut les conferver dans un endroit fec , dans des boëtes garnies de papier blanc. Vous obferverez de laiffer la queue à celle qui refte avec le noyau.

Clarequets de Prunes.

Pelez & ôtez le noyau à des prunes bien mûres de Perdrigon , de Reine-Claude, ou de Mirabelle , celles que vous voudrez ; mettez-les dans une poële avec un peu d'eau pour les faire bouillir doucement fept ou huit bouillons , enfuite vous les pafferez dans un tamis pour tirer tous le jus des prunes ; faites cuire au caffé autant de fucre que vous avez de jus , mettez-y votre jus ou décoction pour les faire cuire jufqu'à ce que vous ayez une gelée qui tombe en nappe de l'écumoire, & que la nappe tombe nette , vous la verferez tout de fuite dans les moules à clarequets que vous avez pofés fur des feuilles de cuivre , mettez-les à l'étuve , pour les faire prendre avec un feu moderé.

Prunes tappées.

Prenez des prunes de Reine-Claude presque mûres, ou d'autres, pourvû qu'elles soient bonnes & qu'elles quittent le noyau; faites-leur une incision du côté de la queue pour faire sortir le noyau, en le pouffant par l'autre côté avec la pointe d'un couteau; mettez-les dans un sucre clarifié, il en faut une demie livre pour une livre de prunes, remettez-les sur le feu avec le sucre pour les empêcher de bouillir, il faut qu'elles ne faffent que frémir; ensuite vous les ôtez du feu pour les mettre dans une terrine jusqu'au lendemain, que vous égouterez le sucre dans une poële pour le faire cuire au grand liffé; remettez-les prunes dans le sucre pour leur faire prendre sept ou huit bouillons couverts, il faut les écumer à mesure; remettez-les à l'étuve jusqu'au lendemain, que vous les égouterez de leur sirop, & les dreſſerez sur le côté, sur des grilles, pour les mettre fécher à l'étuve; quand elles seront féches d'un côté, vous les retournerez de l'autre, elles s'applatiront d'elles-mêmes fans qu'il soit besoin de les tapper, vous les conserverez

dans un endroit fec dans des boëtes garnies de papier blanc.

DE L'ANGELIQUE.

OBSERVATION.

C'EST une plante de la hauteur d'une
coudée, de couleur brune ou verd
obfcur, fes bouquets font garnis de fleurs
blanches, fa graine menue & plate comme une lentille, fa racine eft groffe comme un réfort, & a plufieurs cuiffes de
branches. Nous en avons de deux fortes,
la cultivée & la fauvage, elles font toutes
les deux d'un goût piquant, & de très-
bonne odeur, principalement la cultivée. On coupe les tiges de cette plante
quand elles font de bonne groffeur,
avant qu'elles foient montées en graines,
pour s'en fervir comme il fera expliqué
ci-après ; on peut en avoir de fraîche
cueillie trois fois l'année, au Printems,
en Eté, en Automne. On en confit au
fucre la côte & la femence, cette confiture eft bonne pour la poitrine & pour
garantir du mauvais air. Sa racine mife
en poudre eft bonne pour les défaillan-
ces de cœur.

Angelique au liquide.

Faites blanchir des cardons d'angeli-que jufqu'à ce qu'ils fléchiffent fous les doigts, vous les retirez du feu & les laiffez dans la même eau pour qu'ils fe reverdiffent, enfuite vous les jettez dans l'eau fraîche ; quand ils feront égoutés, il faut les mettre dans une poële avec autant pefant de fucre clarifié pour leur faire prendre environ quatorze ou quin-ze bouillons ; après les avoir écumés, il faut les mettre dans une terrine jufqu'au lendemain que vous les retirez du fucre; remettez le fucre dans une poële pour le faire recuire jufqu'au petit perlé, re-mettez les cardons dans la terrine & le fucre par-deffus pour les y laiffer encore trois jours, que vous les mettez égou-ter, & remettez le fucre fur le feu pour le faire cuire jufqu'au grand perlé, re-mettez les cardons dans le fucre pour leur donner quatre bouillons ; quand ils feront à demi froids vous les mettrez dans les pots.

Angelique en Compote.

Coupez par morceaux des cardons d'angelique, ôtez-en la peau qui eft def-fus, & les faites cuire dans l'eau jufqu'à ce qu'ils fléchissent sous les doigts, vous les ôtez du feu, & les laissez dans la même eau pour qu'ils se reverdissent, ensuite vous les retirez à l'eau fraîche & les mettez égouter; faites clarifier trois quartérons de sucre pour une livre d'angelique, mettez la dans le sucre pour lui donner une douzaine de bouillons, ôtez-la du feu pour l'écumer, il faut la laisser quelques heures dans le sucre, ensuite vous lui donnerez encore quelques bouillons jusqu'à ce que votre sirop ait la consistance ordinaire d'une compote, & la dresserez dans le compotier.

Si vous voulez faire une compote d'angelique dans le tems hors de la saison, vous prenez de celle qui est confite au liquide, & la mettez dans une poële avec son sirop & un peu d'eau pour la faire decuire un bouillon, mettez l'angelique dans le compotier & redonnez encore quelques bouillons au sirop après l'avoir écumé, vous le verserez sur l'angelique.

Angelique au sec.

Mettez confire de l'angelique de la même façon que celle qui est au liquide; quand vous l'aurez finie, laissez la dans le sirop jusqu'au lendemain que vous la

mettrez égouter, & enfuite poudrez-la
par tout avec du fucre fin pour la mettre
fécher à l'étuve fur des feuilles de cuivre ; lórfqu'elle fera bien féche , il faut la
ferrer dans une boëte garnie de papier
blanc.

Effence d'Angelique.

Mettez dans un Mortier , pour piler
très-fin , une livre d'angelique , une demie once d'anis , un gros de girofle , un
demi gros de macis , deux gros de canelle , deux gros de coriandre ; pilez le
tout enfemble , & le mettez enfuite dans
deux pintes d'eau-de-vie pour le faire
infufer vingt-quatre heures , que vous
mettez après le tout enfemble dans l'a-
lambic pour le faire diftiller , comme il
eft dit à l'article de la diftillation ; il faut
conferver cette effence dans des bouteilles bien bouchées : elle vous fervira à
donner le goût d'angelique à ce que vous
jugerez à propos.

DES FIGUES.

OBSERVATION.

CE fruit qui, par sa grosseur & sa figure, ressemble assez à une poire, se cultive dans les climats chauds & dans les temperés, mais avec cette différence que dans les premiers il est d'un meilleur goût que dans les autres. C'est sans doute parce que l'activité des rayons du Soleil exalte ses principes, & lui communique le juste mélange de sels & de souffre qui décident de sa saveur. C'est aussi ce qui procure aux Habitans des pays chauds l'avantage de faire confire & sécher une grande quantité de figues, qu'ils font passer dans les lieux où elles sont moins bonnes, ou plus rares; mais quoique celles qui croissent dans les climats temperés soient inférieures à celles-là en bonté, elles ne laissent pas de passer pour un très-bon fruit qui se sert sur les meilleures tables. Elles se mangent ordinairement au commencement du repas, & tiennent leur place dans le rang des hors-d'œuvres. On en voit en Eté & en Automne. Les

premieres

premieres qui paroiffent à la fin de Juin,
& que l'on appelle *Figue-Fleurs*, font
fuccédée par d'autres jufqu'au mois d'Octobre. Celles d'Automne font plus déli-
cates & meilleures que les autres, parce qu'elles ont effuyé les chaleurs de
l'Eté qui en ont épuré le fuc. On en
compte de plufieurs efpeces, dont les
meilleures font les groffes blanches, de
deux fortes ; les unes longues, & les
autres rondes ; les premieres, furtout en
Automne, font préférées pour le goût,
elles font moins fujettes à créver du coté
de l'œil, & à perdre par là leur parfum
& leur douceur. Les rondes réfiftent
moins aux pluies chaudes de l'Eté qui
les gonfle, & fouvent les font créver.
En général il faut choifir les figues, bien
mûres, moiles, d'un goût fucré & fuc-
culentes ; celles qui ont la peau fine &
délicate font plus aifées à digérer, elles
adouciffent les âcretés de la poitrine, appaifent la foif, & font eftimées propres
à emporter la pierre des reins ; l'excès
de ce fruit caufe des crudités & des
vents, & peut être contraire à ceux qui
font fujets à la colique ; les figues feches
fe digérent plus facilement que les vertes,
elles font encore bonnes pour faire des
gargarifmes pour les maux de la bou-

K

che & de la gorge, & font fouvent employées en Médecine.

Figues confites au liquide.

Faites bouillir environ douze bouillons dans de l'eau, des figues à moitié mûres, que vous aurez picquées du côté de la queue avec la pointe d'un couteau, enfuite vous les retirez du feu, & les laiffez dans la même eau, vous aurez foin de les couvrir pour les faire reverdir : quand elles feront à demi-froides, il faut les mettre dans de l'eau fraîche, & les faire égouter. Faites cuire au perlé autant pefant de fucre que vous avez de figues, mettez les figues dans le fucre pour leur donner cinq bouillons couverts ; ôtez-les du feu pour les écumer, & enfuite verfez les doucement dans une terrine pour les mettre jufqu'au lendemain à l'étuve, après vous coulerez le fucre dans une poële pour le faire recuire environ douze bouillons, & le verferez tout chaud fur les figues, que vous remettrez encore à l'étuve, jufqu'au lendemain que vous ferez recuire le fucre au grand perlé, & y mettrez alors vos figues dedans pour leur faire prendre deux bouillons, & les mettrez enfuite dans les pots quand elles feront à demi-froides

Figues confites au sec.

Après avoir fait confire des figues de
la même façon que les précédentes,
laissez-les tout-à-fait réfroidir dans leur
sirop, & les mettez égouter la queue en
haut sur des feuilles de cuivre, poudrez-
les partout de sucre fin & les mettez sécher à l'étuve. Vous pouvez en tirer au
sec à mesure que vous en avez besoin,
en prenant de celles qui sont confites au
liquide : pour lors, si le sirop étoit trop
pris, vous faites chauffer de l'eau dans
un poëlon ou dans le vaisseau que vous
voudrez, mettez-y votre pot à confiture
pour le faire chauffer comme au bain-
marie, quand le sirop sera liquefié, vous
en tirerez les figues pour les mettre égouter sur des feuilles de cuivre, poudrez-les
de sucre & faites sécher à l'étuve.

Figues vertes au naturel.

Les figues crues, quand elles sont bien
mûres se servent pour hors-d'œuvre au
commencement du repas ; dressez sur des
assiettes, des feuilles de vigne dessous,
& entourez-les de petits morceaux de
glace très-claire.

K ij

DES MELONS.

OBSERVATION.

DEUX qualités concourent à former un bon melon, un goût vineux, & en même tems sucré, & comme elles se trouvent rarement réunies, de-là naît la difficulté de trouver des melons qui les possedent. On a à la vérité quelques indices pour les connoître, mais sur lesquels on ne doit pas beaucoup compter, & pour l'ordinaire le hazard a plus de part que la connoissance au choix heureux que l'on fait. Cependant à la faveur de ces marques on peut former des conjectures sur la bonté d'un melon, & se tromper moins fréquemment. Un melon est bon à cueillir quand la queue semble vouloir s'en détacher, qu'il jaunit en dessous, que le petit jet qui est au nœud se detache, qu'on lui trouve de l'odeur en le flairant, c'est ordinairement le point de maturité de ceux que l'on veut manger promptement, on le met ensuite dans un seau d'eau de puits, ou avec de la glace pour le faire rafraichir. Ceux que l'on ne veut manger que dans quelques jours

ou transporter au loin, doivent être cueillis aussi-tôt qu'ils commencent à se tourner,
ils achevent après de se mûrir, ils ont même un goût plus agréable, parce que s'é-
tant reposés plusieurs jours hors du soleil, le frais qu'ils ont pris en se mûrissant plus doucement, rend leur chair
d'un meilleur goût. On peut juger de
leur bonté quand il sont d'une écorce
bien brodée, & de couleur ni trop jaune,
ni trop verte, la queue courte & grosse,
de figure plus longue que ronde, & plus
gros dans le milieu qu'aux deux extré-
mités, d'une odeur de poix ou de gou-
dron ; il faut préférer ceux qui sont les
plus lourds, & qui paroissent plus pleins
en les faisant sonner en frapppant du doigt
dessus, de même ceux qui résistent sous
le pouce en l'appuyant un peu. Voila
toutes les marques auxquelles on peut
juger de la bonté d'un melon ; s'il ne répond point à l'espérance qu'on en avoit
conçue, il n'est point d'autre moyen que
de le prendre à la coupe, & d'en dé-
cider par le goût.

Sa chair est rafraichissante, donne de
l'apétit, appaise la soif, & excite l'urine.
On prétend qu'il est contraire aux personnes sujettes à la colique, & que l'excès cause souvent des fiévres & des dis-

fenteries ; que d'ailleurs, il n'en faut pas manger fans boire du vin , parce qu'il eft chargé d'humidités groffieres & vif- queufes qui le rendent de difficile digef- tion.

DES POIRES.

OBSERVATION.

NOUS n'avons point de fruits qui nous fourniffent une décoration plus va- riée pour les defferts que les poires, le nombre des efpeces différentes eft fi grand que l'on ne peut faire connoître leur qualité qu'en les diftinguant cha- cune dans fa Saifon , avec les ufages qu'on en peut faire ; l'Eté, l'Automne & l'Hyver nous en fourniffent abondam- ment pour diverfifier le fervice de toutes fortes de bonnes tables.

En général, les poires different beau- coup en groffeur, en figure, en couleur, en odeur & en goût. Il faut les choifir bien mûres, bien nourries, & d'un goût doux & agréable. La Normandie eft le Pays où il en croît le plus ; mais elles y font ordinairement d'un goût fi âpre & ftiptique , que leur ufage n'eft bon qu'à faire de l'excellent cidre de poirée, principalement celui d'Isigny qui est le plus estimé. La qualité des poires crues est d'exciter l'appétit & fortifier l'estomac, mais elles contiennent un suc épais, chargé de parties terrestres, qui les rend contraires à ceux qui sont sujets à la colique, il n'en faut manger qu'après les autres alimens, parce qu'autrement elles pourroient s'arrêter trop long-tems aux premieres voyes & empêcher les alimens de passer. Toutes celles qui sont cuites, ou préparées avec le sucre, sont plus saines, & plus aisées à digérer. On prétend que leurs pepins sont propres pour tuer les vers.

Des Poires d'Eté.

LA fin de Juin, ou le commencement de Juillet, est ordinairement le tems où les poires commencent à paroître; la premiere que nous ayons est le *Petit Muscat*; c'est une petite poire, quand elle est bien mûre, qui est d'un goût excellent, dont l'odeur est musquée, & son eau très-relevée; elle est ordinairement bien mure, quand elle est d'un petit jaune transparent, qui se découvre sur un roux gris.

Le *Citron des Carmes*, qui est aussi une

très bonne poire, vient immédiatement après.

La *Poire à la Reine*, autrement le *Muscat Robert* ou *Poire d'Ambre*, eſt de la groſſeur du petit Muſcat, mais plus jaune, d'un goût plus relevé, & fort tendre.

Le *Beau Préſent*, paroît auſſi au mois de Juillet.

La *Royale d'Eté* ou la *Robine*, eſt une petite poire caſſante, qui vient par petits bouquets; elle a l'eau ſucrée & un goût de muſc, qui plaît beaucoup, ſa maturité ordinaire eſt au mois d'Août.

L'*Orange muſquée*, ainſi nommée, parce qu'elle a la figure d'une orange, eſt groſſe, colorée, a la peau tachetée de placards noirs, ſa maturité eſt vers la mi-Août; elle eſt ſujette à cotonner, quand elle n'eſt pas cueillie à propos. Celles qui viennent dans les terres légeres, ſont meilleures que celles des terres froides & humides.

La *Cuiſſe-Madame*, eſt une poire rouge & jaune, longuette, qui a l'eau fort ſucrée, & un peu muſquée, principalement quand elle eſt bien mûre; ce qui ſe connoît à ſon coloris jaune, principalement du côté de la queue. Sa maturité eſt au mois de Juillet.

Le *Petit-Blanquet* ou *Blanquette*, eſt une poire plus longue que ronde, qui a la chair caſſante & tendre, la peau fort liſſée & blanche, & quelquefois un peu colorée du côté du Soleil; ſon eau eſt très-ſucrée; quand elle eſt trop mûre, elle eſt ſujette à être cotonneuſe, ce qui arrive à tous les fruits d'Eté, ſi l'on n'a pas ſoin de les cueillir, quand on leur trouve une facilité à les détacher de l'arbre, ſans attendre leur chûte naturelle.

Nous avons encore le *Gros-Blanquet*, & le *Petit-Blanquet muſqué*, qui ſont à peu de choſe près ſemblables au premier; leur maturité ordinaire eſt au mois de Juillet.

L'*Amiré muſqué*, l'*Amiré de Tours*, l'*Amiré Joannet*, ſont dans leur maturité à la mi-Août; elles ont un goût ſucré & muſqué.

La *Poire ſans peau*, reſſemble au Rouſſelet, ce qui fait que quelques-uns l'appellent *Rouſſelet-Prime*, & d'autres *Fleur de Figue*, ſa maturité eſt vers la fin de Juillet, ſon eau eſt ſucrée, ſa figure longuette, & d'un coloris rouſlâtre.

La *Belliſſime* ou *Suprême*, eſt une poire groſſe comme la Blanquette, d'un goût aſſez relevé, & d'un jaune fouetté de rouge, elle eſt ſujette à cotonner, ſi on la laiſſe mûrir ſur l'arbre.

Le *Bon Chrétien d'Eté muſqué*, eſt une

K v

poire jaune, marquetée de rouge, lorsque le Soleil a frappé dessus, longue, & d'une grosseur raisonnable; elle est d'un parfum agréable, cassante, & d'une eau sucrée; sa maturité est au mois de Septembre.

Le *Bon Chrétien d'Eté*, autrement *Graciol*, est une grosse poire qui a l'eau sucrée; elle est longue, jaune & lissée, elle se mange au mois d'Août.

Le *Rousselet de Reims*, qui est aussi du mois d'Août, est une poire médiocrement grosse, & très-estimée pour son goût de musc, & son eau sucrée.

La *Fondante de Brest*, autrement l'*Inconnu Chanceau*; cette poire est aussi du mois d'Août; elle a l'eau sucrée & relevée, de figure plus longue que ronde, & fouettée de rouge & de jaune.

L'*Orange rouge*, est une poire du commencement d'Août; elle est d'un rouge de corail, sa chair est cassante & fort sucrée; il faut la cueillir un peu verte, plus mûre elle est sujette à cotonner.

La *Bergamotte d'Eté*, que l'on nomme encore le *Milan d'Eté*, est une poire qui mûrit à la mi-Août, elle est très-estimée, d'une eau sucrée, & a assez de rapport à la Bergamotte d'Automne;

Le *Muscat Robert*, est à peu près de

la groſſeur du Rouſſelet ; ſa chair eſt jaune, tendre & ſucrée.

La *Poire Bourdon*, reſſemble beaucoup à la précédente ; il faut la manger un peu verte, parce que quand elle eſt trop mûre, elle noircit en dedans, ſa maturité eſt ſur la fin de Juillet.

La *Poire d'Epargne*, eſt plus eſtimée pour la beauté de ſa couleur rouge, que pour ſon goût ; elle eſt aſſez groſſe & fort longue.

La *Caſſolette*, qui porte encore différens noms en diverſes Provinces, eſt une poire de couleur griſâtre, un peu longue, très-eſtimée pour la bonté de ſon goût, ſa chair eſt tendre & caſſante, ſon eau ſucrée & parfumée.

Le *Rouſſelet*, il y en a de deux ſortes, le gros & le petit. Ce dernier eſt le plus eſtimé ; ſa maturité eſt ſur la fin d'Août, ſa couleur eſt d'un rouge obſcur d'un côté, rouſſâtre de l'autre, & quelques endroits verdâtres. C'eſt une poire qui a l'eau ſucrée & parfumée, la chair tendre & fine ; pour la manger crue, c'eſt un point eſſentiel de la prendre dans ſa bonne maturité ; trop mûre, elle mollit promptement ; celles qui ne le ſont pas aſſez n'ont point de goût :

il faut les cueillir, un peu vertes, deux
ou trois jours après elles feront dans
leur bonté. On fait du Rousselet tel
usage que l'on veut, il conserve partout
la bonté de son goût.

Le *Salveati*, approche du goût de la
Royale, sa chair tendre, fine, & son
eau sucrée, la font estimer; c'est une poire
assez grosse & ronde, d'un coloris jaune,
blanc & roux, quelques unes ont des placards rouges, ces dernieres ont la peau
plus rude que les premieres.

Il y a encore beaucoup d'autres fortes de poires d'Eté, comme le parfum
d'Eté, le Caillot Rosa, la Poire de Monsieur, la Franchipane, le Jasmin, la
Poire Rose, les Poires de Valées, & beaucoup d'autres, dont la description seroit
ennuyeuse & peu intéressante.

Compote de Poires d'Eté.

Prenez les poires que vous jugerez à
propos, les grosses se coupent par la moitié, & les petites se servent entieres :
après les avoir fait blanchir dans de l'eau
bouillante jusqu'a ce qu'elles fléchissent
un peu sous les doigts, vous les mettez
dans de l'eau fraîche, vous en ôtez pro-

prement la peau, & les remettez à mefure dans d'autre eau, enfuite vous les
mettez dans du fucre clarifié fur un petit
feu pour les faire frémir jufqu'à ce qu'elles
ayent jetté leur eau, après vous les pouffez
à plus grand feu jufqu'à ce qu'elles foient
cuites, ayez foin de les bien écumer,
vous les drefferez dans le compotier ;
fi le firop eft trop clair, il faut le faire
bouillir quelques bouillons pour le faire
réduire, paffez-le au tamis fur les
poires.

Compote de Poires de Bon-Chrétien.

Coupez par la moitié des poires de
Bon-Chrétien, faites-les blanchir à l'eau
bouillante, jufqu'à ce qu'elles fléchiffent
fous les doigts; que vous les mettez dans
l'eau fraîche pour les peler proprement,
& les mettez à mefure dans une eau
claire, fi vous n'en faites que pour une
compote, il fuffit d'un quarteron de fucre,
que vous faites clarifier, mettez-y les
poires avec un jus de citron pour les
rendre blanches, faites les bouillir jufqu'à
ce qu'elles foient cuites, & les dreffez
enfuite dans le compotier avec le firop
pardeffus.

Compote de Poires d'Automne.

Prenez du Beurré, qui ne foit pas trop mûr ; il faut les faire blanchir, & les retirer dans de l'eau fraîche, vous ferez une eau de citron pour les mettre dedans ; quand on n'a pas de citron l'on prend du verjus ; il faut les parer proprement, (c'eft la beauté d'une compote,) & les mettre dans du fucre clarifié pour leur donner trois ou quatre bouillons couverts, vous les écumez bien, & les mettez dans une terrine que vous couvrez de papier blanc, jufqu'à ce que vous les dreffiez dans le compotier. La poire de Doyenné fe fait de même, à cette différence qu'elle ne doit pas être fi mûre.

Compote de Poires d'Hiver.

Prenez des poires de Bon-Chrétien d'Hiver, ou de la Virgouleufe, elles fe font toutes les deux de même, il faut les faire blanchir jufqu'à ce qu'elles commencent à fléchir fous les doigts, que vous les retirez à l'eau fraîche pour les parer & les mettre à mefure dans une eau de citron ; vous les ferez cuire dans un fucre clarifié comme les précédentes,

Compote de Poires grillées d'Hiver.

Ayez des poires, de celles que vous jugerez à propos, comme d'Armenie, de Franc-Réal, de Fusée, de Livres, & autres Poires à cuire, elles ne font toutes bonnes qu'à griller, dans un fourneau bien allumé; vous les jettez dedans pour les griller le plus également que vous pourrez; pour qu'elles foient bien grillées, il faut que la peau fe leve aifément en les frottant dans de l'eau, enfuite vous les fendez en deux pour en ôter le cœur, & vous les remettez dans de l'eau pour les bien laver encore : à ces fortes de poires il ne faut que du fucre de bon tirage ou de bon firop; quand on n'en a pas, l'on y met du fucre à l'ordinaire avec un peu de canelle, il faut qu'elles bouillent à grande eau, & les couvrir pendant qu'elles cuifent.

Compote de Poires de Martin-fec.

Coupez la queue à moitié, & la rattiffez, à des poires de Martin-fec, ôtez-en la tête, & les lavez bien; il faut les mettre dans de l'eau & du fucre avec un peu de canelle, fi vous l'aimez; mettez-les fur le feu & les couvrez, elles en cuiront mieux; vous aurez foin d'y regarder

de tems en tems ; quand elles fléchiront
beaucoup fous les doigts, vous les retirerez pour les mettre dans une terrine jufqu'à ce que vous les ferviez.

Vieille Compote grillée au Caramel.

Quand on a des compotes blanches
qui font vieilles faites , il faut les faire
griller dans leur firop , c'eft-à-dire , les
réduire au caramel , vous les mettez dans
une poële avec leur firop pour les faire
bouillir ; quand le firop eft affez réduit ,
& qu'il commence à prendre couleur ,
vous tournez doucement la poële fur le feu
pour leur donner également une couleur
de Caramel grillé , vous aurez foin de
les tenir le plus blondes que vous pourrez, c'eft à-dire , que le caramel ne foit
pas trop brûlé, enfuite vous les ôtez du
feu & les retirez une à une en les retournant avec une fourchette dans le caramel , pour les mettre fur une affiette ,
quand vous voyez que votre caramel fe
réfroidit , il faut le remettre fur le feu
jufqu'à ce que vous ayez ôté les poires
de la poële, enfuite vous mettez l'affiette
fur le feu pour faire détacher les poires
qui font colées fur l'affiette , vous prendrez les poires avec une fourchette pour
les dreffer dans le compotier , comme

l'on dreſſe une compote à l'ordinaire.
Les vieilles compotes de pommes blanches ſe font de la même façon, excepté
qu'il faut prendre une aſſiette qui entre
dans la poële ; en ôtant les pommes de
deſſus le feu, vous les retournez ſur l'aſſiette, comme ſi vous retourniez une aumelette, enſuite vous mettrez un peu
d'eau ſur l'aſſiette pour la mettre ſur le
feu, & faire détacher la compote que vous
gliſſerez dans le compotier ; s'il eſt d'argent il faut le mettre ſur de la cendre
chaude juſqu'à ce que vous ſerviez ; &
s'il eſt de porcelaine, vous aurez ſoin
de le tenir à l'étuve.

Compote à la Provençale.

Mettez griller ſur un bon fourneau
des poires à cuire, & les jettez à meſure
dans de l'eau pour leur ôter la peau ;
après les avoir bien lavées, & fait égouter, coupez les en deux, ôtez en le cœur,
mettez les dans une poële avec de l'eau,
du ſucre & deux zeſts de citron, couvrez la poële pour les faire cuire à petit
feu juſqu'à ce qu'elles fléchiſſent ſous les
doigts ; quand elles ſeront cuites, & le
ſirop aſſez réduit, ôtez les zeſts de citron, ſervez chaudement dans un compotier.

Compote à la Cardinale.

Prenez quatre groffes poires à cuire, coupez-les par quartiers, & les pelez proprement, ôtez en les cœurs, mettez les poires dans un pot de terre bien propre & bien couvert, avec un quarteron de fucre, un verre d'eau, deux cloux de girofle, un petit morceau de canelle; faites cuire votre compote à petit feu feulement entouré de cendre chaude pour qu'elle bouille très-doucement; à moitié de la cuiffon, vous y mettez un verre de bon vin rouge, rachevez de les faire cuire jufqu'à ce qu'elles fléchiffent beaucoup fous les doigts, vous les drefferez dans le compotier, & le firop pardeffus pour les fervir chaudement, il faut peu de firop à cette compote; s'il y en avoit trop, il faut le faire réduire fur le feu pour qu'il n'en refte feulement que pour arrofer les poires. Si vous voulez faire des compotes de poires entieres avec leur peau, vous en prendrez de moyenne groffeur que vous ferez cuire de la même façon.

Marmelade de Poires.

Faites blanchir des Poires de Rouffelet dans de l'eau jufqu'à ce qu'elles fléchiffent fous les doigts, que vous les retirez à l'eau fraîche pour leur ôter la peau, prenez-en la chair que vous mettez fur un tamis pour la paffer au travers en la preffant fort avec une efpatule, quand elle fera toute paffée, mettez la dans une poële pour la faire deffecher fur le feu, faites cuire à la grande plume autant pefant de fucre que vous avez de poires deffechées, mettez votre marmelade dans le fucre pour les bien mêler enfemble, enfuite vous la remettrez fur le feu feulement pour la faire frémir en la remuant toujours avec l'efpatule ; ôtez la du feu ; lorfqu'elle fera à demi froide, vous la mettrez dans les pots, & jetterez un peu de fucre fin par-deffus, il ne faut les couvrir que quand la marmelade fera tout-à-fait froide.

Poires de Rouffelet de Reims fechées.

Prenez un cent plus ou moins de bonnes Poires de Rouffelet prefque mûres, coupez un peu le bout de la queue, & ratiffez légerement ce qui en refte, pelez les poires de la queue en bas, & les jettez à mefure dans de l'eau fraîche, vous faites bouillir de l'eau, & y mettez les poires pour leur donner deux ou trois bouillons jufqu'à ce qu'elles ftéchiffent fous les doigts , que vous les retirez dans de l'eau fraîche , & faites égouter , mettez quatre pintes d'eau dans un vaiffeau , avec deux livres de fucre , le fucre étant fondu , mettez-y toutes vos poires pour les y laiffer une heure , vous les retirez pour les ranger la queue en haut fur des clayons, pour les mettre paffer la nuit dans un four doux, d'une chaleur comme quand on vient de tirer le pain , le lendemain vous retirez les poires pour les remettre une demie heure dans cette eau fucrée, après vous les retirez pour les remettre fur des clayons , & fécher au four comme le jour précédent , vous continuerez de cette façon encore deux jours , ce qui fera en tout quatre jours ; à la quatriéme fois , vous ne les retirez point du four qu'elles ne foient tout à fait feches ; enfuite vous les mettrez dans des boëtes pour les conferver dans un endroit fec.

Poires de Doyenné féchées.

La poire de Doyenné qui eft d'Automne , comme elle ne fe conferve pas longtems , & qu'elle eft auffi très-bonne quand elle eft fechée , l'on en prépare pour les conferver , il faut leur couper le bout de la queue , & les peler de la queue en bas, pour les mettre à mesure dans de l'eau, si elles sont tout-à-fait dans leur maturité, vous ne les ferez point blanchir; si non, vous leur donnerez deux ou trois bouillons jusqu'à ce qu'elles commencent à fléchir sous les doigts, que vous les remettrez dans l'eau fraîche, & ensuite égouter; sur deux pintes d'eau, vous y mettrez une livre de sucre; lorsqu'il sera fondu, vous y mettrez les poires, & observerez la même façon pour les faire sécher que pour les poires précédentes.

Compote de poires sechées.

Vous prenez les poires que vous jugez à propos, de Rousselet ou de Doyenné, de celles qui sont sechées; mettez les dans une eau claire & tiéde, laissez-les dans cette eau jusqu'à ce qu'elles soient bien revenues; ensuite vous mettez un peu de sucre dans la même eau, que vous mettez sur le feu avec les poires, pour leur donner deux ou trois bouillons; quand elles sont cuites & revenues dans leur naturel, vous les dressez dans le compotier, redonnez encore quelques bouillons à votre sirop jusqu'à ce qu'il ait la consistance qu'il faut, passez-le au tamis sur les poires,

Pâte de Poires.

Ayez des poires de l'espece que vous voudrez, pourvu qu'elles soient bonnes; faites-les blanchir jusqu'à ce qu'elles fléchissent sous les doigts, retirez-les à l'eau fraîche pour les peler, & n'en prendre que la chair, que vous passez dans un tamis en les pressant avec une espatule pour faire passer le tout ; mettez cette marmelade dans une poële pour la faire dessecher ; faites cuire autant de sucre à la grande plume, mettez-y la marmelade pour les délayer jusqu'à ce qu'ils soient bien incorporés ensemble; remettez sur le feu seulement pour faire frémir, & versez ensuite dans les moules à pâte, que vous ferez sécher à l'étuve.

Pâte grillée.

Prenez de grosses poires, suivant la quantité que vous voulez faire de pâte; mettez-les sur un fourneau bien allumé, vous aurez soin de les retourner à mesure pour les faire griller également, ôtez-les du feu & les essuyez avec un torchon blanc pour faire tomber tout ce qu'il peut y avoir de brûlé, prenez toute la chair qui est grillée, & ce qu'il y a de plus cuit, que vous mettez sur un tamis pour le paſſer au travers en le preſſant avec une eſpatule ; mettez cette marmelade dans une poële pour achever de la faire deſſecher ſur le feu, en la remuant toujours juſqu'à ce que vous voyez qu'elle quitte la poële, que vous la retirez ; faites cuire autant peſant de ſucre à la grande plume que vous avez de marmelade, mettez-la dans le ſucre; vous finirez votre pâte de la même façon que la précédente.

Poires confites au liquide.

Les poires que l'on prend pour confire au liquide doivent être d'une eſpece point trop fondante, ni trop dure à cuire, celles qui ſont les meilleures & ſe ſoutiennent le mieux, ſont le Rouſſelet & le Blanquet, il faut préférer le premier pour la bonté de ſon goût, & le dernier qui eſt le plus hâtif eſt préferé pour ſa blancheur; celles que vous prendrez; il faut les piquer par la tête juſqu'au cœur, & les mettre enſuite dans de l'eau bouillante pour les faire blanchir juſqu'à ce qu'elles commencent un peu à fléchir ſous les doigts, que vous les retirez dans l'eau fraîche pour les peler proprement, & les remettre à meſure dans d'autre eau; prenez autant peſant de ſucre que vous avez de poires, faites le clarifier, & y mettez votre fruit pour le faire cuire environ une trentaine de bouillons ; ôtez-les du feu pour les mettre dans une terrine, pour les y laiffer vingt-quatre heures, enfuite vous les mettez égouter fur un tamis pour faire cuire le fucré au liffé ; remettez les poires dans le fucre pour leur faire prendre trois ou quatre bouillons, & laiffez-les encore dans le fucre jufqu'au lendemain que vous les remettrez égouter, & ferez recuire le fucre jufqu'au petit perlé, après avoir remis les poires dans le fucre pour leur donner deux bouillons, vous réiterez la même chofe jufqu'au lendemain que vous les rachevez, il faut les retirer de leur firop pour le faire cuire au grand perlé, remettez-y les poires pour achever de les faire cuire, en leur donnant au moins huit bouillons, jufqu'à ce que le fucre foit au grand perlé ; quand elles feront finies & à moitié froides, mettez-les dans les pots. Toutes ces poires fe mettent au tirage, & on en fait des compotes pour l'Hyver en leur faifant un petit firop.

Poires confites au fec.

Préparez des poires de celles que vous jugerez à propos, pour les confire de la même

même façon que les précédentes ; quand elles feront finies, vous les laifferez dans leur firop jufqu'au lendemain que vous les retirez fur des feuilles, pour les faire égouter ; poudrez-les par tout avec du fucre fin paffé au tambour, que vous mettez avec un fucrier ; faites-les fécher à l'étuve ; lorfque le deffus fera fec, mettez-les fur un tamis du côté qu'elles feront fechées, pour les repoudrer de la même façon de l'autre côté, & racheverez de les faire fécher ; quand elles feront froides, vous les ferrerez dans des boëtes garnies de papier blanc, avec des morceaux entre les poires pour les conferver. Il faut les tenir dans un endroit fec. Vous mettez des poires au fec de la même façon de celles que vous confervez liquides dans des pots.

Gelée de Poires.

Prenez la quantité de poires que vous jugerez à propos, fuivant ce que vous voulez faire de gelée, n'importe de quelles efpeces, pourvu qu'elles foient bonnes, après les avoir pelées, vous les coupez par morceaux & les mettez dans une poële avec un peu d'eau pour les faire bouillir jufqu'à ce qu'elles viennent en marmelade, mettez-les fur un tamis

L

fin pour faire paſſer au travers le plus de
jus que vous pourrez ; ſur une chopine
de ce jus, faites cuire une livre de ſucre
au caſſé, mettez-y le jus des poires pour
lui faire faire quelques bouillons avec
le ſucre ; vous connoîtrez que votre gelée eſt faite, lorſqu'en la levant avec
l'écumoire, elle tombe en nappe, ôtez-
la du feu pour la mettre dans les pots,
vous ne les couvrirez que quand ils ſeront tout-à-fait froids : ordinairement les
gelées de poires ſont fort peu d'uſage.

Gelée rouge de Poires.

Pelez des poires que vous coupez par
morceaux, & les mettez dans une poële
avec un verre d'eau de cochenille préparée & un verre de vin rouge, faites-
les cuire à petit feu juſqu'à ce qu'elles
ſoient en marmelade, mettez-les ſur un
tamis pour en égouter le plus de jus que
vous pourrez, ſur une chopine de ce jus,
faites cuire une livre de ſucre au caſſé,
& racheverez votre gelée de la même
façon que la précédente.

Poires à l'Eau-de-vie.

Faites blanchir à l'eau bouillante des
poires de Rouſſelet preſques mûres, après
les avoir piquées dans deux ou trois en-

droits ; vous connoîtrez qu'elles font
affez blanchies , quand elles fléchiront
un peu fous les doigts , vous les mettrez dans l'eau fraîche pour les peler proprement , ayez d'autre eau fraîche dans
une terrine, où vous preffez le jus d'un
citron entier , pour conferver la blancheur des poires , que vous mettez à
mefure que vous les pelez dans cette eau
de citron , faites clarifier la moitié péfant de fucre que vous avez de poires ,
mettez-les dans le fucre pour leur donner
neuf ou dix bouillons couverts , ayez
foin de les écumer à mefure & avant que
de les mettre dans la terrine avec leur fucre pour les y laiffer vingt-quatre heures ,
remettez-les enfuite fur un bon feu pour
leur donner fix ou fept bouillons , & les
remettez encore dans une terrine pour
les y laiffer jufqu'au lendemain que vous
les racheverez, alors il faut les retirer
doucement du fucre avec une écumoire
pour les mettre fur un plat , mettez le
fucre fur le feu pour le faire bouillir
fept ou huit bouillons, remettez y doucement les poires pour les faire bouillir
trois ou quatre bouillons , ôtez-les du
feu, rachevez de les écumer en levant
le peu d'écume qu'il peut y avoir avec
des morceaux de papier blanc ; quand

elles feront froides, vous les ôterez du fucre pour les mettre une à une dans des grandes bouteilles de verre, mettez dans la poële autant d'eau-de-vie que vous avez de firop, faites-les chauffer pour les bien mêler enfemble, quand ils feront froids mettez les dans des bouteilles : il faut que les poires baignent dans le firop & l'eau-de-vie.

Clarequets de Poires.

Prenez des poires mûres de celles que vous jugerez à propos, pourvu qu'elles foient bonnes, il faut les peler & les couper par morceaux pour les mettre dans une poële avec deux ou trois zefts de citron, & deux verres d'eau, faites-les bouillir fur le feu jufqu'à ce qu'elles foient en marmelade, que vous les mettrez fur un tamis pour en tirer le plus de jus que vous pourrez, fur une chopine de ce jus, faites cuire une livre de fucre au caffé, mettez y le jus des poires pour le faire bouillir jufqu'à ce que votre gelée tombe en nape de l'écumoire, que vous la verferez dans les moules à clarequets, mettez-la à l'étuve avec un feu moderé jufqu'à ce qu'elle foit prife. Si vous voulez en faire de rouge il ne faut mettre qu'un verre d'eau pour faire la décoction des poires , & vous y ajouterez un verre de cochenille préparée.

Sirop de Poires.

Ayez des poires bien fondantes & de bon goût il faut les peler & couper par morceaux , mettez-les dans une poêle avec un peu d'eau , & les faites cuire jusqu'à ce qu'elles foient en marmelade, mettez-les fur un tamis pour les faire égouter, & en tirer le plus de jus que vous pourrez , fur une chopine de ce jus , faites cuire à la grande plume deux livres de sucre , mettez y le jus des poires pour lui donner quelques bouillons, vous connoîtrez qu'il est assez cuit, en prenant de ce sirop avec deux doigts, & les ouvrant de leur longueur il se forme un fil qui ne se rompt point, vous l'ôtez du feu pour le mettre dans des bouteilles , quand il sera presque froid , de cette façon vous le conserverez long-tems , si vous ne le voulez garder que quinze jours , il faut y mettre la moitié moins de sucre.

Poires de Rousselet glacées en fruit. *Voyez* aux Glaces , *page* 178.

Poires au Caramel.

Mettez égouter des poires confites à l'eau-de-vie, faites-les fécher à l'étuve, vous ferez cuire du fucre au caramel, & le tenez chaudement fur un très-petit feu feulement, pour empêcher qu'il ne prenne; trempez-y une à une les poires que vous avez fait fécher à l'étuve; il faut mettre à chaque poire un petit bâton, après les avoir retournées dans le fucre vous les mettez à mefure fur un clayon, & les faites tenir en mettant le petit bâton dans la maille du clayon afin que le caramel puiffe fécher en l'air, lorfqu'elles feront féches, vous ôterez les petits bâtons, & dreflerez les poires à votre volonté.

Poires tappées.

Il faut prendre de bonnes poires, de celles qui ont une eau fucrée, que l'on met fur des clayes pour les mettre fe-cher au four; quand elles font à demi-féches, on les applatit avec la main, & on les remet au four pour racheve de les fécher, on les conferve de cette fa-çon très-longtems, elles font propres à tranfporter au loin. Cette façon eft très-commune; la meilleure pour être fervie

fur les bonnes tables, eft de les confire
comme celles que l'on tire au fec; avant
que de les mettre fécher à l'étuve, vous
les tappez pour les rendre plates. *Voyez*
Poires confites au fec, *page 240.*

DES PESCHES.

OBSERVATION.

LES Pêches qui paffent pour un des
meilleurs fruits à manger crûs, & dont
on a le plaifir de jouir longtems,
par les différentes efpeces qui fe fuc-
cedent les unes aux autres depuis la fin
de Juin jufqu'au commencement de Novembre, fourniffent agréablement de
quoi diverfifier les tables : Je ferai un
article particulier du tems de leur maturité, & de la connoiffance que l'on doit
avoir de chaque efpece, parce qu'il y
en a de plus eftimées les unes que les
autres, & dont le goût & la beauté fla-
tent plus agréablement. Toute les efpeces différentes de pêches pourroient
fe réduire à deux; l'une, de celles qui
quittent le noyau; & l'autre, de celles
qui ne le quittent pas. Ces dernieres
font les Pavis; les premieres font plus

L iv

succulentes, d'un meilleur goût & plus aisées à digerer. Plusieurs des Anciens ont prétendu que la pêche étoit mal-saine ; cependant les Modernes n'en font point le même jugement, & ils soutiennent, fondés sur l'expérience, que la pêche ne peut être mal-saine que quand elle n'est pas bien mûre, ou que l'on en mange avec excès, pour lors elle cause des vents & des indigestions : cet inconvénient arrive assez généralement à tous les fruits qui sont agréables au goût, & même à ceux qui sont les plus sains ; d'où l'on peut inferer que la quantité est plus nuisible que la qualité. Les pêches que l'on mange avec du sucre sont plus aisées à digerer, parce qu'elles sont dégagées du phlegme visqueux qu'elles contiennent, de même que beaucoup d'autres fruits. En général il faut choisir les pêches bien mûres colorées, d'une chair moëlleuse, vineuse, succulente, & d'une bonne odeur : celles qui sont lisses doivent avoir la peau fine, luisante, jaunâtre, sans aucun endroit de verd ; celles qui ne sont pas lisses ne doivent être que très peu velues, c'est une qualité qu'ont ordinairement les bonnes, surtout lorsqu'elles viennent en plein air ; une marque

presque certaine qu'elles sont médiocrement bonnes, c'est lorsqu'elles sont couvertes d'un long duvet. Les feuilles &
les fleurs du pêcher sont purgatives, &
employées pour tuer les vers. On tire
une huile par expression de l'amande de
la pêche, qui est bonne pour le brouis-
sement d'oreilles.

Des différentes especes de Pêches.

L'avant-Pêche musquée, que quelques-
uns appellent avant-Pêche blanche, est la
premiere de toutes, elle est petite & a
l'eau sucrée; cependant elle est sujette à
être pâteuse, ce qui fait qu'elle est plus
recherchée pour sa nouveauté que pour
son bon goût; elle se sert crue & souvent
en compote.

La Pêche de Troyes, qui vient après,
est aussi une avant-pêche, elle est plus
grosse, plus ronde & plus colorée que
la précédente, son goût est plus relevé,
& un peu musqué, sa saison ordinaire est
le mois de Juillet.

La double de Troyes est d'un goût excellent & médiocrement grosse.

La Pêche Mignonne, c'est une grosse
pêche excellente, d'un goût sucré, plus
longue que ronde, qui a un côté plus

L v

élevé que l'autre, elle eſt mûre vers la mi-Août.

La Pêche pourprée, eſt d'un goût très-relevé & des plus eſtimée, elle eſt groſſe & d'un beau rouge, elle commence à la fin de Juillet & continue tout le mois d'Août.

L'Aberge jaune, ainſi nommée à cauſe que ſa chair eſt jaune, ſe mange ordinairement à la mi-Août, ſa groſſeur eſt médiocre.

La Pêche d'Italie, qui donne vers la mi-Août eſt très bonne.

La Belle-Chevreuſe, qui paroît auſſi dans le mois d'Août, eſt aſſez groſſe, plus longue que ronde, d'un beau rouge, elle a l'eau douce & ſucrée.

La Pêche Bourdin, dont la maturité eſt à la fin d'Août, a le goût vineux, elle eſt d'une groſſeur raiſonnable.

La Perſique ſe mange vers la mi-Septembre; c'eſt une pêche de fort bon goût, elle eſt groſſe, longue & couverte de petites boſſes.

La Bellegarde, qui donne auſſi à la mi-Septembre, eſt une pêche qui a peu de rouge, elle eſt groſſe, un peu plus longue que ronde, & d'une bonne eau ſucrée.

La Pêche-Nivette, qui ſe mange vers

le même tems, est grosse, d'un beau rouge, de figure presque ronde.

Le *Brugnon musqué*, ou *Brugnon violet*, qui se mange aussi vers la mi-Septembre, est une pêche très-estimée, principalement quand on la laisse mûrir sur l'arbre jusqu'à ce qu'elle s'en détache.

Le *Pavi admirable* est une grosse pêche qui est aussi de même saison.

La *Belle de Vitry*, qui se mange en Septembre, a l'eau fort sucrée, elle est grosse, plus longue que ronde, & très-rouge.

La *Chanceliere*, qui donne vers le même tems que la précédente, est une pêche très-estimée, d'une eau sucrée, la peau fine & chargée d'un très-beau rouge, plus longue que ronde.

La *Magdelaine blanche* est ronde, a l'eau sucrée & vineuse, sa maturité est au mois d'Août.

L'*Admirable*, très-estimée pour sa bonté, se mange au commencement de Septembre, elle est grosse, d'un beau coloris, & a l'eau fort sucrée.

La *Pêche d'Andilly*, se mange dans le mois de Septembre, elle est grosse, blanche en dehors & en dedans, de figure ronde & d'une eau fort sucrée.

Le *Pavi rouge* se mange au mois de

L vj

Septembre, il est très-estimé pour sa beauté,

La Magdelaine rouge est une grosse pêche, d'un beau coloris, plus longue que ronde, d'un goût sucré & vineux, sa maturité est aussi dans le mois de Septembre.

La Violette hâtive, il y en a de deux sortes, la grosse, & la moyenne ; la derniere est la plus estimée, & son goût est plus relevé, sa maturité est à la fin de Septembre.

Le Pavi rouge de Pomponne se mange à la fin de septembre, c'est une pêche qui a un goût de musc, elle est ronde, d'un rouge incarnat & d'une eau sucrée.

Le Pavi-Magdelaine, qui vient aussi en même-tems, est de même grosseur que la petite Magdeleine.

La Violette tardive, ou *Pêche panachée*, donne dans le mois d'Octobre, elle est excellente quand l'Automne n'est point pluvieux.

La Royale, dont la maturité est au mois d'Octobre, est très-estimée, quoique sa grosseur soit médiocre, elle est de figure ronde, d'un rouge éclatant, la peau fine & l'eau sucrée.

La Pêche de Pau, qui se mange aussi au mois d'Octobre ; il y en a de deux

fortes , la longue & la ronde ; la derniere est la plus estimée ; elles sont toutes les deux très-bonnes quand les années sont séches.

La *jaune tardive* est très-estimée , &
donne aussi au mois d'Octobre.

La *Druzelle* est fort estimée , elle est
plus longue que ronde , & prend un beau
rouge.

La *Pavie-Royale* est très-estimée , &
se mange aussi au mois d'Octobre.

Compote de Pêches.

Coupez par moitié des pêches point
trop mures, ôtez-en le noyau & les
faites blanchir deux bouillons dans l'eau
bouillante seulement pour les peler proprement, ensuite vous les mettez dans
du sucre clarifié faire quelques bouillons
jusqu'à ce qu'elles fléchissent sous les
doigts ; dressez-les dans le compotier
après les avoir écumées ; achevez de
cuire le sirop, & le passez au tamis sur
les pêches.

Compote grillée de Pêches entieres.

Faites blanchir sept ou huit pêches entieres , & point trop mûres , seulement
pour en ôter la peau ; retirez-les à
l'eau fraîche , & mettez égouter sur un

tamis ; faites cuire dans une poële du
fucre au caramel ; mettez-y les pêches
pour les faire griller doucement dans le
fucre jufqu'à ce qu'elles foient mollettes ;
que vous les dreffez dans le compotier ,
mettez un peu d'eau dans la poële , avec
un peu de fucre , faites bouillir jufqu'à
ce que vous ayez un firop leger , que
vous mettez dans le fond du compotier.

Autre compote grillée de Pêches entieres.

Mettez fur un fourneau bien allumé la
quantité de pêches que vous voulez employer , qu'elles ne foient pas trop
mûres , faites-les griller également par-
tout en les retournant à mefure , vous
les mettez enfuite dans de l'eau fraîche
pour ôter toute la peau qui eft grillée ,
quand elles feront égoutées , il faut les
mettre dans une poële fur le feu avec de
l'eau & du fucre pour les faire cuire , &
les fervirez avec le firop paffé au tamis.

Compote de Pêches à la Bourgeoife.

Pelez des pêches fans les faire blanchir , coupez-les par la moitié , ou les
laiffez entieres , mettez-les dans une
poële avec un peu d'eau & du fucre ,
faites cuire fur un petit feu , & couvrez

la poële avec une affiette ; quand elles
fléchiront fous les doigts, vous les drefferez dans le compotier , avec leur firop
deffus que vous paffez au tamis.

Compote de Pêches à la cloche.

Prenez un compotier d'argent , mettez du fucre fin dans le fond, arrangez
deffus la quantité de pêches qu'il en peut
tenir dans le compotier, il faut les laiffer entieres & les poudrer partout par-
deffus avec du fucre fin ; mettez le compotier fur un petit feu & un couvercle
de tourtiere deffus , avec du feu ; faites
cuire à petit feu jufqu'à ce que les pêches
fléchiffent fous les doigts , qu'elles foient
bien glacées & de belle couleur ; cette
compote fe fert chaude. Si vous voulez
en faire une fur une affiette d'argent , vous
la drefferez dans un compotier de porcelaine , & la mettrez à l'étuve jufqu'à ce
que vous ferviez,

Compote de Pêches crues.

Ayez de belles pêches bien mûres
que vous pelez & coupez par tranches ;
mettez-les dans un compotier , & les
arrangez proprement avec du fucre fin
deffus & deffous, ou un firop léger,

Compote de Pêches à l'eau-de-vie.

Prenez des pêches confites à l'eau de vie, que vous mettez égouter, coupez-les par tranches, & les dreſſez proprement dans un compotier, mettez dans une poële un morceau de ſucre avec de l'eau que vous faites réduire en ſirop léger, & le verſerez ſur les pêches.

Conſerve de Pêches.

Coupez par petits morceaux des pêches à demi-mûres, après les avoir pelées, mettez-les dans une poële ſur un petit feu pour les faire deſſecher, quand elles ſeront bien cuites en marmelade épaiſſe, ſur ſix onces de cette marmelade, vous ferez cuire une livre & demie de ſucre à la grande plume, ôtez le du feu, quand il ſera refroidi à moitié, vous y mettrez la marmelade, & la travaillerez avec l'eſpatule juſqu'à ce qu'elle ſoit bien incorporée dans le ſucre, & la dreſſerez enſuite dans les moules de papier, lorſqu'elle ſera priſe, vous la couperez par tablettes à votre uſage.

Glace de Pêches. *Voyez page* 167.

Pêches glacées en fruit. *Voyez page* 176.

Marmelade de Pêches.

Prenez de bonnes pêches point trop mûres, de celles que vous jugerez à propos, ôtez-en la peau & le noyau, il faut les couper le plus mince que vous pourrez, mettez-les dans une poële, vous prendrez le fucre que vous voulez employer pour les pêches ; trois quarterons pour une livre de pêches, ou livre pour livre, il faut le piler & le mettre à mefure fur les pêches, mettez vos pêches avec le fucre fur un feu bien clair, remuez toujours avec une écumoire de crainte qu'elles ne s'attachent au fond, vous aurez foin quand elles commenceront à fe lier, de les ôter du feu pour en écrafer tout ce qui n'eft pas fondu, avec une efpatule fur un écumoire, enfuite vous remettez votre marmelade fur le feu pour lui faire faire quelques bouillons ; pour connoître fon point de cuiffon, il faut tremper légerement votre doigt dedans, que vous appuyez contre le pouce, s'ils fe colent enfemble, la marmelade eft faite, l'on peut auffi faire cette marmelade dans un chaudron bien net fur un feu clair, la cuiffon eft fimple & belle.

Pêches pelées à l'eau-de-vie.

Choisissez de bonnes pêches presque mûres, de celles que vous voudrez, que vous faites blanchir jusqu'à ce que vous puissiez aisément ôter la peau, descendez les du feu pour les mettre dans l'eau fraîche, & les retirez une à une pour les peler proprement, & les mettre à mesure dans d'autre eau fraîche; & ensuite égouter, faites clarifier autant de demi-livres de sucre que vous avez pésant de livres de pêches, mettez les pêches dans le sucre clarifié pour leur faire prendre quatre bouillons couverts, ôtez-les du feu pour les écumer & les mettre doucement dans une terrine avec leur sirop pour les y laisser vingt-quatre heures, ensuite vous versez doucement le sirop dans une poële pour le faire recuire environ douze bouillons, & le versez tout chaud sur les pêches que vous laissez encore vingt-quatre heures dans leur sirop; ensuite vous les retirez une à une pour les mettre dans des bouteilles de verre à large goulot, faites chauffer le sirop pour y mettre autant d'eau-de-vie, que vous mêlez bien ensemble sans le beaucoup chauffer, lorsqu'il sera froid, vous le verserez sur les pêches; si le firop & l'eau-de-vie mêlés enfemble n'étoient point fuffifans pour couvrir les pêches, il faudroit augmenter moitié l'un & moitié l'autre.

Pêches avec leur peau à l'eau-de-vie.

Effuyez doucement avec une ferviette des pêches mûres pour en ôter le duvet, en prenant garde de les flétrir ; fur quatre livres de pêches, faites cuire au grand perlé une livre de fucre, mettez y votre fruit pour le faire bouillir quatre bouillons en le retournant à mefure qu'il bout, enfuite vous ôtez les pêches de leur firop, pour les mettre quand elles feront froides dans des bouteilles de verre à large goulot, mettez dans la poële deux fois autant d'eau-de vie que vous avez de firop que vous mêlez bien enfemble, pour le mettre dans les bouteilles fur les pêches, que vous bouchez d'un bouchon de liege, & d'un parchemin mouillé. Les pêches à l'eau-de-vie de cette façon fe confervent plus longtems que les précédentes.

Pêches au Caramel.

Mettez égouter des pêches confites à l'eau-de-vie pour les mettre fécher à l'étuve, faites cuire du fucre au caramel que vous tenez chaudement fur un petit feu fans qu'il bouille ; prenez les pêches une à une pour les retourner dans le fucre avec une fourchette, vous y mettez en les retirant un petit bâton pour les mettre égouter fur un clayon, il faut mettre le petit bâton dans la maille du clayon, afin que le caramel puiffe fécher en l'air. Vous pouvez mettre de la même façon des pêches confites au fec.

Pavis & Pêches confits au liquide & au fec.

Prenez des Pavis prefque mûrs que vous pelez proprement, coupez-les en deux pour ôter le noyau ; mettez de l'eau fur le feu dans une poële ; quand elle boillira, mettez-y les pavis pour les faire bouillir jufqu'à ce qu'ils montent deffus, que vous les retirez pour les mettre dans l'eau fraîche, & enfuite égouter ; faites clarifier autant de livres de fucre que vous avez pefant de pavis, que vous pefez après que les noyaux font ôtés ; mettez les pavis dans le fucre pour les faire bouillir & écumer ; vous les ôtez lorfqu'ils n'écument plus, & les mettez dans une terrine pour les y laiffer vingt-quatre heures, que vous coulerez doucement le firop dans une poële pour le faire cuire au grand liffé ; mettez-y les pavis pour leur donner un bouillon , & les remettez encore dans la terrine , pour les y laiffer vingt-quatre heures , que vous coulez le firop dans une poële pour le faire cuire au grand perlé ; remettez les pavis dans le fucre pour les faire cuire un bouillon ; après vous les ôtez du feu pour les mettre jufqu'au lendemain à l'étuve dans leur firop. Pour les mettre au fec , vous les mettez égouter fur des feuilles de cuivre ; poudrez-les de fucre fin en le jettant légerement avec un fu-crier ; faites-les fécher à l'étuve, & les confervez dans des boëtes garnies de papier blanc dans un endroit fec. Les pêches fe mettent confire au liquide & au fec de la même façon que les pavis ; ordinairement on les confit au liquide , comme je viens de l'expliquer ; on les met dans les pots, pour les tirer au fec lorfqu'on le juge à propos.

Pâte de Pêches,

Coupez par petits morceaux de bon-nes pêches bien mûres, après les avoir pêlées , mettez-les dans une poële pour les faire cuire & deffecher ; vous met-trez moitié pefant de fucre de ce que vous avez de pêches , que vous ferez cuire à la grande plume , mettez-y vos pêches pour les faire cuire avec le fucre près de douze bouillons en les remuant toujours avec l'efpatule de crainte qu'elles ne s'attachent, en les ôtant du feu vous les mettrez tout de fuite dans les moules à pâte pour les faire fécher à l'étuve.

Canelons glacés de pêches. *Voyez page 191.*

DES MEURES.

OBSERVATION.

LES Meures font ordinairement dans leur maturité au mois de Juillet jufqu'à la fin de Septembre ; nous en avons de deux fortes, les blanches & les noires ; il n'y a que ces dernieres qui foient d'ufage dans les alimens ; ce fruit eft d'un goût doux & agréable, & d'un fuc teignant en couleur de fang. Il faut les choifir groffes, bien noires & très-mûres. Elles fe cueillent ordinairement avant le lever du foleil ; elles excitent l'appetit, adouciffent les âcretés de la poirrine, appaifent les évacuations par haut & bas, ôtent la foif, & ne peuvent être contraires qu'à ceux qui font fujets à la colique, parce qu'elles font venteufes.

Celles qui ne font pas encore dans leur
maturité, font aftreingentes, & propres
pour être employées à des gargarifmes
pour les maux de gorge.

Meures confites au liquide.

Faites cuire deux livres de fucre au
grand perlé; mettez-y trois livres de
meures qui ne foient pas tout-à-fait dans
leur maturité, faites-leur prendre un
petit bouillon couvert en remuant doucement la poële par les deux anfes,
ôtez-les du feu pour les mettre dans une
terrine, & les laiffer vingt-quatre heures
dans leur firop, enfuite vous coulerez
le firop dans la poële pour le faire recuire jufqu'au grand perlé; remettez doucement les meures dans leur firop; quand
elles feront à demi froides, vous les mettez dans les pots.

Meures confites au fec.

Prenez des meures qui ne foient pas
tout-à-fait dans leur maturité, faites
cuire à la grande plume une demie-livre
de fucre pour une livre de meures, mettez-les dans le fucre pour leur faire prendre un petit bouillon couvert en remuant
doucement la poële par les anfes; ôtez-
les du feu, paffez par-deffus des petits

morceaux de papier blanc, pour ôter le peu d'écume qu'il peut y avoir, & les mettez dans une terrine à l'étuve pour les y laisser vingt-quatre heures, ôtez-les de l'étuve ; quand elles seront froides vous les mettrez égouter sur des feuilles de cuivre, poudrez tout le dessus de sucre fin passé au tambour, que vous jettez légerement avec un sucrier, faites sécher à l'étuve, le lendemain vous les retournerez de l'autre côté pour les pou-drer aussi de sucre, & racheverez de les faire sécher.

Sirop de Meures.

Pour faire une bouteille de pinte de si-rop de meures, prenez-en un petit panier qui puisse vous faire une chopine de jus, il faut mettre les meures dans une poële pour les faire fondre sur le feu, avec un demi-septier d'eau, & vous leur ferez faire sept ou huit bouillons couverts ; ensuite vous les jetterez sur un tamis pour les bien égouter dans une terrine ; vous aurez soin de les passer bien clair ; faites clarifier deux livres de sucre & réduire au cassé ; mettez-y le jus des meures, & le laissez sur le feu avec le sucre jus-qu'à ce qu'ils ayent pris corps ensemble, vous observerez qu'ils ne bouillent pas ;

ensuite

enfuite vous mettez votre firop dans une terrine pour le mettre à l'étuve & l'y laiffer pendant trois ou quatre jours; il faut entretenir le feu de l'étuve, comme pour faire un candi; vous verrez à votre firop de tems en tems avec une cuilliere; quand il fera au perlé, il fera fait.

Sirop de Lierre terreftre.

Prenez la quantité de Lierre terreftre qu'il vous faut pour en exprimer une chopine de jus, que vous pilez dans un mortier, & le paffez au travers d'un torchon blanc, ou d'une groffe ferviette; mettez dans une poële deux livres de fucre avec la chopine de jus pour les clarifier enfemble, & les pafferez comme à l'ordinaire pour en ôter la craffe, remettez-le fur le feu pour le faire réduire au perlé, comme les autres firops; lorfqu'il fera prefque froid vous le mettrez dans des bouteilles.

Ce firop eft excellent pour les rhumes négligés, & même pour guérir beaucoup de crachemens de fang; ceux à qui le lait n'eft point contraire peuvent le couper avec; la façon de le prendre, c'eft d'avoir du lierre terreftre féché, qu vous préparez comme du thé, en place d^e fucre l'on y met une cuillerée de c$\bullet$fie

M

rop. L'on trouve facilement du lierre terreſtre chez les Herboriſtes, & l'on en fait le ſirop dans l'Eté, parce qu'il a plus de qualité.

DE LA BUGLOSE.

Observation.

NOUS en avons de deux ſortes, la cultivée & la ſauvage ; celle qui naît dans les jardins eſt la meilleure, ſes feuilles ſont longues, hériſſées & rudes, ſes fleurs rouges, & la graine noire, ſa racine un peu plus groſſe que celle de la Bourache ; elle fleurit ſur la fin de Mai & en Juin. On ſe ſert de ſa fleur pour faire de la conſerve ; l'eau diſtillée de l'herbe purifie le ſang, chaſſe la mélancolie, & adoucit les ardeurs de la fievre : les feuilles, la racine & la graine pilées & cuites dans du vin, enſuite appliquées chaudes, guériſſent les douleurs des reins.

Conſerve de Bugloſe.

Faites cuire demie livre de ſucre à la grande plume, ôtez-le du feu un moment, enſuite vous y mettez deux gros

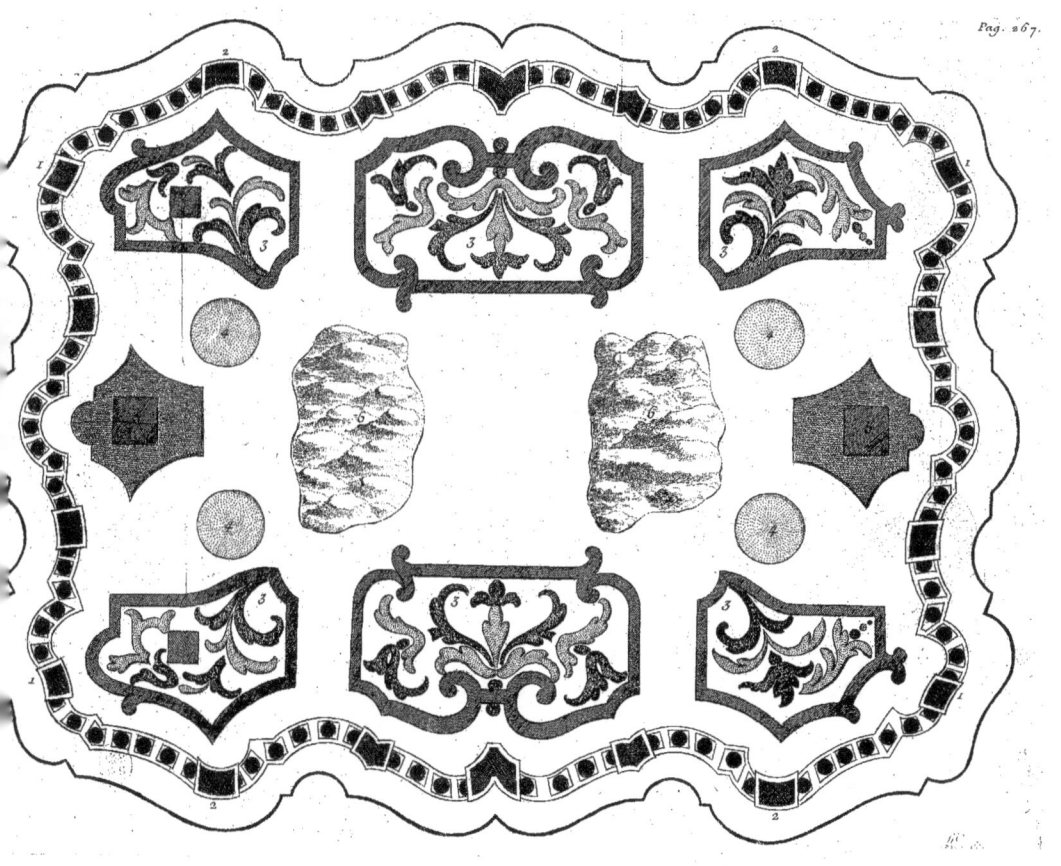

de fleurs de Buglofe épluchées, remuez quelques tours avec l'efpatule pour la mêler avec le fucre, verfez-la dans un moule de papier : quand elle fera froide, vous la couperez par tablettes à vôtre ufage.

Table de vingt Couverts.

Nº. 1. Répréfente une baluftrade qui regne tout autour du fruit, fait en paf-tillage.

Nº. 2. Bordure pour mettre le fec.

Nº. 3. Répréfente des parrerres.

Nº. 4. Place pour mettre des arbres.

Nº. 5. Place des pieds d'eftaux, & au-tour des gazons.

Nº. 6. Répréfente des buttes de terre pour affeoir des figures telles que l'on voudra.

Tous les vuides reftent en glaces, ou garnis de fable, fi l'on veut.

M ij

DE L'AUTOMNE.

L'AUTOMNE qui comprend les mois de Septembre, d'Octobre & de Novembre, nous donne la récolte des fruits à pepins de toutes especes, comme des poires de plusieurs especes, des pommes de plusieurs especes, le verjus, l'épine-vinette, les raisins de toutes especes, les figues de toutes especes, les olives de Verone, les grosses olives & pucholines d'Espagne & de Provence, les coings, les marrons de Lyon, du Vivarets & du Mans, les châtaignes de Limoges, les noix séches de Reims, les oranges, citrons & grenades.

En fruits secs & liquides qui nous viennent de différentes Provinces.

LES mirabelles & framboises blanches de Metz, la groseille blanche & sans pepins de Bar - le - Duc, le rousselet de Reims, les pâtes d'abricots, de reine-claude, de coings confits & d'épine-vinette de Dijon, le pain-d'épice de Reims, les dragées de Verdun : sur la fin de cette saison, & dans l'Hiver, nous avons les bons fromages de Gruyere, de Suisse, de Vachelin, d'Auvergne, de Roche, de Saffenage, de Roquefort, d'Hollande persillé, de Brie, de Coulomiers, de Meaux, &c.

En fleurs ; nous avons quelques fleurs d'oranges, des tricolors, des giroflées, des passe - velours, des anemones, des tubereuses, du thim, du jasmin, & plusieurs autres fleurs, les feuilles de laurier-rose & de vigne.

En salade, les mêmes que dans l'Eté ; sur la fin de l'Automne le céleri blanchi.

Dans cette saison nous avons encore des prunes qui servent à faire de nouvelles compotes, de la marmelade & des pâtes.   M iij

Les pêches font encore de faifon & fournissent aussi de quoi bien garnir une table, & à faire des compotes, outre les usages qui sont marqués à chacun dans leur article.

Les coings servent à faire de la gelée, des compotes, des pâtes, des sirops, des ratafiats.

L'épine-vinette fert pour faire de la gelée, de la conserve.

Le verjus se met en compote, on le fait confire au liquide, & fert à faire des pâtes & de la gelée.

Le raisin se fert crud, glacé & de différentes façons, comme il est marqué à son article.

Des Poires d'automne.

L'Angleterre, fa maturité est au mois de Septembre, c'est une poire longuette, plus blanche que jaune, fort beurrée & fondante ; il faut la cueillir un peu verte, parce qu'elle s'amollit aisément.

Le beurré rouge, qui mûrit aussi au mois de Septembre, est une poire très-estimée, non-seulement pour sa forme : qui est assez groffe, & la beauté de son coloris : mais encore pour la bonté de son goût, sa chair est fine, fondante

& délicate, d'une eau très-sucrée ; elle a encore cette propriété de n'être point sujette à être farineuse ni pâteuse, comme beaucoup d'autres poires tendres. Nous avons encore deux autres sortes de beurré, dont la maturité est à la fin de Septembre & en Octobre, que l'on appelle le *Beurré gris* & *Beurré verd*, parce que le premier est de couleur grisâtre, & l'autre verdâtre, leur bonté approche beaucoup du beurré rouge, & ils sont très-estimés.

Le *Messire-Jean*, nous en avons de deux sortes, le doré & le gris ; ce dernier se garde plus long-tems, & se mange à la Saint-Martin ; le doré est d'un jaune brun, un peu plus gros & plus rond que le gris ; l'un & l'autre ont le goût sucré, & seroient beaucoup plus estimés s'ils n'étoient pas sujets à être pierreux.

La *Bergamote-Crasane* est une grosse poire ronde, d'un gris verdâtre, qui jaunit en mûrissant, elle est bonne en Novembre ; sa chair fondante & son eau sucrée, avec une certaine petite âcreté qu'on sent lorsqu'on la mange, la font beaucoup estimer.

La *Bergamotte commune* est une grosse poire verte, qui jaunit en mûrissant

M iv

elle est lisse, platte & beurrée, elle se
garde jusqu'au mois de Décembre.

La Bergamotte Suisse, est une poire
semblable aux deux précédentes, avec
cette différence qu'elle est un peu rayée
de jaune & de verd, elle est aussi très-
estimée.

Le Sucré verd est une poire de gros-
feur raisonnable, plus longue que ronde, qui est dans sa maturité à la fin d'Octobre, elle est fort beurrée, d'une eau
sucrée, qui répond à son nom, & la fait
très-estimer.

Le Martin sec est une poire qui commence à la fin de Novembre, & se garde jusqu'au mois de Février, elle est
plus longue que ronde, & plaît beaucoup à la vue par sa belle couleur, qui
est d'un roux isabelle d'un côté, & fort
coloré de l'autre, son goût n'est pas
moins estimé, elle a une eau sucrée, &
un peu parfumée, sa chair est fine & cassante, quelques-uns lui donnent le nom
de Rousselet d'Hiver.

La Dauphine, autrement appellée *Franchipane*, sa maturité est au mois d'Octobre, c'est une poire fondante qui a
la peau lissée & jaune, une eau sucrée,
elle est d'une bonne grosseur & plus
ronde que longue,

Le Bezy-de la-Motte se mange au mois d'Octobre, c'est une poire qui a l'eau fort sucrée, & qui est très-estimée.

Le Doyenné, sa maturité est dans les mois de Septembre & Octobre, ces poires jaunissent à mesure qu'elles viennent en maturité, ce qu'il ne faut point attendre: elles doivent être cueillies un peu vertes, parce que si l'on attend leur maturité, elles sont faciles à mollir, ou bien deviennent pâteuses; quand elles sont mangées à propos, elles sont excellentes, d'un coloris verdâtre, la peau unie, la chair fondante & l'eau sucrée. Quelques-uns les appellent encore *Beurré blanc d'Automne* ou *Poires de Neige*, & d'autres *poires Saint-Michel*.

Le petit Oing se mange en Novembre & en Décembre, c'est une petite poire qui jaunit un peu, sa chair est fine, fondante, & d'une eau sucrée.

La Verte - longue se mange au mois d'Octobre, c'est une poire de figure longue & verte, d'où elle a pris son nom; quelques-uns l'appellent encore *Mouille-bouche d'Automne*, son eau sucrée & sa chair fine la font estimer.

La Bellissime d'Automne se mange au mois de Septembre. Pour l'avoir bonne il faut qu'elle se detache de l'arbre, elle

M v

reſſemble à la Cuiſſe-Madame, excepté qu'elle eſt plus groſſe; c'eſt une poire qui décore bien un deſſert par ſon rouge de vermillon qui la rend très-belle; elle eſt auſſi très-eſtimée par la bonté de ſa chair qui eſt caſſante & d'une eau fort ſucrée.

La Verte-longue Suiſſe ou *Verte-longue panachée*, reſſemble au Martin-ſec, ſon coloris eſt d'un jaune iſabelle très-clair, ſon eau très-ſucrée, & d'un agréable parfum.

La demoiſelle ou *Poire de Vigne*, ſe mange vers la mi-Octobre, ſa queue eſt extraordinairement longue; elle eſt ronde, de moyenne groſſeur, d'un gris roux & d'une chair beurrée, il faut la manger un peu verte, autrement elle eſt ſujette à être pâteuſe.

La Pucelle, c'eſt une poire d'une bonne eau & fondante, cependant ſujette à être pâteuſe ſi elle eſt un peu gardée; elle reſſemble au Martin-ſec par ſa figure & par ſa groſſeur, on ne les diſtingue que par le coloris, celui du Martin ſec eſt un peu clair d'un côté, & rouſſâtre de l'autre.

La Jalouſie ſe ſert en Novembre, c'eſt une groſſe poire griſâtre un peu pointue vers la queue, elle s'amollit aiſément ſi elle n'eſt cueillie un peu verte, ſa chair fondante a beaucoup d'eau.

Le Satin ſe mange en Novembre, c'eſt une poire ronde qui a la peau jaune & liſſée, elle eſt fondante & d'une eau ſucrée.

Nous avons encore l'Ambrette de Bourgogne, l'Inconnu-Cheſneau, la Poire-Chat, la Vilaine d'Anjou, l'Amadote, la Fille-Dieu, le Parfum de Berry, & pluſieurs autres qui ſont peu connues.

Du tems de cueillir les Fruits, & de la façon de les conſerver.

IL y a des fruits qui doivent être cueillis dans leur maturité, quelques-uns un peu auparavant, & d'autres long-tems avant qu'ils ſoient mûrs pour être gardés juſqu'à ce qu'ils ſoient dans leur bonté, ce qu'il eſt néceſſaire de ſçavoir, parce qu'il arrive ſouvent que pluſieurs fruits bons par eux-mêmes, faute d'attention, ou manque de connoiſſance, ſont cueillis trop verds, ou trop mûrs, ce qui leur fait perdre la moitié de leur bonté.

Tous les fruits rouges, comme fraiſes, framboiſes, ceriſes, groſeilles, doivent être cueillis dans leur parfaite maturité; ce que vous connoiſſez quand ils ſont doux, ſucculens, d'un beau vermeil dans leur couleur. Les abricots ſont bons à cueillir quand ils quittent leur queue facilement, & qu'ils ont la chair jaunâtre d'un côté, & un beau coloris de l'autre. Les prunes doivent être cueillies avec beaucoup de dextérité, en ne les prenant que par la queue, parce que ſi vous y touchez des doigts, vous enlevez la fleur qui en fait l'ornement pour l'agrément de la vûe: vous connoiſſez quelles ſont bien mûres à l'odorat, & ſi en les tâtant légerement elles fléchiſſent ſous les doigts, & que la queue s'en détache aiſément. Les figues doivent être cueillies avec la même attention que les prunes, crainte de les défleurir; vous les mettez à meſure ſur le côté dans un panier entre des feuilles de vigne; on juge à les voir ſur l'arbre ſi elles ſont mûres quand elles commencent à ſe rider & déchirer, ou lorſque ſuivant leur eſpece elles ont un violet fleuri, ou bien uue couleur jaunâtre, qu'elles ſont moëlluſes au toucher, & ſe détachent aiſément de l'arbre; elles ne peuvent ſe garder qu'un jour ou deux au point de maturité qu'elles ont été cueillies. Les pê-

ches ne mûriſſent point hors de l'arbre
comme d'autres fruits ; pour connoître
leur maturité, elles doivent fléchir un
peu ſous le doigt du côté de la queue,
avoir une couleur jaunâtre d'un côté
ſans mêlange de verd, & un beau coloris de l'autre, la peau douce & ſatinée,
& tenir très-peu à la queue en les cueil-
lant ; on peut les garder deux ou trois
jours dans un endroit frais ſur des feuilles de vigne, ce qui leur procurera une
fraîcheur qui augmentera leur bonté. Si
vous voulez les tranſporter, il faut choiſir une voiture douce, les mettre dans
un panier ſur de la mouſſe bien ſéche
qui n'ait point de mauvaiſe odeur, & les
envelopper de feuilles de vigne. Les Pavis & les Brugnons doivent être cueillis
plus mûrs. Les poires d'Eté ne doivent
être cueillies que lorſqu'elles ſont arri-
vées à une parfaite maturité, elles ſe
connoiſſent à un beau coloris, qui dans
la plûpart des eſpeces eſt mêlé d'un jaune
citron, & à la facilité avec laquelle elles
ſe laiſſent détacher de l'arbre. On juge
encore de la maturité de celles qui de
leur nature ſont odorantes, lorſque leur
odeur frappe aſſez vivement l'odorat ;
n'attendez pourtant pas qu'elles ſoient
trop mûres, de peur qu'elles ne ſoient co

tonneufes. S'il eſt vrai en général que tous les fruits doivent être cueillis avec leur queue, cela eſt à obſerver ſpécialement pour la poire à laquelle la queue tient lieu d'ornement, & pour laquelle c'eſt une imperfection d'en manquer. Les poires d'Automne ſe cueillent ordinairement au mois de Septembre pour les mettre dans une ſerre ſur des planches bien propres; chaque eſpece doit être miſe à part & dreſſée ſur l'œil la queue en haut juſqu'à leur maturité, ce que vous connoîtrez à toutes ſortes de poires en appuyant le pouce auprès de la queue; ſi la chair de la poire fléchit ſous le doigt, c'eſt une marque qu'elle eſt mûre. Il faut peu de tems aux poires d'Automne pour acquérir leur maturité, il eſt néceſſaire de les viſiter ſouvent, de crainte que les unes venant à pourrir ne corrompent les autres, ce qu'il eſt très-néceſſaire d'obſerver pour tous les fruits que l'on met dans une ſerre. On laiſſe les poires d'Hiver, ſur l'arbre juſqu'à la fin d'Octobre, il faut toujours choiſir un beau tems pour les cueillir comme pour toutes ſortes de fruits. Vous les mettez dans une Fruiterie hors des atteintes du froid, ſur des tablettes dreſſées en pentes, où il y a un petit rebord, chaque eſpéce à part, principalement celles qui font tombées, parce qu'elles múriffent plutôt que les autres. Les fruits les plus prompts à mûrir doivent être plus à la portée que les autres, les poires de Bon-Chrétien fe confervent ordinairement enveloppées de papier; vous obferverez la même chofe pour les pommes que pour les poires. On juge affez à la vûe de la maturité du raifin bon à manger. Celui que l'on veut conferver ne doit pas être tout-à-fait mûr; pour le conferver long-tems, il faut le cueillir par un tems très-fec, & l'attacher avec du fil & le fufpendre à un plancher; il faut le vifiter fouvent pour en ôter les grains qui commencent à fe gâter. Il fe conferve encore d'une autre façon qui eft plus fûre que la précédente, on couche chaque grappe fur des planches, l'une auprès de l'autre, fans être trop ferrées, & on le couvre de plufieurs feuilles de papier collées enfemble, ou d'une nappe ajuftée de façon que l'air ne puiffe aucunement pénétrer fur le raifin.

Il ne fuffit pas de vifiter fouvent les fruits pour les empêcher de fe gâter, il faut encore empêcher la gelée de pénétrer dans la Fruiterie, ce qui les perd entierement, vous pouvez éviter cet inconvénient en la tenant bien fermée, de sorte qu'il n'y puisse entrer aucun vent, & dans les grands froids vous y pouvez mettre un peu de feu daus une poële de fer.

DE L'ÉPINE-VINETTE

OBSERVATION.

CEST un petit fruit long & cilindrique, qui croît sur un arbrisseau qui vient dans des buissons, des hayes & des lieux incultes, il sert à faire des confitures, la médecine en fait usage pour des sirops, qui sont employés dans des tisannes rafraîchissantes. Il faut la choisir très-mûre, de belle couleur rouge, & d'une aigreur réjouissante ; ce fruit excite l'appétit, fortifie le cœur, appaise les vomissemens, rafraîchit, désaltere, est propre pour les hémoragies & cours de ventre ; on le tient contraire à ceux qui ont la poitrine foible & des douleurs d'estomac.

Epine-Vinette confite au liquide.

Choisissez de l'épine-vinette d'un beau rouge, grosse & bien mûre ; sur deux livres, vous ferez cuire deux livres &

demie de fucre à la grande plume; mettez-y l'épine-vinette, & la laiſſer cuire
à grand feu quatorze ou quinze bouillons; ôtez la du feu pour la faire repoſer une heure; enfuite vous la remet-
mettez ſur le feu pour la faire cuire juſqu'à ce que le ſirop ait une bonne conſiſtance, que vous l'ôtez du feu; quand
elle ſera à demi froide, vous la mettrez dans les pots.

Epine-Vinette confite au ſec.

Ayez de la groſſe épine-vinette,
d'un beau rouge, & bien mûre, que
vous laiſſez en grappes; ſur deux livres
vous ferez cuire deux livres & demie
de ſucre à la grande plume; mettez-y
l'épine-vinette pour la faire bouillir à
grand feu, environ dix à douze bouillons; vous l'ôtez du feu; quand elle ſera à demi froide, mettez-la à l'étuve
juſqu'au lendemain, que vous la mettrez
égouter ſur un tamis, & enſuite ſur des
feuilles de cuivre; poudrez les grappes
avec du ſucre fin paſſé au tambour;
mettez-les ſécher à l'étuve.

Marmelade d'Epine-Vinette.

Mettez dans une poële deux livres
d'épine-vinette égrainée, avec deux

verres d'eau , que vous faites bouillir
fur le feu pour la faire crever; enfuite
vous la paffez au travers d'un tamis,
en la preffant fort avec une efpatule ;
remettez dans la poële ce que vous
avez paffez, & le faites deffécher fur le
feu , jufqu'à ce que votre marmelade
foit bien épaiffe, en la remuant toujours
de crainte qu'elle ne s'attache ; faites
cuire trois livres de fucre à la grande
plume, & y mettez la marmelade pour
la bien incorporer avec le fucre ; lorfqu'elle fera bien mêlée ; vous la remettrez fur le feu, en la remuant toujours
jufqu'à ce qu'elle foit prête à bouillir,
que vous l'ôtez ; quand elle fera à demi froide , vous la mettrez dans les pots.

Dragées d'Epine-Vinette.

Vous mettez à l'étuve pour faire fécher la quantité d'épine-vinette égrainée que vous jugerez à propos ; quand
elle aura reftée au moins dix jours à
l'étuve , & que vous la trouverez affez
feche , vous la mettrez dans des boëtes, dans un endroit fec ; elle fe conferve long-tems. Lorfque vous voulez
vous en fervir pour faire des dragées,
vous en mettez dans une poële à pro-

vifion; avec du fucre cuit au grand
liffé, où vous avez mis un peu de gomme arabique détrempée avec de l'eau;
remuez toujours la poële fur un petit
feu jufqu'à ce que ce fucre gommé fe
foit attaché après les grains d'épine-
vinette; quand ils feront bien fecs, vous
y mettrez encore de ce même fucre
pour leur donner une feconde couche,
en remuant toujours les anfes de la
poële; lorfque cette feconde couche
fera finie comme la premiere, vous leur
donnerez encore cinq ou fix couches
de la même façon avec du fucre cuit
au liffé, fans être gommé comme les
deux premieres; lorfque vous jugez
que vos dragées font affez chargées de
fucre, vous les menez fortement fur la
fin fans les fauter, c'eft ce qui les liffe;
il faut les mettre rachever de fécher à
l'étuve; quand elles feront bien feches,
vous les conferverez dans un endroit
fec, dans des boëtes garnies de papier.
Si vous en voulez faire beaucoup à la
fois, il faut les faire dans une baffine,
comme il fe pratique chez les Confi-
feurs, parce qu'une poële à provifion
ne peut fervir que pour une livre à la
fois.

Glace d'Epine-Vinette.

Voyez, Glace, *page 169.*

Gelée d'Epine-Vinette.

Prenez de l'épine-vinette bien mûre, de la plus belle que vous pourrez trouver ; il faut l'égrainer, & la mettre dans une poële avec de l'eau, ce qu'il en faut pour qu'elle puisse tremper ; donnez-lui une vingtaine de bouillons couverts, & la jettez sur un tamis pour en exprimer tout le jus, il faut qu'elle cuise à grand feu pour l'empêcher de noircir, & vous aurez soin de la bien passer pour la rendre claire ; vous mesurerez cette décoction, & mesurerez autant de sucre clarifié que vous ferez réduire au cassé ; mettez la décoction d'épine-vinette dans le sucre pour les faire bouillir ensemble ; au premier bouillon, vous aurez soin de l'écumer, & la remettrez sur le feu pour continuer à la faire bouillir jusqu'à ce qu'en prenant de la gelée avec une cuilliere, elle tombe en nappe, & qu'elle quitte net ; c'est une marque que votre gelée est faite ; vous l'ôterez du feu & la mettrez dans les pots quand elle sera un peu réfroidie. Cette gelée est merveilleuse pour la diffenterie, très-légere, & vaut mieux que le coing.

DE L'ANIS.

JAI parlé des propriétés de l'anis dans le premier volume, page 360, auquel il faut avoir recours.

Ratafiat d'Anis.

Faites bouillir une chopine d'eau, en la retirant du feu, mettez-y un quarteron d'anis d'Espagne, parce qu'il est estimé le meilleur; quand votre eau sera froide, vous la mettrez dans une cruche avec l'anis, deux pintes d'eau-de-vie, une livre & demie de sucre clarifié, bouchez la cruche avec un bouchon de liége, & un parchemin mouillé, laissez infuser pendant quinze jours, ensuite vous passerez le ratafiat à la chausse pour le conserver dans des bouteilles bien bouchées.

Glace d'Anis

Voyez, Glace, page 173.

Dragées d'Anis.

Choisissez de l'anis le plus gros & le plus doux que vous pourrez, mettez-le

quelques jours à l'étuve pour le faire
fécher, enfuite vous le mettrez fur un
tamis clair pour le cribler en le remuant
jufqu'à ce que le grain refte net fans aucune pouffiere ; mettez l'anis dans une
poële à provifion avec du fucre cuit au
liffé, où vous avez mis un peu de gomme arabique détrempée, remuez toujours la poële fur un petit feu jufqu'à ce
que le fucre fe foit attaché après, &
que les dragées foient bien féches, enfuite vous leur donnerez encore une couche ou deux de fucre fans être gommé,
jufqu'à ce que vous les trouviez affez
chargées de fucre. Si vous en faites
beaucoup à la fois, vous les mettrez dans
une baffine, comme il eft dit pour les
dragées de toutes efpeces.

Efprit d'Anis diftilé.

Pour faire deux pintes d'efprit d'anis,
vous mettrez dans un pot très-propre,
& bien couvert quatre pintes d'eau-de-
vie, avec trois quarterons d'anis, du
meilleur, mettez le pot fur de la cendre chaude pour tenir tiéde la liqueur
qui eft dedans, ou à l'étuve pendant huit
jours ; lorfque votre anis eft bien infufé, vous mettez le tout dans l'alambic
pour le faire diftiler, comme il eft dit

à l'article de la diſtillation; après vous
le mettrez dans des bouteilles pour vous
en ſervir à ce que vous jugerez à propos, comme de l'eau-de-vie aniſée ſans
ſucre, des ratafiats d'anis, &c,

DU VINAIGRE ET DU VERJUS.

OBSERVATION.

NOUS avons de deux ſortes de vi-
naigres, le rouge & le blanc; ce dernier eſt le plus eſtimé, principalement
celui qui eſt diſtillé. On peut lui donner pluſieurs goûts différens, comme
celui de ſureau, de Jaſmin, de fleurs
d'orange, de citron, d'eſtragon, d'œillets & de roſes. Pour faire le vinaigre-
roſat, vous prenez des bouteilles de
verre, que vous empliſſez preſque aux
trois quarts de feuilles de roſes communes, bouchez bien les bouteilles & les
expoſez contre un mur au Soleil du midi
pendant trois ou quatre jours, juſqu'à ce
que vous voyez que les feuilles ſoient
flétries vous retournez les bouteilles
de tems en tems en les remuant, afin
que les feuilles flétriſſent également par-
tout; après vous les empliſſez de bon

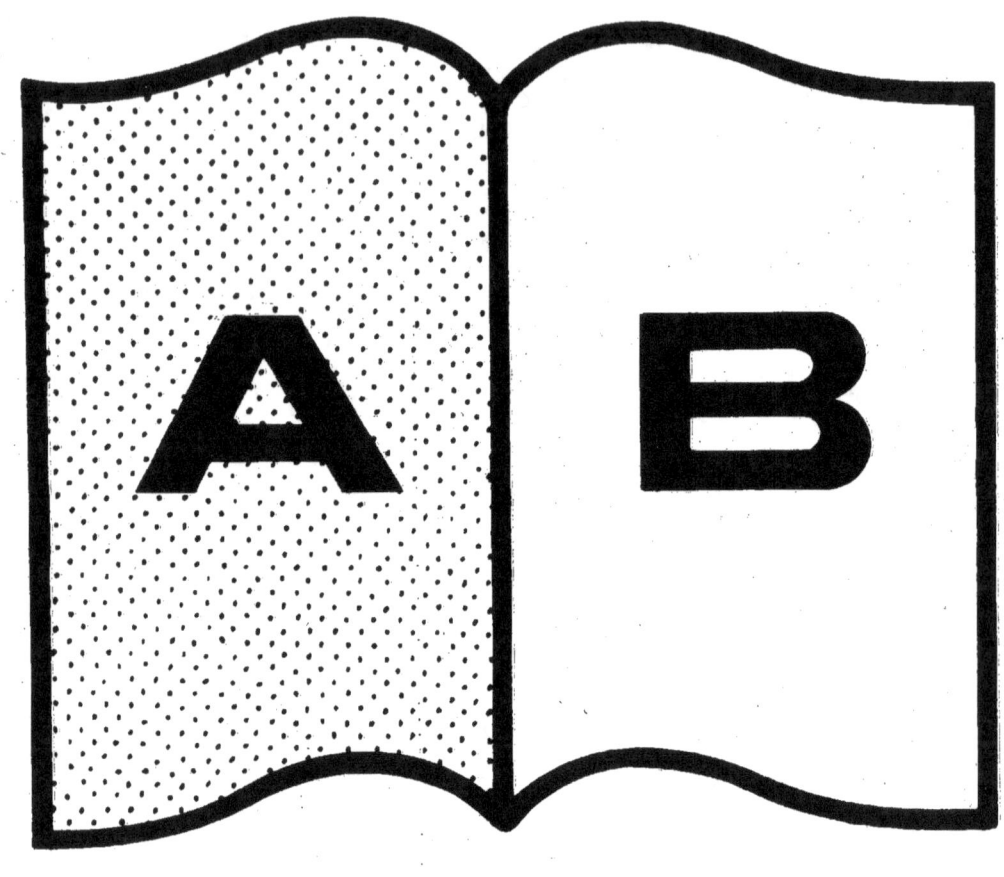

Contraste insuffisant

NF Z 43-120-14

vinaigre blanc, en y ajoutant un peu de
canelle, du girofle, une gouffe d'ail,
deux échalottes, vous bouchez bien
les bouteilles, & les laiffez expofées au
Soleil un mois ou deux ; après vous le
tirez au clair pour le paffer dans un
linge ; remettez-le dans les bouteilles
bien bouchées. Ce vinaigre peut fe conferver deux ou trois ans. Vous faites le
vinaigre des autres fleurs de la même
façon que celui-ci. il faut le choifir fuffifamment acide, d'une faveur piquante
& agréable ; lorfqu'on en ufe avec modération, il aide à la digeftion, excite
l'appétit, appaife les ardeurs de la bile,
& rafraîchit ; les perfonnes maigres,
celles qui ont la poitrine foible, & qui
refpirent avec peine, doivent en ufer
très-fobrement. Le verjus qui fert au
même ufage que le vinaigre, a les mêmes propriétés. L'on fait auffi dans les
Pays où le vin eft rare, des liqueurs
acides qui reffemblent au vinaigre, avec
la bierre, le cidre, le poiré & l'hydromel ; mais elles ne font pas fi bonnes
que celles qui font faites avec le vin.
Le verjus en grain eft employé à l'Office pour faire différentes confitures.

Clarequets

Clarequets de Verjus.

Délayez avec un demi-septier d'eau quatre cuillerées de marmelade de pommes, passez-la au tamis pour en tirer un demi-septier de décoction, mettez-y avec un demi-septier de jus de verjus presque mûr, que vous pilez & passez au tamis, faites clarifier deux livres de sucre & réduire au cassé; en le retirant du feu mettez-y le demi-septier de jus de verjus & celui de pommes, que vous mêlez ensemble en les remuant avec une espatule; remettez sur le feu seulement pour faire chauffer sans faire bouillir, ensuite vous verserez votre gelée dans les moules à clarequets, que vous mettrez à l'étuve pour les faire prendre.

Verjus à oreilles.

Il faut prendre du verjus qui ne soit pas mûr, cependant à sa grosseur; vous l'ouvrez par le côté pour en ôter les pepins, les venuës ordinaires sont de trois ou quatre livres; après vous le jettez à l'eau bouillante; il faut le retirer de dessus le feu d'abord qu'il pâlit; vous aurez soin de le rafraîchir un peu, & le laisserez dans son eau jusqu'à ce qu'il soit froid pour qu'il se reverdisse, &

N

s'il se lâchoit sans être verd, il n'y aura qu'à le jetter dans l'eau fraîche, le sucre le reverdira; vous prendrez autant de livres de sucre que vous avez de livres de verjus, faites-le clarifier, vous garderez un tiers de ce sucre clarifié; mettez le verjus après l'avoir retiré de l'eau fraîche, & bien égoutté, dans les deux autres tiers de sucre clarifié, sans les mettre sur le feu, & les laisserez jusqu'au lendemain, que vous jetterez doucement votre verjus sur une passoire pour l'égoutter; faites cuire trois bouillons couverts le sucre, en y ajoutant celui que vous avez gardé de la veille; il ne faut pas que le verjus aille encore sur le feu, vous le remettez dans le sucre pour l'y laisser encore vingt-quatre heures; vous l'égouttez la troisieme fois sur une passoire, & donnerez trois ou quatre bouillons à votre sirop, glissez-y le verjus pour lui faire prendre plusieurs bouillons couverts jusqu'à ce que le sucre soit au lissé; vous aurez soin de le bien écumer, & le mettrez dans une terrine avec le sirop pour le conserver tant que vous voudrez; lorsque vous voudrez vous en servir, retirez le verjus du sirop, prenez les grains que vous ouvrez en deux, & en appliquez deux l'un contre l'autre, & deux autres deſſus, un de chaque côté, mettez-les à meſure ſur un tamis pour les faire égoutter & ſécher à l'étuve.

Compote de Verjus.

Otez les pepins à une livre de verjus preſque mûr, que vous mettez enſuite dans une eau prête à bouillir, il faut l'oter du feu auſſi-tôt qu'il commence à pâlir, pour le rafraichir, & le laiſſer dans ſa même eau pour qu'il ſe reverdiſſe juſqu'à ce qu'il ſoit froid; mettez dans une poële une demie-livre de ſucre avec un demi-verre d'eau; quand il ſera fondu, mettez-y le verjus pour lui donner quelques bouillons, en l'écumant à meſure; enſuite vous l'ôtez du feu & enlevez le peu d'écume qui reſte avec des morceaux de papier blanc, dreſſez-le dans le compotier; ſi le ſirop eſt trop clair vous le ferez réduire avant que de le mettre ſur le verjus.

Compote de Verjus d'une autre façon.

Pelez légerement une livre de verjus mûr, ôtez-en les pepins, enſuite vous le mettez dans une demie-livre de ſucre cuit à la grande plume, faites-lui faire quelques bouillons, & le dreffez dans le compotier.

Compote de Verjus hors la faifon.

Prenez du verjus confit au liquide, pour le tirer plus facilement du firop, mettez le pot dans l'eau chaude pour faire liquefier le firop, retirez-en la quantité de verjus que vous voulez prendre pour faire votre compote, mettez-le dans une poële avec du firop, un peu d'eau & très-peu de fucre, mettez la poële fur le feu, lorfque le verjus fera prêt à bouillir, retirez-le pour le dreffer dans le compotier, donnez deux ou trois bouillons au firop, vous aurez foin d'ôter le peu d'écume qu'il peut y avoir avec du papier blanc, avant que de le mettre fur le verjus.

Conferve de Verjus.

Ayez la quantité de verjus mûr que vous jugerez à propos pour faire de la conferve, mettez-le dans une poële pour le faire crever, enfuite vous l'ôtez du feu pour l'écrafer & en paffer le plus que vous pourrez au travers d'un tamis en le preffant fort avec une efpatule, remettez dans la poële ce que vous aurez paffé au travers du tamis pour le faire

deſſecher ſur le feu en le remuant toujours juſqu'à ce que votre marmelade
ſoit bien épaiſſe; ſur un quarteron de
cette marmelade, vous ferez cuire une livre de ſucre à la grande plume; en l'ôtant
du feu, après l'avoir remué quelques
tours, vous y mettez la marmelade que
vous travaillez bien avec l'eſpatule en
remuant toujours juſqu'à ce que le ſucre
commence à blanchir autour de la poële,
que vous dreſſerez votre conſerve dans
les moules de papier; quand elle ſera
froide, vous la couperez par tablettes à
votre uſage.

Glace de Verjus. *Voyez page* 168.

Gelée de Verjus.

Mettez dans une poële ſix livres de
verjus bien mûr avec un verre d'eau,
faites-le bouillir quelques bouillons juſqu'à ce qu'il ſoit amorti, que vous le
mettez ſur un tamis avec un plat deſſous,
preſſez-le fort pour en tirer le plus de
jus que vous pourrez; ſur une pinte de
ce jus vous ferez cuire quatre livres de
ſucre à la grande plume, mettez le verjus dans le ſucre pour lui donner quelques bouillons; vous connoîtrez que la
gelée ſera faite, lorſqu'elle tombera en
nappe de l'écumoire, verſez-la dans les

pots, & ne la couvrez que quand elle fera tout-à-fait froide.

Marmelade de Verjus.

Egrainez fix livres de verjus prefque mûr, mettez le fur le feu dans une eau prête à bouillir ; quand il eft monté fur l'eau & qu'il commence à pâlir, vous le rafraichiffez un peu, & l'ôtez du feu pour le couvrir en le laiffant dans la même eau pour le faire reverdir ; s'il ne l'étoit point affez, il faudroit le remettre chauffer dans la même eau jufqu'à ce qu'il foit affez verd, enfuite vous l'égouttez, & paffez dans un tamis pour en tirer le plus de marmelade que vous pourrez, en le preffant fort avec une efpatule ; mettez cette marmelade dans une poële fur le feu pour la faire deffecher jufqu'à ce qu'elle foit bien épaiffe, & la mettez tout de fuite fur un plat, faites cuire au caffé autant pefant de livres de fucre que vous avez de marmelade, mettez-y la marmelade pour la bien travailler avec le fucre jufqu'à ce qu'ils foient incorporés enfemble, remettez fur le feu en remuant toujours avec une efpatule ; quand elle fera prête à bouillir vous la mettrez dans les pots, & ne la couvrirez que quand elle fera tout-à-fait froide.

Marmelade de Verjus d'une autre façon.

Lorſque vous aurez paſſé votre marmelade à travers d'un tamis, comme il eſt marqué dans l'article précédent, mettez-la dans une poële avec autant de ſucre en poudre que vous avez peſant de marmelade, faites-la bouillir à grand feu juſqu'à ce qu'elle ſoit cuite, ce que vous connoîtrez en trempant légerement le doigt dedans, & l'appuyant contre le pouce, s'ils ſe colent enſemble, vous l'otez du feu pour la mettre dans les pots.

Sirop de Verjus.

Pilez dans un mortier quatre livres de gros verjus très-verd, que vous égrainez auparavant, paſſez-en tout le jus au travers d'un tamis en le preſſant fort, après vous le paſſerez pluſieurs fois à la chauſſe juſqu'à ce qu'il ſoit clair; ſur une chopine de ce jus, vous ferez cuire quatre livres de caſſonnade que vous réduiſez à la grande plume; mettez-y le verjus, & le faites cuire avec la caſſonnade ſur un grand feu juſqu'à ce qu'il ſoit en ſirop très-fort; quand il ſera à moitié froid, vous le verſerez dans des bouteilles que vous ne boucherez que lorſqu'il ſera tout-à-fait froid.

Verjus confit au liquide.

Il faut préparer & confire le verjus de la même façon que celui qui est à oreilles, à cette différence qu'en le finissant vous lui donnerez un sirop un peu plus fort de cuisson ; quand il sera à moitié froid vous le mettrez dans les pots.

Verjus pelé confit.

Pelez proprement du gros verjus presque mûr, ôtez-en les pepins avec une petite brochette de bois très-pointue ; mettez dans une poële autant de sucre très-fin que vous avez pesant de verjus, avec un demi-verre d'eau seulement, ce qu'il en faut pour faire fondre le sucre ; quand il sera fondu vous y mettrez le verjus pour le mettre sur le feu avec le sucre ; faites-les bouillir quelques bouillons ; ayez soin de bien écumer ; il faut peu de tems pour la cuisson, ensuite vous l'ôtez du feu pour le mettre dans les pots quand il est à demi-froid,

Verjus confit au sec.

Prenez du gros verjus à moitié mûr que vous coupez de la grappe, & laissez à chaque grain un bout de queue, fendez-le un peu par le côté avec la pointe

d'un petit couteau pour en ôter les pepins, enfuite vous le ferez confire de la
même façon que celui qui eft à oreilles, à cette différence qu'à la fin de la
cuiffon vous lui donnerez un fyrop plus
fort, & le laifferez dans le fyrop jufqu'au lendemain que vous le mettrez
égoutter fur des feuilles, poudrez tout
le deffus avec du fucre fin paffé au tambour, que vous jettez légérement avec
un fucrier, mettez-le fécher à l'étuve;
quand le deffus fera fec, vous le retournerez de l'autre côté pour y mettre
du fucre, rachevez de le faire fécher,
vous le conferverez dans un endroit fec
dans des boëtes garnies de papier blanc.

Pâte de Verjus mêlé.

Mettez dans une poële trois livres de
Verjus prefque mûr, avec fix Pommes
de rambour franc, que vous pelez &
coupez par morceaux, avec un demi-
verre d'eau; faites bouillir le tout enfemble jufqu'à ce qu'il foit cuit en marmelade, paffez-la au tamis en la preffant
fort avec une efpatule pour en tirer le
plus que vous pourrez, mettez ce qui
a paffé au travers du tamis dans une
poële fur le feu pour faire deffécher, &
réduire en marmelade bien épaiffe que

N v

vous tournez toujours avec l'espatule, & la mettez ensuite sur un plat ; faites cuire à la grande plume autant pesant de sucre que vous avez de marmelade, mettez-la dans le sucre pour les bien délayer ensemble en remuant toujours avec l'espatule, remettez sur le feu seulement pour faire chauffer ; quand elle sera prête à bouillir, vous la dresserez dans les moules & jetterez un peu de sucre fin dessus ; mettez sécher à l'étuve ; quand elle sera tout-à-fait séche dessus, vous l'ôterez des moules pour la repoudrer de sucre de l'autre côté, & racheverez de la faire sécher ; vous la conserverez dans une boëte garnie de papier blanc dans un endroit sec.

Pâte de Verjus.

Ayez du Verjus bien mûr la quantité que vous jugerez à propos ; après l'avoir égrainé, vous le mettez dans une poële & l'écrasez avec l'espatule pour le faire crever sur le feu ; ensuite vous le mettez sur un tamis pour faire passer au travers tout ce que vous pourrez, hors les pepins & les peaux ; faites dessécher sur le feu tout ce qui a passé au travers du tamis, jusqu'à ce que cela soit réduit en marmelade épaisse, que vous mettez tout de fuite fur un plat ; faites cuire à la grande plume autant pefant de fucre que vous avez de marmelade, mettez-la dans le fucre, que vous travaillez bien enfemble avec l'efpatule jufqu'à ce qu'ils foient mêlés, remettez votre pâte fur le feu en la remuant toujours ; quand elle fera prête à bouillir, vous la dreiferez comme la précédente, & ferez fécher à l'étuve.

DES COINGS.

OBSERVATION.

CE Fruit eft de peu d'ufage dans les alimens, à moins qu'il ne foit employé avec le fucre ; fon odeur agréable, mais forte, fait qu'il caufe fouvent des maux de tête à plufieurs perfonnes ; les Coings verds ont un goût fi âpre & fi ftiptique, qu'il n'eft pas poffible d'en mettre dans la bouche ; cependant ceux qui font mûrs font affez doux, mais il leur refte toujours une certaine faveur auftere qui ne peut s'en aller que par la cuiffon. Nous en avons de trois fortes, deux de cultivés & une de fauvages, ces derniers, qui font les plus petits de tous & qui croiffent fur le coignaffier fauvage, dans les lieux pierreux, sont peu employés; les cultivés, tant les gros que les petits, servent à faire des confitures, des syrops & plusieurs autres choses, il faut préférer ceux qui sont petits, parce qu'ils sont plus odorans, & d'un beau jaune quand ils ont acquis leur maturité; les gros sont plus pâles, moins odorans, & ont la chair plus molle. L'usage des coings qui ont été travaillés avec le sucré, fortifie l'estomac, excite l'appétit, aide à la digestion, arrête le cours de ventre, les hémorragies, & empêchent l'ivresse, ils ne produisent aucun mauvais effet quand on en use avec modération. Ceux qui font cruds causent des coliques & des indigestions.

Clarequets de Coings.

Prenez des coings des plus sains que vous pourrez trouver, il faut les bien peler & les couper par ruelles pour les mettre avec un peu d'eau, & les faire blanchir jusqu'à ce qu'ils soient en marmelade; que vous les jettez sur un tamis pour en exprimer le jus, il faut passer ce jus dans une serviette mouillée, le mesurer, & le mettre sur de la cendre chaude pour le tenir chaud; mesurez du sucre

clarifié pour en mettre autant que de décoction de coings ; faites-le cuire & réduire au caffé, mettez dans le fucre la
décoction qui doit être chaude, faites-
les bouillir enfemble, vous ferez attention qu'au deux ou troifieme bouillon,
il faut bien écumer & regarder fi votre
gelée eft faite, parce qu'elle fe prend
aufli aifément que la Grofeille, ce que
vous connoîtrez quand elle tombera en
nappe de l'écumoire, que vous la verferez
dans les moules à clarequets, mettez-les
à l'étuve pour les faire prendre. Si vous
voulez en faire de rouge, vous ne verferez que la moitié de votre gelée blanche,
vous la remettrez fur de la cendre chaude, & vous y mettrez la valeur d'une petite cuillier à caffé de cochenille, ou à
bouche, fuivant la quantité que vous en
aurez.

Coings confits au liquide.

Faites bouillir dans de l'eau, jufqu'à
ce qu'ils fléchiffent fous les doigts, des
coings jaunes & mûrs, après vous les
retirerez à l'eau fraîche pour les couper
par quartiers ; il faut les peler proprement, en ôter les cœurs, & les rejetter
à mefure à l'eau fraîche ; prenez autant
de livres de fucre que vous avez de livres

de coings, pour le faire cuire au grand
liffé; mettez les coings dans le fucre
pour les faire bouillir enfemble fur un
petit feu, vous aurez foin de les defcen-
dre de tems en tems pour les écumer;
lorfque vous jugerez qu'ils feront affez
cuits, vous les ôterez doucement du fucre pour les mettre dans une terrine;
achevez de faire cuire le fucre jufqu'à ce
qu'il foit au grand perlé; remettez les
coings dans le fucre feulement pour les
faire chauffer; quand ils feront à demi-
froids, vous les mettrez dans les pots,
que vous ne couvrirez que lorfqu'ils feront tout-à-fait froids.

Coings confits à la Cardinale.

Préparez des coings de la même façon que les précédents, quand ils feront
dans le fucre, vous y mettrez fuffifamment de la couleur rouge préparée avec
de la cochenille, comme il fera expliqué à l'article des couleurs, il faut en
mettre jufqu'à ce que vous voyez que les
coings & le firop foient d'un beau rouge;
lorfque vous verrez que les coings font
affez cuits, il faut les retirer du firop
pour les mettre dans une terrine; remettez le firop fur le feu pour le faire cuire
jufqu'à ce qu'il foit au grand perlé, vous

y mettrez les coings feulemeut pour les faire chauffer; quand ils feront à demi-froids, mettez-les dans les pots.

Compote de Coings à la Bourgeoife.

Mettez dans de l'eau bouillante trois ou quatre coings fuivant qu'ils font gros, faites-les bouillir jufqu'à ce qu'ils fléchif-fent fous les doigts, enfuite vous les retirez dans l'eau fraîche pour les cou-per par quartiers, les peler & en ôter les cœurs; mettez-les dans une poële avec un peu de fucre clarifié pour leur faire prendre quelques bouillons; quand ils feront affez cuits, vous les drefferez dans le compotier avec le firop, & fervirez chaudement.

Compote de Coings en gelée.

Prenez quatre coings, coupez-les par quartiers, ôtez-en les cœurs, & les pe-lez proprement, enfuite vous les arran-gez dans une poële, vous y mettez un demi-fetier d'eau & une demie livre de fucre; couvrez la poële & la mettez fur un petit feu pour faire bouillir juf-qu'à ce que les coings foient cuits, que vous les ôtez du feu pour les bien écu-mer; dreffez les coings dans le compo-tier l'un contre l'autre, faites recuire le

fucre jufqu'à ce qu'il foit réduit en firop,
comme une gelée claire & vermeille;
mettez cette gelée fur une affiette jufqu'à
ce qu'elle foit tout-à-fait froide & bien
prife, alors vous mettrez votre affiette
fur un peu de cendre chaude, feulement
pour en faire détacher la gelée, que vous
gliffez tout de fuite fur les coings. Cette
gelée doit être naturellement vermeille,
parce que les coings n'ont point été blanchis, & que vous les avez couverts en
cuifant.

Compote de Coings à la cendre.

Enveloppez dans plufieurs morceaux
de papier mouillé, autant de coings qu'il
vous en faut pour faire une compote;
mettez les dans de la cendre chaude pour
les faire cuire à très-petit feu; quand ils
fléchiffent fous les doigts, vous les ôtez
des papiers pour les couper par quartiers,
les peler proprement, & en ôter les
cœurs; mettez-les dans une poêle avec
un demi-verre d'eau, une demie livre de
fucre; achevez de les faire cuire, ayez le
foin d'en ôter le peu d'écume qu'il peut y
avoir, avec des morceaux de papier;
dreffez dans le compotier; fi le firop n'a
point affez de confiftance, vous lui ferez faire encore quelques bouillons pour

le faire réduire ; verfez le fur les coings, il faut fervir cette compote chaude.

Marmelade de Coings.

Faites cuire dans de l'eau bouillante des coings entiers jufqu'à ce qu'ils fléchiffent fous les doigts, enfuite vous les retirez dans de l'eau fraîche, & les mettez égoutter, vous les coupez par quartiers, les pelez & ôtez les cœurs, paffez-en toute la chair au travers d'un tamis, que vous mettez dans une poële pour la faire deffécher, en la remuant toujours fur le feu, jufqu'à ce qu'elle foit bien épaiffe, fur une livre de coings deffechés, vous ferez cuire cinq quarterons de fucre à la grande plume, que vous mêlerez bien avec la pâte de coings, en la travaillant avec l'efpatule, jufqu'à ce qu'ils foient incorporés enfemble, remettez-la fur le feu, feulement pour la faire frémir, en la remuant toujours, & la mettrez à demi froide dans les pots. Si vous voulez que votre marmelade foit rouge, avant que de la faire deffecher, il faut y mettre de l'eau de cochenille, jufqu'à ce que vous croyez qu'il y en ait affez, vous la ferez deffecher un peu plus longtems, parce qu'elle fera plus liquide,

quand elle fera épaiſſe, comme la précédente, vous la racheverez de la même
façon.

Marmelade de Coings d'une autre façon.

Prenez des coings & les faites blanchir, pour en faire une marmelade de
la même façon que les précédentes, excepté qu'il faut moins de ſucre, livre
pour livre de coings; vous ferez des
moules de papier de la largeur d'une
feuille de cuivre, il faut que le bord
de vos moules ne ſoit pas plus haut
que le petit doigt; vous aurez ſoin de
graiſſer le fond des moules avec un
peu de bonne huile d'olive; lorſque
votre marmelade ſera faite, vous la
verſerez dedans & n'emplirez les moules qu'aux trois quarts de leur hauteur;
il faut l'étendre le plus également qu'il
eſt poſſible; mettez les moules ſur des
feuilles de cuivre pour mettre ſécher à
l'étuve; vous verrez avec la main quand
elle ſera aſſez ſéche. Pour l'ôter de ces
moules de papier, il faut le renverſer
ſur des feuilles de cuivre pour en ôter
le papier, & y poudrer un peu de ſucre au travers d'un tamis fin, & laiſſerez ſécher juſqu'à ce qu'elle ſe ſoutien-
ne ſeule; on la coupe par tablettes pour

fervir fur le fruit; on en fait du bâton-
nage pour dreffer en pyramide, & même on en met au candi, mais il faut
qu'elle foit plus féche, que pour la
mettre par tablettes, vous la ferrez dans
des coffrets avec du papier blanc, dans
un endroit fec, fans être à l'étuve,

Sirop de Coings.

Ayez des coings bien mûrs que vous
pelez, & n'en prenez que la chair, mettez-la dans un mortier pour la piler, &
en retirez le plus de jus que vous pourrez, en la tordant bien fort dans un torchon blanc, laiffez-la repofer pour n'en
prendre que le clair; fur une chopine
de jus, vous ferez cuire deux livres de
caffonnade à la grande plume; mettez-
y le jus ou le fuc des coings, pour le
faire bouillir quelques bouillons avec
la coffonnade, jufqu'à ce qu'il foit réduit en firop fort, ou au grand perlé;
quand il fera prefque froid, vous le mettrez dans les bouteilles, que vous ne
boucherez que quand il fera tout-à-fait
froid.

Gelée de Coings.

Coupez par morceaux quatre livres
de coings prefque mûrs, pour les met-

tre dans une poële, avec trois pintes d'eau; couvrez-les, & les faites cuire, jusqu'à ce qu'ils soient en marmelade; passez cette décoction au travers d'un tamis; sur une chopine de cette décoction, vous ferez cuire une livre de sucre à la grande plume; mettez le jus avec le sucre pour les faire cuire ensemble sur un moyen feu, afin que la gelée ait le tems de rougir, jusqu'à ce que vous voyez qu'elle soit à son point de cuisson, que vous connoîtrez en prenant de la gelée avec l'écumoire; si elle retombe en nappe, vous la mettrez dans les pots.

Ratafia de Coings excellent.

Prenez des coings bien sains, & les rapez; & les laissez infuser vingt-quatre heures dans une terrine; il faut ensuite les presser dans un torchon neuf, pour en exprimer tout le jus; vous mesurerez ce jus, pour y mettre autant d'eau-de-vie, pinte pour pinte; avant que de mêler le jus avec l'eau-de-vie, vous lui donnerez trois bouillons sur le feu, & vous y ferez fondre votre sucre, & mêlerez le tout ensemble pour le mettre dans une cruche; il faut un quarteron de sucre par pinte de chaque espece;

fi la cruche eft de douze pintes, vous
y mettrez l'écorce d'un gros citron,
ou de deux petits, & un petit bâton de
cannelle; ce ratafiat n'eft point miel-
leux, il eft excellent, il n'eft point néceffaire de le paffer; vous le mettez dans
des bouteilles; il s'y fait un petit dépôt, vous le changez après de bouteilles.

Pâte de Coings au naturel.

Prenez des coings bien mûrs, que
vous mettez entiers dans de l'eau bouillante pour les faire cuire, jufqu'à ce
qu'ils fléchiffent beaucoup fous les
doigts; retirez-les pour les mettre égouter; enfuite vous les pafferez au travers
d'un tamis: en les preffant fort avec une
efpatule pour en tirer le plus de marmelade que vous pourrez; mettez cette
marmelade dans une poële, pour la
faire deffécher fur un moyen feu, en
la remuant toujours, jufqu'à ce qu'elle
quitte la poële, que vous la retirez; fur trois quarterons de cette marmelade, vous ferez cuire une livre de
fucre à la petite plume; mettez-y la
marmelade que vous travaillerez avec
le fucre, jufqu'à ce qu'ils foient bien
mêlés enfemble; remettez la poële fur

le feu pour la faire chauffer, prête à
bouillir, en remuant toujours, vous la
dresserez ensuite dans les moules à pâte
pour la mettre sécher à l'étuve.

Pâte de Coings à l'écarlate.

Faites cuire dans un four des gros
coings entiers, après vous leur ôtez la
peau, & les passez au travers d'un tamis, en les pressant fort avec une
espatule; mettez-les dans une poële
pour les faire dessécher à moitié sur
un petit feu, ensuite vous les couvrez,
& les entretenez chauds sur de la cendre
chaude pour les faire rougir, quand ils
seront rouges vous y mettrez de la
cochenille préparée, pour les rendre
encore plus rouges, délayez bien cette
marmelade, & la remettez sur le feu,
pour rachever de la faire dessécher,
jusqu'à ce qu'elle quitte la poële, faites
cuire à la petite plume autant pesant
de sucre que vous avez de marmelade
de coings, que vous mêlez ensemble,
jusqu'à ce qu'ils soient bien incorporés
l'un avec l'autre, remettez sur le feu
pour faire chauffer, jusqu'à ce qu'elle
soit prête à bouillir, en remuant toujours
avec l'espatule; dressez dans les moules

que vous mettrez à l'étuve pour faire sécher.

DE LA GUIMAUVE.

OBSERVATION.

LA Guimauve est une espece de Mauve sauvage, qui a des feuilles rondes, ses fleurs ressemblent aux roses, & ses tiges sont hautes de deux coudées, sa racine est visqueuse & blanche en dedans, on l'arrache en Septembre, elle naît dans des lieux gras & humides, & fleurit en Juin & Août, elle est estimée bonne pour la dissenterie & le crachement de sang. Sa racine cuite dans du vin ou de l'hydromel est admirable contre tous les maux de ventre ; l'Office fait usage de la racine pour faire des pâtes, des conserves, des sirops, qui sont estimés pour le rhume.

Pâte de Guimauve.

Prenez une livre de racine de guimauve nouvelle, que vous ratissez & lavez, coupez-la par petits morceaux, pour la faire cuire jusqu'à ce qu'elle s'écrase facilement sous les doigts, ensuite vous la paſſerez dans une étamine avec de l'eau de ſa cuiſſon, bourrez-la avec une cuiller pour qu'il n'en reſte point dans l'étamine; vous mettez tout ce que vous avez paſſé dans une poële ſur le feu pour la faire deſſécher juſqu'à ce qu'elle ſoit bien épaiſſe, & qu'elle quitte la poële, en la remuant toujours avec une eſpatule, faites cuire une livre de ſucre à la grande plume, délayez-y la guimauve deſſéchée, tenez-la ſur un feu très-doux, pendant que vous travaillerez la guimauve avec le ſucre pour les bien incorporer enſemble, enſuite vous dreſſerez votre pâte dans des moules, que vous mettrez ſécher à l'étuve.

Pâte de Guimauve d'une autre façon.

Faites une marmelade de guimauve de la même façon que la précédente, lorque vous l'aurez deſſéchée ſur le feu, vous la mettrez dans un mortier, avec un peu de gomme adragante, détrempeé & paſſée dans un linge, ajoutez-y du ſucre fin, que vous mettez à meſure que vous pilez enſemble, continuez à mettre du ſucre, juſqu'à ce que cela vous forme une pâte maniable, vous la retirez du mortier pour en for-

mer

mer des pastillages de guimauve de la
façon que vous voudrez.

Conserve de Guimauve.

Mettez cuire une livre de racine de
guimauve de la même façon qu'il a été
dit ci-devant, quand vous l'aurez passée
au travers d'un tamis, faites-la dessécher sur le feu ; ensuite vous la mettez
dans une livre de sucre cuit au cassé,
que vous ôtez du feu, & travaillez la
guimauve avec le sucre, en la remuant
toujours avec l'espatule, jusqu'à ce
que le sucre blanchisse, & fasse une petite glace par-dessus, & vous verserez
votre conserve dans des moules de papier ; quand elle sera froide, vous l'ô-
terez des moules pour la couper à votre
usage, en quarré, en losange, ou en
long, de la façon que vous voudrez.

Sirop de Guimauve.

Mettez dans un pot ou une caffetiere
bien propre, une livre de racine de guimauve ratissée, lavée & coupée par petits
morceaux, faites-la bouillir avec de
l'eau jusqu'à ce que la racine soit bien
cuite & très-gluante, ensuite vous passez cette eau dans un tamis en pressant un
peu la racine pour en tirer le suc ; sur un

O

demi-septier de cette décoction, faites cuire une livre de sucre au perlé, mettez-y le jus de guimauve que vous faites bouillir avec le sucre jusqu'à ce qu'il soit réduit en sirop, ou cuit au perlé, quand il sera à demi froid vous le verserez dans les bouteilles, & ne les boucherez que lorsqu'il sera tout-à-fait froid.

DE LA REGLISSE.

OBSERVATION.

C'EST une plante qui a ses branches hautes de deux coudées, ses feuilles sont attachées deux à deux, épaisses, grasses & gommeuses au manier, sa fleur est comme celle de l'hyacinte, sa racine qui est assez connue par les usages que l'on en fait pour les tisanes, est employée à l'Office pour faire des pastilles & des pâtes pour le rhume & pour les douleurs d'estomac.

Pastilles de Réglisse pour le rhume.

Prenez un quarteron de réglisse verte, que vous ratissez & concassez, mettez-la dans une caffetiere avec un peu d'eau, faites-la bouillir jusqu'à ce qu'elle ait

rendu tout fon fuc, & qu'il refte peu
d'eau, paffez cette eau dans un tamis
en preffant la régliffe ; mettez fondre
dans cette même eau une once de gomme
adragante ; lorfqu'elle fera fondue, vous
la pafferez dans une ferviette en la preffant fort ; mettez-la dans un mortier
avec du fucre fin, pilez le tout enfemble, en y ajoutant du fucre fin, jufqu'à
ce que vous ayez une pâte maniable, que
vous retirerez du mortier pour en former des paftilles de la grandeur & deffein que vous voudrez, que vous mettez
fécher à l'étuve.

Pâte de Régliffe pour le rhume.

Ayez une demie livre de régliffe verte que vous ratiffez & concaffez par
petits morceaux, mettez-la dans une
caffetiere avec de l'eau, deux pommes
de reinette, une poignée d'orge ; faites
bouillir le tout enfemble jufqu'à ce que
l'orge foit cuit, & qu'il ne refte qu'environ un demi-feptier d'eau ; paffez le tout
enfemble dans un tamis en preffant fort
avec une efpatule pour en tirer le plus de
décoction que vous pourrez, faites fondre
dans cette décoction une once de gomme
adragante ; lorfqu'elle fera fondue, mettez-y une demie livre de fucre clarifié, que

O ij

vous mettez le tout enſemble ſur un moyen feu pour le faire deſſécher en le remuant toujours avec l'eſpatule juſqu'à ce que votre pâte ne ſe cole plus après les doigts, que vous la dreſſerez ſur des feuilles de cuivre frotées légerement d'huile, enſuite vous la couperez de la longueur du doigt, & de la largeur de demi doigt, pour la mettre ſécher à l'étuve.

DES GRENADES.

OBSERVATION.

C'EST un fruit aſſez connu, il eſt plus recherché pour le plaiſir que pour ſon utilité ; nous en avons de trois ſortes, les premieres ſont douces, les ſecondes aigres, les troiſiémes ſont vi-neuſes & tiennent le milieu entre les douces & les aigres ; il faut les choiſir groſſes, bien mûres & chargées de grains ; celles qui ſont douces, rafraî-chiſſent & adouciſſent les âcretés de la poitrine ; les aigres excitent l'appetit, fortifient le cœur, & ſont employées en Médecine.

Conserve de Grenade.

Epluchez grain à grain une grosse grenade, vermeille & très-mûre, mettez tous ces grains dans un torchon blanc pour presser fort & en tirer le plus de jus que vous pourrez ; faites bouillir ce jus sur le feu & réduire à moitié ; vous avez tout prêt une livre de sucre cuit à la grande plume ; lorsqu'il est à moitié froid, vous y mêlez le jus de la grenade ; après l'avoir remué quelques tours avec l'espatule, vous dresserez la conserve dans un moule de papier ; quand elle sera froide, vous la couperez par tablettes à votre usage.

Sirop de Grenades.

Ayez suffisamment de grosses grenades aigres pour en tirer tous les grains que vous écrasez, & les mettez dans une poële sur le feu pour les faire bouillir quelques bouillons , & ensuite les passer au travers d'un torchon blanc en le tordant fort pour en tirer tout le jus , faites bouillir ce jus jusqu'à ce qu'il soit réduit à moitié ; sur un demi-septier de ce jus que vous avez fait réduire, faites cuire une livre de sucre au grand perlé , mettez-y le jus pour le faire bouillir avec

le fucre environ quatre bouillons ; ôtez-
le du feu & le mettez dans les bouteilles quand il eft prefque froid.

Gelée de Grenades.

Pour faire une gelée de grenades,
il faut faire une décoction de pommes,
vous prenez des pommes fuivant la quantité que vous en voulez faire, coupez-
les par petits morceaux pour les mettre
dans une poële avec un peu d'eau, & les
faire bouillir à petit feu jufqu'à ce qu'elles foient en marmelade, que vous les
paflerez au travers d'un tamis pour en tirer
le plus de décoction que vous pourrez,
mettez dans cette décoction des grains
de grenades bien rouges que vous aurez
émondés, faites-les bouillir enfemble un
moment, enfuite vous paflez votre gelée
dans un tamis ; fur une chopine, vous
ferez cuire une livre de fucre au gros
boulet, mettez-y ce que vous avez paffé au tamis, pour le faire bouillir avec
le fucre, jufqu'à ce que votre gelée foit
faite, ce que vous connoîtrez fi en la prenant avec l'écumoire elle retombe en
nappe d'eau, vous la verferez tout de
fuite dans les pots.

Glace de Grenades. *Voyez* l'article
des Glaces, *page* 168.

DES NEFLES ET AZEROLES.

OBSERVATION.

LES nefles font des fruits qui font peu fervis fur les bonnes tables ; elles ont ordinairement quatre ou cinq noyaux ou offelets, qui font employés en Médecine pour des compofitions aftreingentes. Il faut choifir les nefles bien mûres, moëleufes & groffes. Elles empêchent l'yvreffe, fortifient l'eftomac, & arrêtent le cours de ventre ; quand on en ufe avec excès, elles empêchent la coction des autres alimens, parce qu'elles fe digerent difficilement, les feuilles & les fleurs font employées pour faire des gargarifmes pour les maux de gorge.

Les azeroles font affez femblables aux nefles, excepté qu'elles font plus petites ; elles ont comme elles une efpece de couronne ; ce fruit, quand il eft mûr eft rouge, doux & mol, les meilleures font celles qui croiffent dans l'Italie & le Languedoc, leurs propriétés font les mêmes que celles des nefles.

O iv

Nefles & Azeroles au Caramel.

Ces fruits ne font prefque d'aucun ufage à l'Office, cependant fi l'on vouloit en fervir, & les donner d'une autre façon que dans leur naturel, vous leur mettez à chacun un petit bâton, faites cuire du fucre au caramel que vous tenez chaudement fur un petit feu, & y trempez l'une après l'autre des nefles ou des azeroles, que vous mettez à mefure fur un clayon, c'eft-à-dire, vous mettez les bâtons dans la maille du clayon, afin que le caramel puiffe fécher en l'air, & les fervirez enfuite fur des affiettes garnies d'un rond de papier découpé.

DES RAISINS.

OBSERVATION.

Nous avons de trois fortes de raifins diftingués par leur couleur, les noirs, les rouges & les blancs, chaque efpece fe fubdivife encore en d'autres. Ceux qui font les meilleurs pour fervir fur les bonnes tables, dont la connoiffance eft néceffaire au Maître d'Hôtel, font le *Raifin hâtif* qui paroît le premier, que l'on appelle *Morillon noir*, plus curieux pour sa nouveauté que par sa bonté, parce qu'il paroît noir avant sa maturité, ce qui fait qu'il est souvent servi ayant la peau encore fort dure, cependant il devient doux quand il est bien mûr ; on glace de sucre ceux que l'on sert pour la nouveauté, après qu'ils ont déja paru dans leur naturel, comme cela se pratique à l'égard de plusieurs autres sortes de fruits précoces qui ne sont pas encore dans leur bonté. *Le Chasselas* qui est très-estimé, comprend deux espèces, le blanc & le rouge, tous les deux fort bons, principalement le blanc que l'on a plus communément, & qui est celui de tous les raisins qui se conserve le plus long-tems. *Le Muscat*, nous en avons de trois sortes, le blanc est le plus estimé, aussi excellent à manger dans son naturel que propre à faire sécher au soleil, ou au four, & à confire ; celui qui est d'un rouge violet n'est pas ordinairement si bon que le blanc ; le muscat noir qui est le moins bon des trois, est de moyenne grosseur, & d'un grain rond. *Le Bourdelais*, on l'appelle communément *Verjus*, parce qu'il ne mûrit presque jamais entierement ; c'est un gros raisin longuet & blanc, dont les grappes

O v

font très-groffes, fon ufage eft excellent pour les compotes & confitures de verjus. *Le Raifin de Corinthe* eft d'un grain très-menu, & a la grappe fort petite, cependant il eft très eftimé, parce qu'il eft fans pepins, & d'une eau très-douce. Il y a encore les *Raifins de vigne* que l'on appelle *Raifins communs*, ils font réfervés à faire différentes fortes de vins. En général, il faut choifir les raifins gros, bien mûrs, avec une peau mince & délicate; les raifins nourriffent beaucoup, adouciffent les âcretés de la poitrine, excitent l'appétit, & lâchent le ventre; leur ufage trop fréquent produit des vents & des coliques.

Raifin en Chemife.

Prenez le raifin que vous voudrez; pourvu qu'il foit mûr; le chaffelas & le mufcat font les meilleurs; détachez-le par petites grappes, & les mettez tremper dans du blanc d'œuf à moitié fouetté; enfuite vous les maniez un peu dans les mains, pour qu'il refte peu de blanc d'œuf; il faut tout de fuite les mettre dans du fucre fin, un peu chaud; quand elles auront pris fucre partout, & qu'elles feront féches, vous les dreff

ferez de la façon que vous jugerez à propos.

Raisinet, Confiture bourgeoise.

Il faut cueillir par un tems sec, le
raisin que vous destinez pour faire le
raisinet, & le garderez trois ou quatre
jours avant que de vous en servir, pour
qu'il ait le tems de s'amortir un peu ;
après l'avoir égrainé de ses grappes,
vous mettez tous les grains dans le
vaisseau que vous jugerez à propos,
pourvû qu'il soit bien propre ; faites-
les bouillir sur un petit feu ; en l'écumant à mesure, & le remuant au fond
avec l'espatule, jusqu'à ce qu'il soit diminué à moitié, & qu'il commence a s'é-
paissir : alors vous le passerez au travers
d'un tamis, en le pressant fort avec l'espatule, pour qu'il ne reste dans le tamis
que les peaux & les grains ; remettez
sur le feu ce qui a passé au tamis, pour
le faire cuire sur un très-petit feu, en
le remuant toujours au fond, jusqu'à
ce qu'il soit réduit en sirop ; que vous
l'ôterez pour le mettre dans les pots.
Si vous y voulez du sucre, vous en
mettrez la quantité que vous jugerez à
propos, en le remettant sur le feu, après
l'avoir passé au tamis.

O vj

Raisin confit au liquide.

Choisissez du gros muscat blanc, presque mûr, détachez les grains des grappes, & leur ôtez à chacun les pepins, avec une brochette pointue, sans faire une trop grande ouverture, ayez de l'eau chaude dans un vaisseau, tel que vous jugerez à propos, pourvû qu'il soit bien couvert; mettez-y votre raisin pour le laisser jusqu'à ce qu'il soit reverdi, vous aurez soin de tenir l'eau dans la même chaleur, sans la faire trop chauffer; après avoir retiré le raisin de l'eau, & fait égouter, vous le mettrez dans un sucre cuit à la grande plume; il faut autant de livres de sucre que de livres de fruit; faites - le cuire avec le sucre jusqu'à ce qu'il soit réduit en sirop; ôtez-le du feu; quand il sera presque froid, vous le mettrez dans les pots.

Raisin confit sans peau.

Ayez du gros muscat à demi mûr; ôtez-en les peaux de chaque grain, & les pepins, avec une petite brochette pointue, faites cuire à la petite plume autant pesant de sucre que vous avez de raisin; mettez-le dans le sucre, pour lui donner un très-petit bouillon, enfuite vous le mettez dans une terrine, pour le laiffer vingt-quatre heures dans le fucre, après vous coulerez doucement le firop dans une poële pour le faire cuire au grand perlé, remettez les raifins dans le fucre pour leur donner deux ou trois bouillons, ayez foin de les bien écumer, quand ils feront à demi-froid, vous les mettrez dans les pots.

Raifin confit au fec en grappes.

Prenez du gros mufcat prefque mûr, coupez-le par petites grappes, faites cuire à la grande plume trois quarterons de fucre pour livre de raifin, rangez toutes vos petites grappes dans le fucre, faites bouillir votre raifin deux ou trois bouillons couverts jufqu'à ce que le firop foit au grand perlé, defcendez-le du feu pour l'écumer avec des petits morceaux de papier, quand il fera froid, vous retirerez toutes les petites grappes pour les mettre égouter fur des feuilles de cuivre, poudrez tous les raifins avec du fucre fin paffé au tambour, que vous mettrez légerement avec un fucrier, & le mettrez à l'étuve pour le faire fécher.

Compote de Raisin muscat.

Egrainez des raisins muscats bien mûrs, ôtez-en les pepins avec un petite brochette pointue ; pelez-les si vous le jugez à propos ; sur une livre de raisin, vous ferez cuire à la petite plume une demie livre de sucre ; mettez-y les raisins pour leur donner quelques bouillons ; ensuite vous les descendez du feu pour les écumer avec des petits morceaux de papier blanc, que vous passez dessus ; dressez dans le compotier.

Conserve de Muscat.

Prenez une livre de raisin muscat bien mûr, égrainez-le & le mettez dans une poële sur le feu pour lui faire rendre son jus ; passez-le au tamis, en le pressant fort avec une espatule ; mettez le jus qu'il aura rendu sur le feu pour le faire décuire, & réduire à un quart : faites cuire une livre de sucre au caffé ; laissez un peu réfroidir le sucre, & y mettez le muscat que vous avez fait décuire ; travaillez-le avec l'espatule, en le remuant toujours, jusqu'à ce que le sucre commence à blanchir, que vous dreffez la conferve dans un moule de papier ; quand elle fera prife, & tout-à-fait froide, vous la couperez par tablettes à votre ufage.

Pâte de Mufcat.

Egrainez trois livres de raifin mufcat, que vous mettez dans une poële avec un demi-feptier d'eau ; faites bouillir un bouillon couvert, & mettez votre raifin fur un tamis, pour en tirer le plus de jus que vous pourrez en le preffant fort avec une fpatule ; enfuite vous mettrez tout ce que vous avez tiré fur le feu pour le faire deffécher ; & réduire en marmelade épaiffe, fur une livre de cette marmelade, vous ferez cuire une livre de fucre à la grande plume, mettez-y la marmelade de raifin, pour les bien mêler enfemble en les remuant toujours avec la fpatule, remettez fur le feu feulement pour faire frémir en la remuant, après vous la drefferez dans les moules à pâte pour faire fécher à l'étuve.

Gelée de Mufcat.

Mettez dans une poële fix livres de raifin mufcat bien mûr, que vous égrainez de fa grappe, avec un verre d'eau, faites-le bouillir fix ou fept bouillons, & le paffez enfuite au tamis pour en tirer tous le jus, fur une chopine de ce jus, faites cuire une livre de fucre à la grande plume, mettez-y le jus de mufcat, pour faire bouillir avec le fucre, jufqu'à ce qu'en prenant de la gelée avec l'écumoire, elle retombe en nappe; ôtez-la du feu, quand elle fera un peu réfroidie, vous la mettrez dans les pots.

Clarequets de Mufcat.

Coupez par morceaux trois pommes de rambour franc, que vous mettez dans une poële, avec un demi-feptier d'eau, & deux livres de raifin mufcat prefque mûr, faites bouillir enfemble jufqu'à ce que les pommes foient en marmelade, paffez enfuite cette décoction au tamis, fur un demi-feptier faites cuire une livre de fucre au caffé, mettez-y votre décoction pour les remettre fur le feu, & réduire en gelée, faites faire deux ou trois bouillons, & l'ôterez lorfqu'elle tombera en nappe de l'écumoire, pour la mettre dans les moules à clarequets, que vous mettrez à l'étuve pour les faire prendre.

Ratafiat de Raisin Muscat.

Prenez du raisin muscat, qui soit très-mûr ; écrasez-en tous les grains pour en tirer tous le jus, que vous passez dans un tamis, en les pressant fort avec l'espatule ; sur deux pintes de ce jus, que vous mettez dans une cruche, mettez-y avec deux pintes de bonne eau-de-vie, une livre de sucre, un demi-gros de canelle ; bouchez bien la cruche avec un bouchon de liege, & un parchemin mouillé ; mettez infuser votre ratafiat au soleil pendant cinq ou six jours ; ensuite vous le passerez à la chausse ; lorsqu'il sera bien clair, vous le mettrez dans des bouteilles que vous aurez soin de bien boucher.

Ratafiat de Muscat mêlé.

Pilez dans un mortier quinze amandes de noyau d'abricots, avec une petite branche de fenouil, une demie poignée de coriandre, un demi gros de canelle, le tout étant pilé, vous le mettez dans une cruche avec trois chopines de jus de raisin muscat bien mûr ; deux pintes d'eau-de-vie, deux livres de sucre cuit au grand perlé, mêlez bien le tout ensemble dans la cruche, & la bouchez d'un bouchon de liége couvert d'un parchemin mouillé, que vous mettrez infuser pendant trois femaines au foleil du midi, enfuite vous le pafferez plufieurs fois à la chauffe s'il n'étoit pas affez clair de la premiere, & le conferverez dans des bouteilles bien bouchées.

Pommade pour les levres.

Prenez une demi-livre de beurre frais, un quarteron de cire neuve jaune, une once d'or canette, trois grappes de raifin noir, vous n'en prendrez que les grains; mettez le tout dans une terrine neuve vernie, que vous ferez bouillir jufqu'à confiftance de cuiffon, c'eft-à-dire, quand vous verrez qu'elle fera affez épaiffe, vous la pafferez dans un linge blanc fans l'exprimer ou preffer, lorfque votre pommade quittera le vafe où vous l'avez paffée, elle fera à fa cuiffon. Cette pommade, quoique fimple, eft très-bonne, & fe garde tant que l'on veut, la bonne façon eft d'en faire plufieurs petits pots.

DES POMMES.

OBSERVATION.

CE fruit qui eſt très-connu, eſt fort
en uſage parmi les alimens, principalement dans l'Hyver, tems auquel il
eſt meilleur, parce qu'il a eu le tems de
dépoſer ſon humidité crue. Il y en a de
beaucoup d'eſpèces différentes, qui ſont
diſtinguées par leur groſſeur, leur couleur & le goût, quelques-unes ont un
goût de poires, ce qui leur vient des
greffes que l'on a entées ſur des poiriers.
Nous en avons dans toutes ſortes d'endroits, cependant elles ſont plus communes en Normandie qu'en tout autre
province, non-ſeulement celles qui ſont
bonnes à manger, mais encore beaucoup
d'autres qui ont un goût acide, & qui
ne ſervent qu'à faire d'excellent cidre.

Dans le choix que l'on fait des pommes, il faut obſerver qu'elles ſoient
aſſez mûres, d'un goût doux, & bien colorées. Elles ſont aperitives, cordiales,
rafraîchiſſantes, appaiſent la ſoif, excitent le crachat, & lâchent le ventre ; cependant ceux qui ont l'eſtomac foible

doivent en ufer avec modération ; celles qui font cuites doivent être préférées pour la fanté à celles qui font crues.

Des différentes efpeces de Pommes.

Les premieres qui paroiffent, & qui durent peu de tems, font les *Paf-fepommes*, il y en a de hâtives & de tardives, de rouges & de blanches, elles ne font recherchées que pour la nouveauté, & pour en faire des compotes.

Le *Rambour franc*, qui eft une très-bonne pomme à mettre en compote, fe mange dans le mois d'Août, elle eft groffe, & il y en a de toutes blanches qui peuvent s'employer à demi-verd, d'autres qui font rayées de rouge d'un côté, & vertes de l'autre.

La *Reinette* commence d'être bonne à manger crue à la fin de Décembre, & fe conferve jufqu'au Printems ; nous en avons de plufieurs efpeces, de grifes, de blanches, de vertes & de rouffes, la plus eftimée eft la reinette franche, fa couleur eft d'un jaune marqué de petits points noirs, elle a l'eau fucrée. La blanche eft celle de toutes les reinettes la moins eftimée.

La *Calville* qui commence en Octobre, & dure jufqu'à la fin de Février, fe divife en deux efpeces, la blanche qui vient la premiere, eft auffi blanche en dedans que dehors ; la rouge vient après ; fa chair eft quelquefois teinte de rouge, ce qui lui donne une bonne odeur de violette, & la fait eftimer ; leur maturité fe connoît, fi en les fecouant contre l'oreille vous entendez fonner les pepins.

La pomme de Gorge de Pigeon eft femblable à la Calville rouge, excepté qu'elle n'eft pas d'une coûleur fi foncée, elle eft excellente pour faire des compotes & de la gelée bien blanche ; de toutes les pommes, les Reinettes, les Calvilles, & les pommes de Gorge de Pigeon, font celles qui réuffiffent le mieux pour les compotes.

La Pomme d'Apy eft très-connue pour fa petiteffe, fon joli vermillon & fa peau unie qui ne fe fane jamais ; de forte qu'elle fe montre avec fon même éclat depuis la fin de Novembre qu'elle commence à paroître jufqu'à la fin d'Avril, elle eft bonne à manger quand il ne refte plus de verd auprès de l'œil, ni auprès de la queue ; fa chair croquante d'un certain goût de parfum la fait très-eftimer, fa peau eft fi fine qu'à peine l'apperçoit-on, elle fe mange avec la pomme, & contribue encore à l'agrément de son goût.

Le *Chantigner* est une bonne pomme, d'une substance ferme & agréable, sa couleur est d'un blanc rayé de rouge.

Le *Courpendu* se mange depuis Décembre jusqu'au commencement d'Avril, nous en avons de deux sortes, de rouge & de blanc, qui sont tous les deux très-bons, d'une eau relevée, & la chair fine.

Le *Fenouillet*, ainsi appellé, parce que quand on le mange il a un goût de fenouil, est bon à servir depuis Décembre jusqu'à la fin de Mars ; il y en a de trois sortes, l'une d'un gris roussâtre qui approche de ventre de biche, une jaune, & l'autre blanche.

La *Pomme d'Or d'Angleterre* qui est très-estimée, est semblable à la pomme d'Apy, & même plus recherchée pour son bon goût, les meilleures nous viennent du côté du Rhône.

La *Violette* se peut manger aussi-tôt qu'elle est cueillie, & dure jusqu'à la fin de Janvier, c'est une grosse pomme ronde, qui est fort bonne, sa couleur est d'un rouge rayé de violet, sa chair est blanche, fine & d'une eau sucrée.

Nous avons encore le Petit-Bon le

Francatus, la Lazarelle, les Orgerans, la pomme de Glace, la Jerusalem, & beaucoup d'autres qui ne sont bonnes qu'à secher, ou pour mettre cuire au four.

Clarequets de Pommes.

Prenez un demi quarteron de pommes de reinettes tendres, & qui ne soient point tachées, pelez-les légerement, & qu'il ne reste point de peau ; il faut les couper bien minces & les laver dans trois ou quatre eaux en les frottant avec les mains pour en faire sortir la crasse ; mettez-les dans une pinte d'eau, sur un grand feu, vous aurez soin de les couvrir d'un rond de papier ; quand l'eau en sera réduite au trois quarts & plus, vous les jetterez sur un tamis que vous mettrez sur une terrine ou un plat pour en recevoir le jus ; passez ce jus à la chausse ou dans une serviette mouillée, vous tremperez votre doigt dedans, & vous verrez si vous la sentez assez gluante, elle sera assez forte, il faut mesurer cette décoction afin de vous régler pour mettre autant de sucre clarifié, que vous réduirez au cassé ; mettez y votre décoction que vous aurez eu soin de tenir sur de la cendre chaude, versez-la dou-

cement afin de décuire le fucre, mettez
votre gelée fur le feu ; au premier bouillon, vous l'ôterez pour l'écumer, remettez-la fur le feu pour faire deux ou
trois bouillons couverts ; pour connoître
fa cuiffon, trempez-y une cuilliere d'argent ; fi elle tombe en nape, & qu'elle
quitte net, c'eft une marque qu'elle eft
bien, vous la retirez pour la mettre dans
les gobelets à clarequets.

Compote de Pommes de Reinette
à la Bourgeoife.

Coupez par la moitié fept ou huit
pommes, dont vous ôtez les cœurs,
piquez dans plufieurs endroits le deffus
de la peau avec la pointe du couteau,
après les avoir mifes un moment dans
l'eau, vous les mettez dans une poële
fur un petit feu avec environ un quarteron de fucre & deux verres d'eau, faites-
les cuire jufqu'à ce qu'elles fléchiffent
beaucoup fous les doigts, que vous les
retirez pour les dreffer dans le compotier, donnez encore quelques bouillons à votre firop, que vous pafferez
au tamis fur les pommes.

Compote blanche de Reinette.

Ayez fept ou huit pommes de reinette

que vous coupez par la moitié, ôtez-en les cœurs & les pelez proprement pour les mettre à mesure dans de l'eau, ensuite vous les mettez dans une poële avec deux verres d'eau, deux ou trois tranches de citron, un quarteron de sucre; faites cuire à petit feu jusqu'à ce que les pommmes fléchissent beaucoup sous les doigts, que vous les dressez dans le compotier; passez le sirop au tamis, & le faites réduire sur le feu jusqu'à ce que le sucre vienne au grand lissé, que vous le versez sur les pommes.

Compotes de Pommes en gelée.

Mettez dans une poële huit pommes de reinette coupées par petits morceaux, avec la moitié d'un citron en tranches, & une pinte d'eau, mettez-les sur le feu pour les faire cuire jusqu'à ce qu'elles soient presqu'en marmelade, que vous les passez au travers d'un tamis pour en recevoir la décoction, que vous mettez dans la poële avec une livre de sucre clarifié, huit pommes de reinette coupées par moitié, les cœurs ôtés & pelées proprement; faites bouillir les pommes avec le sucre clarifié & la décoction, jusqu'à ce qu'elles fléchissent beaucoup sous les doigts, en-

P.

fuite vous les dreffez dans le compotier, paffez le firop au tamis, & le remettez fur le feu pour le faire réduire
jufqu'à ce qu'en le prenant avec une
cuilliere il tombe en nappe & quitte net,
ôtez-le du feu pour le verfer fur une affiette, ce qui vous fournira une belle gelée; quand elle fera prife, il faut mettre
l'affiette fur un feu doux, feulement pour
faire détacher la gelée, que vous glifferez fur les pommes qui font dans le
compotier. Ordinairement ces pommes
fe mettent entieres, parce qu'elles en
font plus belles.

Compote de Pommes à la cloche.

Otez les cœurs à fept ou huit pommes
de reinette en les perçant avec une vuidelle de fer-blanc que vous paffez au
travers de la pomme, en commençant
par le côté de la queue, ou avec un
petit couteau, il faut prendre garde de
les caffer, enfuite vous mettez les pommes fur un compotier d'argent, ou fur
une affiette, avec du fucre fin deffus &
deffous, mettez le compotier fur un très-
petit feu, couvrez-les d'un couvercle
de tourtiere avec du feu deffus, faites-
les cuire à petit feu; lorfqu'elles fléchiront fous les doigts, & qu'elles feront

bien glacées, vous les servirez chaudement ; si vous voulez les servir dans un compotier de porcelaine, vous les glisserez dedans, & les tiendrez chaudement à l'étuve jusqu'à ce que vous les serviez.

Compote de Pommes farcies.

Prenez six belles pommes de reinette que vous pelez & vuidez avec une vuidelle ou un petit couteau, mettez-les dans de l'eau fraîche avec un jus de citron pour les tenir blanches ; faites cuire une demie livre de sucre clarifié que vous ferez réduire à la grande plume, mettez-y cuire les pommes ; vous aurez soin qu'elles ne se lâchent point ; lorsqu'elles seront cuites, vous les dresserez dans le compotier ; quand elles seront froides, il faut les farcir, c'est-à-dire, les remplir d'une marmelade d'abricot ou de telle confiture que vous voudrez ; vous racheverez de faire cuire le sirop jusqu'à ce qu'il soit en gelée, que vous le mettrez sur une assiette jusqu'à ce qu'il soit froid ; lorsque vous voudrez servir, faites chauffer l'assiette sur le bord d'un fourneau, seulement pour en faire détacher la gelée que vous glissez sur les pommes.

P ij

Vieilles Compotes de Pommes grillées au Caramel.

Lorfqu'on a des vieilles compotes blanches, que l'on veut changer, il faut les faire griller dans leur firop, c'eft-à-dire les réduire au caramel, vous tournez la poële doucement fur le feu pour leur donner une couleur de caramel grillé ; ayez foin de les tenir le plus blondes que vous pourrez, en prenant garde que le caramel ne foit pas trop coloré ; quand elles feront de belle couleur, mettez une affiette dans la poële fur les pommes, renverfez-les deffus de la même façon que fi vous retourniez une aumelette, vous mettrez un peu d'eau fur votre affiette, que vous mettrez un moment fur le feu, feulement pour faire détacher la compote, que vous glifferez dans le compotier ; s'il eft d'argent vous le mettrez fur des cendres chaudes ; s'il eft de porcelaine, vous aurez foin de le tenir à l'étuve.

Compote de Rambour, de Calville & autres.

Vous faites des compotes de pommes de rambour, de calville & autres de la même façon que celles de reinette, à cette différence, qu'il ne faut point les peler, parce que ces pommes n'ont point affez de confiftance pour fe foutenir fans leur peau, & fe mettent tout de fuite en marmelade, il faut peu de tems pour les cuire, elles fe mettent en compote grillée, en compote à la Bourgeoife, & en compote à la cloche.

Gelée rouge de Pommes.

Prenez la quantité de pommes de reinette que vous jugerez à propos; coupez-les en petites tranches minces, & les mettez dans une poële, avec un peu d'eau, un verre de cochenille préparé; couvrez la poële, & faites cuire les pommes jufqu'à ce qu'elles foient en marmelade; enfuite vous paffez les pommes au travers d'un tamis pour en tirer le plus de jus que vous pourrez; fur une chopine de ce jus, faites cuire une livre de fucre au gros boulet; mettez-y le jus des pommes que vous faites bouillir, jufqu'à ce qu'en prenant de la gelée avec l'écumoire, elle retombe en nappe, que vous la retirez du feu, pour la mettre dans les pots.

Gelée blanche de Pommes.

Pelez les pommes que vous voulez employer, & les coupez par petits morceaux pour les mettre dans une poële, avec un peu d'eau, & la moitié d'un citron en tranches; faites-les bouillir à petit feu, fans les couvrir, jufqu'à ce qu'elles foient en marmelade; enfuite vous les paſſerez au travers d'un tamis, pour en tirer le plus de jus que vous pourrez, & la finirez comme la précédente.

Gelée de Pommes de Rouen.

Ayez la quantité de pommes de reinette tendres, fans être tachées, fuivant ce que vous voulez faire de gelée; pelez-les légerement, & les coupez très-minces; enfuite vous les laverez dans trois ou quatre eaux, en les frottant avec les mains pour en ôter la craſſe; mettez-les dans une poële avec de l'eau; & les couvrez avec un rond de papier; fi vous avez un demi-cent de pommes, il faut deux pintes d'eau; faites-les bouillir à grand feu, jufqu'à ce que l'eau foit réduite aux trois quarts, que vous jetterez les pommes fur un tamis, & une terrine deſſous pour en recevoir le jus; enfuite vous paſſerez ce jus dans

une serviette mouillée ; pour que votre décoction soit assez forte, il faut
qu'elle soit gluante en la tâtant avec les
doigts : après l'avoir mesurée vous la
tiendrez sur de la cendre chaude ; mettez dans une poële autant de sucre clarifié que vous avez de décoction ; faites-
le réduire au cassé ; mettez-y la décoction , que vous verserez en douceur
pour décuire le sucre ; au premier bouillon , il faut l'écumer & la remettre sur
le feu ; faire deux ou trois bouillons
couverts ; trempez-y une cuilliere d'argent ; si la gelée tombe en nappe , &
qu'elle quitte net , c'est une marque
qu'elle est faite.

Marmelade de Pommes.

Mettez dans de l'eau bouillante la
quantité de Pommes de reinette que
vous jugerez à propos ; faites-les cuire
jusqu'à ce qu'elles commencent à fléchir
sous les doigts , que vous les retirez
dans de l'eau fraîche pour leur ôter la
peau ; prenez-en la chair , que vous
mettez sur un tamis pour la faire passer
au travers, en la pressant fort avec une
espatule ; mettez ce qui a passé dans
une poële sur le feu, pour le faire dessécher jusqu'à ce qu'elle soit en mar-

melade bien épaiffe ; fur une livre de cette marmelade, vous ferez cuire une livre de fucre à la grande plume ; met- tez-y la marmelade, que vous remuez bien enfemble, jufqu'à ce qu'elle foit incorporée avec le fucre, remettez fur le feu feulement pour la faire frémir, en la remuant toujours, & la dreflerez dans les pots ; quand elle fera à moitié froide, vous jettez un peu de fucre en poudre deflus, & ne la couvrirez que lorfqu'elle fera tout à fait froide.

Sirop de Pommes.

Coupez par petits morceaux la quan- tité de pommes de reinette que vous voudrez ; mettez-les dans une poële avec très-peu d'eau, faites-les cuire jufqu'à ce qu'elles foient en marmela- de ; après vous les pafferez au tamis pour en tirer le plus de jus que vous pourrez ; fur une chopine de ce jus faites cuire deux livres de fucre à la grande plume ; mettez-y le jus des pom- mes pour le faire bouillir, jufqu'à ce qu'il foit en firop fort, & le mettrez dans des bouteilles, quand il fera pref- que froid. Ce firop peut fe garder long- tems.

Sirop de Pommes au Clayon.

Pelez de bonnes pommes, de celles que vous voudrez, que vous coupez en petites tranches très-minces, vous mettez un clayon d'ozier sur une terrine bien propre, arrangez-y dessus une couche de tranches de pommes ; mettez sur les pommes du sucre fin suffisamment ; vous remettrez ensuite une couche de pommes, & une de sucre fin, & continuerez de cette façon jusqu'à la fin, en finissant par le sucre ; couvrez-les avec un plat, & les portez à la cave jusqu'au lendemain, pour que l'humidité fasse fondre le sucre, & se mêle avec le suc des pommes, qui passera au travers du clayon, & dégoutera dans la terrine ; vous en prendrez le sirop pour vous en servir à ce que vous jugerez à propos ; il ne faut pas le garder, parce qu'il ne peut pas se conserver.

Sirop de Pommes au bain-marie.

Mettez dans un pot de terre très-propre & bien bouché, une douzaine de pommes de reinette, coupées par petits morceaux, avec une livre & demie de sucre fin, & deux cuillerées d'eau seulement pour faire fondre le sucre ; remuez bien le tout ensemble ; bouchez le pot avec son couvercle, de la pâte autour, faite avec de l'eau & de la farine ; mettez-le bouillir au bain-marie, l'espace de trois heures ; après vous le retirez ; découvrez le pot pour y presser le jus de la moitié d'un citron ; remuez le sirop & le recouvrez, laissez-le réfroidir sans le remuer, pour que le citron fasse tomber la crasse au fond du pot ; ensuite vous le passerez au travers d'un tamis, en le versant en douceur pour ne le point troubler, & & le mettrez dans des bouteilles, pour vous en servir au besoin.

Pommes tappées.

Pour faire des pommes tappées, il faut choisir tout ce qu'il y a de plus beau en reinette, & sans tache, la saison est au mois de Janvier, vous leur faites six incisions légerement, dans toute l'étendue de la pomme, d'égale distance, mettez les au four sur un plat d'argent, ou un plateau de cuisine, vous observerez que le four ne soit pas trop chaud, & qu'elles puissent cuire sans être brûlées ; vous les ôtez du four, & les applatissez de l'épaisseur de deux

écus, poudrez-les des deux côtés avec
du fucre fin paffé au tambour, remettez-les au four pour les laiffer paffer
le refte de la nuit ou de la journée,
vous les retirez pour les poudrer encore
de fucre fin, & les mettez à l'étuve,
pour les tenir féchement, elles fe fer-
vent-ordinairement fur des affiettes,
avec un rond de papier découpé, elles
peuvent vous fervir de compotes ou
d'affiette. Cette façon de pommes a
fait les délices du Roi, de la Reine, &
de toute la Cour.

Pâte de Pommes.

Pelez une douzaine de pommes de
reinette, n'en prenez que la chair, que
vous mettez dans une poële, avec un
verre d'eau ; faites-les cuire à petit
feu jufqu'à ce qu'elles foient en marmelade ; paffez-les au travers d'un tamis,
& les remettez fur le feu pour les faire
deffécher, jufqu'à ce qu'elles quittent
la poële; il faut toujours les remuer fur
la fin, de crainte qu'elles ne s'attachent,
pefez cette pâte, pour faire cuire autant
pefant de fucre à la grande plume ; délayez les pommes avec le fucre jufqu'à
ce qu'ils foient bien incorporés enfemble ; remettez cette pâte fur le feu, feu

lement pour la faire frémir, en la remuant toujours, & la dresserez toute chaude dans les moules à pâte, que vous mettez sécher à l'étuve.

Table de quarante à cinquante couverts servie à vingt-une pieces, les trois milieux peuvent servir de dormans.

N°. 1. Représentation du Palais de Circé, qui métamorphose les Compagnons d'Ulysse en pourceaux.

N°. 2. Places des Colonnes.

N°. 3. Les dégrés du Palais.

N°. 4. Trône de Circé.

N°. 5. Des pieds d'estaux, les contours du numéro 5 font des parterres.

N°. 6. Tous les petits ronds qui font les numéros 6 font les places des arbres ; ces arbres se font chez les Fleuristes.

N°. 7. Tous les carrés qui font les numéros 7 représentent des pieds d'estaux & des vases dessus.

Les fonds font garnis de différens fables, l'on peut laisser la glace dans son naturel si l'on veut, les bordures font pour mettre du sec si l'on veut ; à l'égard des compotiers qui font autour, l'on en met le nombre que l'on juge à propos.

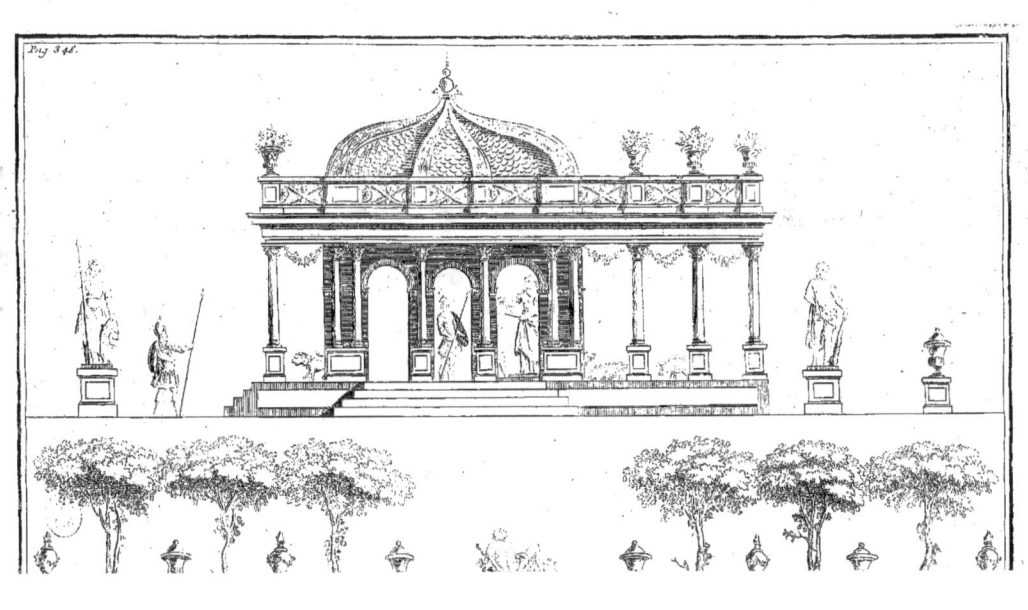

DE L'HIVER.

L'HIVER qui comprend les mois de Décembre, Janvier & Février, nous fait jouir des provisions de l'Automne, comme des poires de plusieurs especes, de pommes de plusieuts especes, des marons, des olives, des oranges douces de Portugal, de la Chine & de Provence, des oranges aigres, des citrons, des cedres, des limons, des poncires.

En salades, nous avons le céleri, la chicorée ordinaire, la chicorée sauvage, la blanche & la verte, les cornichons confits, les salades d'anchois, des petits oignons blancs, des filets de poissons cuits, des salades de thon mariné, des bétraves, quelquefois de la petite laitue avec sa fourniture, des olives, des pucholines.

Le travail de cette saison consiste à faire toutes sortes de compotes de poires; de pommes, de marons, de zests d'oranges, de citrons, de cedres, de pon-

cires, de limons ; on en fait confire
pour les fervir au fec, au liquide, comme aufli des marmelades, des conferves, des pâtes ; le peu de fruits que nous
avons, fait qu'il faut avoir recours à
divers fortes d'ouvrages de fucre qui fe
peuvent faire toute l'année, comme des
bifcuits, des paftilles, des amandes de
diverfes fortes, du caramel, des candis,
des meringues, des maffepains, des macarons, des gaufres, qui, avec le fecours
des confitures qu'on a faites dans l'Eté
& l'Automne, fourniffent pour garnir
toutes fortes de bonnes tables.

Des Poires d'Hiver.

LA *Marquife* fe mange en Novembre, c'eft une poire femblable au
Bon-Chrétien d'Hiver, elle eft fondante
& beurrée, verte quand on la cueille,
elle jaunit en mûriffant, fon eau eft fucrée & mufquée.

L'*Ambrette* fe mange au mois de Décembre, elle eft ronde fa couleur grife
dans les terres fortes, & blanchâtre dans
les terres légeres ; c'eft une poire fondante & d'une eau fucrée.

La *Louife-bonne* fe mange en Novembre, & dure jufqu'à la fin de Décembre,
il y en a de deux fortes, la groffe & la

petite, la derniere eſt la plus eſtimée, ſon coloris eſt verdâtre & un peu tacheté, elle blanchit en mûriſſant, ce qui n'arrive point à la groſſe; quand elle fléchit ſous le pouce en l'appuyant auprès de l'œil, elle eſt à ſon point de maturité, ſon eau eſt ſucrée & d'un goût relevé.

La *Bergamotte d'Hiver* ſe mange en Décembre, & dure quelquefois juſqu'au Carême, elle eſt ſemblable à celles d'Automne, d'un goût excellent & très-eſtimé.

L'*Epine d'Hiver* ſe mange en Novembre & Décembre, c'eſt une belle poire plus longue que ronde, & plus groſſe que les bergamottes, d'une peau ſatinée & d'un coloris entre verd & blanc, elle jaunit en mûriſſant, elle eſt fine & fondante, ſon eau douce & muſquée la fait très-eſtimer.

L'*Echaſſerie* ſe mange en Novembre; & dure quelque fois juſqu'en Janvier, c'eſt une poire très eſtimée, elle eſt ronde en ovale, de couleur jaune, ſa chair eſt fine & beurrée, ſon eau ſucrée & muſquée.

Le *Saint-Germain* ſe mange depuis Décembre juſqu'à la fin de Mars, c'eſt une poire qui reſſemble au Bon-Chréien , elle eſt groſſe plus longue que onde, la peau douce & unie, d'un coloris verd tiqueté, & jaunit à meſure qu'elle mûrit; ſa chair eſt tendre, d'une eau ſucrée & très-relevée.

Le *Bezy de Chaumontel* ſe mange en Décembre; c'eſt une poire groſſe & longue, la peau ſemblable à celle du beurré gris , & d'une eau ſucrée.

La *Merveille d'Hiver* ſe ſert en Décembre; c'eſt une poire verdâtre, fonlante , d'une eau ſucrée, & de figure inégale.

La *Virgouleuſe* ſe ſert en Décembre, & dure juſqu'à la fin de Janvier; c'eſt une poire des plus eſtimée, elle eſt aſſez groſſe , longue & verte, liſſée & unie, qui jaunit & ſe fane en mûriſſant , il faut la conſerver ſur de la mouſſe bien ſéche, qui n'ait point de mauvaiſe odeur, parce qu'elle eſt ſuſceptible d'en prendre; ſa bonne maturité ſe connoît, ſi elle obéit en la preſſant en douceur avec le pouce du côté de la queue, ſa chair eſt d'un goût fin, relevé , & d'une eau ſucrée.

Le *Rouſſelet d'Anjou*, autrement *Bezy Quaſſoy*, ſe mange en Novembre; c'eſt une petite poire d'une peau unie & d'un coloris jaunâtre , chargée partout de

rouffeurs ; fa chair eft tendre & beurrée,
mais fujette à être pierreuse & pâteuse.

Le *Bon-Chrétien d'Hiver* eft une poire
très-connue, & qui eft la plus eftimée,
non feulement pour fon goût & fa beauté, mais encore parce qu'elle eft des
mois entiers dans fa maturité fans fe
molir, ni pourrir, ce qui n'arrive point
aux autres ; aufi nous en avons tout l'Hiver, & quelque fois jufqu'aux primeurs
du Printems. On en diftingue de plufieurs fortes, le doré, le long, le verd, le
brun, le rond, le fatiné, celui d'Angleterre, celui d'Auch ; tous ces noms
différens, à ce que l'on croit, marquent
bien moins la différence des efpeces que
la diverfité des terroirs ; comme le goût
& la beauté en font le mérite, & que
toutes font également bonnes à fervir
crues ou cuites, elles font honneur à un
deffert ; ainfi ces noms font de peu d'im-
portance pour l'Officier. Elles font très-
groffes, d'une longueur en pyramide,
le coloris incarnat dans un fond jaune,
d'une eau abondante, fucrée & parfumée, la chair affez tendre & caffante,
le goût agréable & relevé.

L'*Angelique de Bordeaux* ou la *Saint-
Martial* fe garde long-tems, & reffem-
ble au Bon-Chrétien d'Hiver ; excepté

qu'elle eſt moins groſſe & plus plate, elle eſt caſſante & d'une eau fort ſucrée.

La *Bergamotte de Solaire* ſe mange en Février & en Mars, elle eſt tachetée de noir, moins plate qu'une Bergamotte d'Automne, ſa chair eſt fondante, d'une bonne eau ſucrée.

Le *Martin ſec* ſe mange ordinairement avec ſa peau comme le Rouſſelet, preſque auſſi-tôt qu'il eſt cueilli; c'eſt une poire très-eſtimée pour ſa beauté & ſon bon goût, ſa couleur eſt d'un roux iſabelle d'un côté, & fort coloré de l'autre, ſa chair eſt fine & caſſante, d'une eau ſucrée & parfumée.

Le *Bon-Chrétien d'Eſpagne* ſe mange depuis Novembre juſqu'en Janvier; c'eſt une poire qui reſſemble au Bon-Chrétien d'Hiver, elle eſt marquée d'un côté d'un blanc jaunâtre; & de l'autre, d'un rouge vif taqueté de petits points noirs, ſa chair eſt caſſante, d'une eau fort ſucrée.

Le *Saint-Auguſtin* ſe ſert en Décembre; c'eſt une poire de moyenne groſſeur, d'un jaune citron un peu taqueté, & terminée par un peu de rouge du côté du Soleil.

La *Poire Dauphine* eſt aſſez groſſe & charnue, la peau liſſée, de figure un peu ronde, & allongée vers la queue, d'un jaune pâle, sa chair fondante & d'une eau sucrée.

La *Bonville* se mange en Décembre, & dure jusqu'à la fin de Février, elle ressemble assez par sa figure & grosseur au Rousselet, sa peau est satinée & lissée, d'un coloris vif d'un côté, elle jaunit en mûrissant, sa chair est cassante, d'une eau sucrée.

Le *Rousselet d'Hiver*, sa chair est tendre, cassante, & d'une eau sucrée, il est un peu plus verd, & a moins de rouge que le Martin-Sec, il jaunit en mûrissant, & est bon à servir quand vous sentez une petite humidité sur sa peau, ce qui arrive aussi aux Bergamottes, sa Saison ordinaire est le mois de Février.

Nous avons encore les poires à cuire, comme la poire de Livre, le Franc-Réal, la Poire de Fer, la Poire de Fusée, la Poire d'Armenie, la Poire de Chapeau, & une infinité d'autres.

Toutes les Poires qui sont bonnes à manger crues, sont aussi très-bonnes à cuire, pourvû que l'on s'en serve avant leur maturité.

DES OLIVES.

OBSERVATION.

LES Olives font plus ou moins groffes, fuivant les lieux où elles naiffent;
les plus groffes qui font comme une
mufcade, font celles d'Efpagne; celles
qui parmi nous font le plus en ufage,
nous viennent du Languedoc & de Provence; leur groffeur eft comme celle
d'un gland de chêne, de figure ovale
ou oblongue. Ce fruit doit être cueilli
avant fa maturité; comme il a alors un
goût amer, âpre, acerbe & infupor-
table, on le fait paffer, en le prépa-
rant de plufieurs façons. Les Pucholines, qui font les olives les plus eftimées, font préparées de cette maniere:
Vous faites une leffive avec de la cendre de bois de vigne ou de chêne, &
de la chaux vive; vous y mettez tremper pendant vingt-quatre heures les
olives vertes. Cette leffive diffout &
attenue un foufle falin & groffier qui eft
dans les olives, ce qui fait qu'elles prennent une couleur rouge; vous retirez
après les olives de la leffive pour les

mettre dans de l'eau douce, que vous
avec soin de changer tous les jours pendant neuf ou dix jours, jusqu'à ce qu'elles ayent perdu l'âcreté que leur a com-
muniqué la lessive ; vous les mettez après
dans une saumure que vous faites, en
mettant fondre autant de sel dans l'eau,
qu'il en faut pour qu'un œuf puisse
être soutenu dans la saumure, il faut
un mois pour que les olives y acquier-
rent leur dégré de perfection. Celles
qui sont préparées de cette façon se
conservent plus long-tems, parce que la
lessive en a enlevé un soufre chargé
d'acide. Quelques-uns pour ne les point
mettre dans la lessive, & les manger
plus promptement, les mettent dans
de la piquette ; ensuite ils les font tremper dans de l'eau douce, en les changeant souvent jusqu'à ce qu'elles soient
adoucies ; après ils les retirent de l'eau
pour les mettre dans des pots de grès,
en faisant plusieurs couches d'olives,
saupoudrées de graines de tige de fenouil & de sel, & remplissant d'eau tous
les vuides de ces couches ; celles qui
sont préparées de cette façon, se peuvent manger huit jours après. Celles
qui commencent à devenir noires sur
l'arbre, ont un goût plus exquis, étant

ainfi préparées ; mais elles ne fe confervent pas fi long-tems que les pucholines qui ont été leffivées. Il faut choifir les olives charnues, affez groffes &
bien confites ; elles fortifient l'eftomac,
refferrent, donnent de l'appétit, répri-
ment les naufées & ne produifent aucuns
mauvais effets, que quand on en ufe avec
excès.

DES LIMONS.

OBSERVATION.

Les feuilles, les fleurs, & même l'arbre qui porte ce fruit, font femblables au citronier; mais la différence qu'il
y a entre les fruits de ces deux efpeces
d'arbres, c'eft que le limon eft plus
rond, & a l'écorce plus fine que celle
du citron. Nous en avons de deux fortes, de doux & d'aigres; les premiers font
peu d'ufage, à la réferve de l'écorce
qui fert pour confire; ceux qui font aigres fervent au même ufage que les
citrons, & font employés à la Cuifine
& à l'Office avec le même fuccès, leurs
propriétés ne font point différentes.

Biscuits de Citron ou à la cuilliere.

Rappez la moitié d'un citron verd ;
n'en prenez que la superficie de la peau,
que vous mettez dans une terrine avec
quatre jaunes d'œufs frais, une demie livre de sucre fin, battez le tout ensemble avec deux espatules, ensuite vous
y mettez huit blanc d'œufs fouettés,
un quarteron de farine passée légerement
au tamis, mêlez le tout ensemble avec
le fouet, & dressez vos biscuits en long
sur des feuilles de papier blanc, jettez
du sucre fin par-dessus pour les glacer,
en le passant au travers du tamis pour
qu'il tombe également, faites-les cuire
dans un four doux. Les biscuits d'oranges & limons se font de même.

Citrons en Olives.

Mettez dans un mortier deux blancs
d'œufs frais, avec du citron verd rappé, suffisamment pour que le goût do-
mine, & du sucre fin, que vous pilez
avec les blancs d'œufs, & augmentez
à mesure jusqu'à ce que cela vous forme une pâte épaisse, retirez votre pâte
du mortier pour la rouler en long sur
du papier blanc & du sucre, coupez
ensuite toute cette pâte par petits mor-

ceaux égaux, que vous roulez dans les mains en forme d'olives que vous dreffez fur du papier pour faire cuire dans un four très-doux, vous les conferverez dans un endroit fec jufqu'à ce que vous les ferviez.

Citrons, Bergametes, Cédras pour confire.

Prenez des citrons pour les tourner, à mefure que vous les aurez tournés, vous leur ferez une ouverture de forme ronde du côté de la queue, & les jetterez dans l'eau, enfuite vous les mettrez dans une marmite pour les faire bouillir à grande eau, vous aurez foin d'y regarder de tems en tems, en piquant une groffe épingle dedans, quand elle entrera aifément, c'eft une marque qu'ils font affez blanchis, retirez-les dans l'eau fraîche pour les vuider; l'on a pour ces fortes de fruits des cuillieres à vuider, quand on n'en a pas, on prend une cuilliere à caffé; lorfqu'ils feront bien vuides, vous les mettrez égouter. Prenez du fucre, je ne dis pas la quantité, parce que je ne fçais point la groffeur des fruits, mais vous pouvez mettre pour commencer une demie livre par piece de fruit, quand votre fucre fera clarifié, mettez-y vos fruits

fruits pour leur faire faire cinq ou fix bouillons; retirez-les du feu pour les mettre dans une terrine jufqu'au lendemain, que vous recommencerez la même chofe, en les augmentant de fucre; pour la troifieme fois, vous les égouterez, & donnerez trois ou quatre bouillons au firop, que vous jetterez deffus, & les laifferez deux jours, & les augmenterez de fucre, s'ils en ont befoin: à la quatrieme fois, vous les laifferez trois jours, & à la cinquieme, vous les finirez en les augmentant de fucre, s'ils en ont befoin, parce qu'il faut qu'ils baignent dans leur firop, & que le firop foit au grand perlé à la derniere cuiffon, & leur donnez pour les finir trois ou quatre bouillons; enfuite vous les mettrez dans des pots l'ouverture en haut. Il y en a qui confifent les tournures de la même façon, & d'autres qui en font de la pommade, comme celle de fleurs d'orange. *Voyez* Pommade de fleurs d'orange, *page* 112. L'on met par quartiers ceux qui font crevés ou tachés, & on les tire tous au fec, lorfque l'on en a befoin. La Bergamotte, l'Orange aigre, la Lime, fe confifent de la même façon.

Q

Citrons verds confits.

Il faut prendre des petits citrons de ceux qui font encore bien verds, vous les fendez un peu par le côté, feulement pour que le fuc puiffe y pénétrer ; mettez-les dans une eau tiéde que vous mettez fur le feu ; quand ils font prêts à bouillir, vous y jettez à mefure un demi verre d'eau froide pour empêcher qu'elle ne bouille, vous continuerez de cette façon jufqu'à ce que les citrons montent fur l'eau, enfuite vous defcendez la poële du feu que vous couvrez pour que les citrons fe reverdiffent ; changez-les d'eau pour les remettre fur le feu pour les faire bouillir doucement jufqu'à ce qu'ils fléchiffent facilement fous les doigts, & qu'en les piquant avec une épingle, ils ne tiennent point après, vous les retirerez dans de l'eau fraîche, & les mettrez égouter, enfuite vous les mettrez dans un fucre clarifié pour les confire de la meme façon que les précédentes.

Compote de Citron, Bergamotte & Cédras.

Toutes ces compotes fe font de la même façon, il faut les préparer, & fuivre ce qui a été dit pour les confire, à cette différence, qu'il faut moins de fucre.

Tailladins au liquide.

Prenez des oranges ou des citrons, ceux que vous jugerez à propos, que vous mettez une demie heure dans de l'eau pour les tourner plus facilement : lorfque vous les aurez tournés, vous en coupez les chairs en petits filets minces dans leur longueur, que vous mettez bouillir dans de l'eau jufqu'à ce qu'ils fléchiffent facilement fous les doigts ; vous avez du fucre clarifié fuivant la quantité que vous avez de tailladins ; mettez-les dans le fucre pour les faire bouillir quinze ou dix-huit bouillons, il faut les mettre dans une terrine jufqu'au lendemain que vous remettrez le fucre dans une poële pour le faire cuire au petit liffé ; mettez-y les tailladins pour leur donner neuf ou dix bouillons, & les remettrez dans la terrine jufqu'au lendemain, que vous remettez le fucre dans la poële pour le faire cuire au grand perlé ; remettez les tailladins dans le fucre pour les achever en leur donnant un bouillon couvert ; ôtez-les du feu ; quand ils feront à demi froids, vous les mettrez dans des pots de grès pour les conferver. Ces tailladins fervent à faire des compotes.   Q ij

Tailladins au sec glacés.

Vous faites confire des tailladins d
la même façon que les précédens, ou
fi vous voulez vous servir de ceux qu
vous avez au liquide, vous les retire
de leur firop pour les mettre dans u
fucre cuit à la grande plume ; faites
leur prendre un bouillon dans le fucr
en remuant doucement la poële pendan
qu'ils bouillent ; après les avoir ôtés d
feu, & qu'ils feront à moitié réfroidis
vous travaillerez le fucre fur le bord d
la poële jufqu'à ce qu'il fe blanchiff
en le remuant toujours avec une cuil
liere, vous prenez les tailladins ave
deux fourchettes pour les retourner dan
le fucre blanchi jufqu'à ce qu'ils foien
glacés, il faut les mettre à mefure fu
les grillages pour les faire fécher.

Autres Tailladins au fec.

Après avoir confit les tailladins co
me ceux qui font au liquide, vous l
retirez de leur firop pour les mettre da
un fucre cuit à la grande queue de c
chon ; faites leur prendre un bouillo
couvert ; après les avoir ôtés du feu,
qu'ils feront à moitié froids, mette

les fur des grilles où vous avez mis une
terrine deffous pour en recevoir le firop
qui égoutera ; mettez-les fécher à l'é-
tuve , vous aurez foin de les retourner
de tems en tems pour qu'ils féchent également par-tout , il faut les conferver
dans des boëtes garnies de papier blanc.
Les tailladins qui font confits au liquide ,
s'il leur arrive qu'ils commencent à s'ai-
grir , vous les méttez dans une poële
avec leur firop , & un peu d'eau ; faites-
les bouillir en les écumant à mefure jufqu'à ce que le fucre foit revenu au grand
perlé , ce qui leur ôtera le peu d'aigre
qu'ils peuvent avoir , vous les remettrez
dans les pots , ou les tirerez au fec, comme il vient d'être expliqué.

Zefts de Citron.

Zeftez des Citrons , & les faites blanchir , vous les mettrez après qu'ils feront
bien egoutés dans une terrine avec un
fucre léger , mettez la terrine à l'étuve
jufqu'au lendemain pour les laiffer infufer dans le fucre ; enfuite vous les égoutez
pour mettre le fucre dans une poële , &
lui donner deux bouillons ; & le verfez
fur les zefts que vous laifferez encore dans
le fucre jufqu'au lendemain ; à la troifieme fois , vous donnerez deux ou trois

bouillons à vos zeſts, & les mettrez égouter pour faire ſécher à l'étuve. On en fait de citron, d'orange douce, de bigarade & de bergamotte, le ſucre vous ſervira à faire des compotes ou des gaufres; & s'il y en avoit ſuffiſamment „vous en pourriez faire du ratafiat en mettant un tiers d'eau-de-vie plus que de ſirop.

Zeſts de Citrons en rocher.

Faites confire des tournures de zeſts de citron de la même façon que les précédens, à cette différence que la derniere cuiſſon du ſucre ſoit au grand perlé; laiſſez-les dans le ſucre juſqu'au lendemain, que vous les retirez à meſure de leur ſirop pour les mettre ſur des feuilles de cuivre, vous en mettrez pluſieurs les unes ſur les autres pour les dreſſer en forme de rocher, enſuite vous les mettez à l'étuve pour les faire ſécher & les conſerver dans des boëtes dans un endroit ſec.

Conſerve de Citrons, de Bigarades, & d'Oranges douces.

Rapez un citron ſur une livre de ſucre ou environ, mettez-le dans une petite poële à bec, ſi vous en avez une, faites cuire votre ſucre à la petite plume ſans

l'écumer, retirez-le de deſſus le feu, &
le laiſſez réfroidir à moitié, enſuite vous
remuez le ſucre avec une cuilliere en le
frottant doucement autour de la poële :
quand il commencera à s'épaiſſir, jettez votre conſerve dans un moule de papier que vous aurez tenu prêt ; lorſqu'elle
ſera froide, vous la couperez par tablettes à votre uſage. Celles de Bigarades & d'Oranges douces ſe font de la
même façon,

Conſerve blanche de Citrons.

Prenez du ſucre royal, ou du plus
beau en commun ſi vous n'en avez point
de royal ; clarifiez-en aux environs d'une
livre & demie, faites-le réduire à la
petite plume, retirez le ſucre de deſſus
le feu, prenez le jus d'un citron, ôtez-
en bien les pepins, vous travaillerez bien
le ſucre avec une cuillière d'argent, mettez-y le jus de citron à trois ou quatre
fois, c'eſt ce qui fait blanchir le ſucre
en remuant toujours avec la cuilliere
tout autour de la poële, votre ſucre
doit devenir blanc comme du lait, vous
aurez ſoin d'en prendre avec la cuilliere,
pour regarder s'il file également, enſuite
vous le jettez dans le moule que vous
avez prêt ; quand elle ſera froide, vous

la couperez par morceaux en tablettes à votre ufage.

Marmelade de Citrons.

Prenez la quantité de citrons que vous jugerez à propos, ôtez-en le dur du bout de la queue, & celui de la tête ; coupez-les en quatre, & en preffez un peu le jus dans une affiette, enfuite vous mettrez vos citrons dans de l'eau bouillante pour les faire cuire jufqu'à ce qu'ils fléchiffent facilement fous les doigts ; que vous les retirez dans de l'eau fraîche ; après les avoir égoutés & bien preffés dans une étamine en la tordant fort, vous mettez les citrons dans un mortier pour les bien piler, quand ils feront affez fins, vous les pafferez au travers d'un tamis en les preffant fort avec une efpatule, pour en tirer le plus de marmelade que vous pourrez: fur une demie livre de cette marmelade, vous ferez cuire une livre de fucre à la petite plume ; mettez-y vos citrons pour les bien mêler enfemble ; remettez-la fur le feu pour faire prendre fept ou huit bouillons ; quand elle fera à demi-froide vous la mettrez dans les pots. Il y en a qui tournent leurs citrons pour en ôter les zefts avant que de les employer comme je viens de marquer.

Maffepins de Citrons.

Echaudez une livre d'amandes douces que vous mettrez dans un mortier pour les piler, avec un demi quarteron d'écorce de citrons confits, & les arroferez de tems en tems pour qu'elles ne tournent pas en huile, avec un peu de blanc d'œuf; quand elles feront pilées très-fin, vous les mettrez dans une demie livre de fucre cuit à la grande plume, vous les travaillerez en les remuant fur un petit feu avec l'efpatule, jufqu'à ce que touchant la pâte avec les doigts elle ne fe cole point après, vous la retirez enfuite de la poële pour la mettre fur une table avec du fucre fin deffus & deffous, & l'abbattrèz avec le rouleau de l'épaiffeur d'un demi-doigt, ou la moitié moins, fuivant le maffepain que vous voulez faire; après vous découpez cette pâte de la figure & grandeur que vous voulez, ou avec des moules de différens deffeins; faites-les cuire dans un four doux; quand ils feront cuits, vous faites une glace blanche avec du jus de citron, un peu de blanc d'œuf & du fucre fin paffé au tambour; couvrez-en tout le

Q v

deffus des maffepains, remettez-les un moment dans le four pour faire fécher la glace. Il y en a qui ne mettent point de citrons confits, & qui fe contentent d'y mettre à la place de l'écorce de ci-tron verd rapé, ou haché très-fin.

Glace de Citrons.

Voyez à l'article des Glaces, *page* 169.

Effence diftillée de Citrons.

Coupez par petits morceaux une dou-zaine de citrons avec le jus & l'écorce, que vous mettez dans un pot bien cou-vert, avec trois chopines d'eau tiede: laiffez-les infufer jufqu'au lendemain fur de la cendre chaude, ou à l'étuve, en-fuite vous mettrez le tout enfemble dans un alambic pour le faire diftiller; après que votre diftilation fera faite, vous la mettrez dans une bouteille de verre pour la laiffer repofer; comme l'effence eft plus légere que l'eau qui a paffé avec dans la diftillation, elle monte fur l'eau: pour les féparer l'une d'avec l'autre, vous mettez le pouce fur le trou de la bouteille, & la renverfez fens deffus deffous, l'effence remonte vers le cul de la bouteille, & l'eau fe trouve du côté de votre doigt, que vous ouvrez un peu pour donner paſſage à l'eau juſqu'à ce qu'elle ſoit toute ſortie, & votre eſſence reſtera ſeule dans la bouteille.

Glace de Bigarades.

Voyez l'article des Glaces, page 170.

Crême au Citron.

Délayez dans un vaiſſeau huit blancs d'œufs avec un verre d'eau, un quarteron de ſucre, le jus de huit citrons; après que le ſucre eſt fondu, vous paſſez cette crême au travers d'une étamine, & la mettez dans une poële ſur un moyen feu en la remuant toujours juſqu'à ce qu'elle ſoit épaiſſie: vous ferez attention de ne point la laiſſer bouillir, mettez-la dans le compotier que vous devez ſervir.

Pâté de Citrons.

Prenez l'écorce toute entiere juſqu'au jus de pluſieurs citrons, ôtez-en les durillons de la tête & de la queue, faites-les bouillir juſqu'à ce qu'ils fléchiſſent facilement ſous les doigts, retirez-les à l'eau fraîche, & mettez-les égouter, en-

Q vj

fuite vous les preffez dans une étamine
pour en faire fortir l'eau, mettez-les
dans un mortier pour les piler très-fin,
& les paffez après dans un tamis en
les preffant fort avec une efpatule, pour
en tirer le plus de pâte que vous pourrez; fur une demie livre de cette pâte,
faites cuire une livre de fucre à la grande
plume, mettez-y la pâte que vous délayez bien avec le fucre, & la mettez
fur le feu pour lui faire prendre quelques bouillons en la remuant toujours,
enfuite dreffez-la dans les moules à pâte
pour la faire fécher à l'étuve; quand le
deffus fera fec, vous l'ôtez des moules
pour la retourner fur un tamis, & qu'elle
feche également en deffous.

Grillage de Citrons.

Faites cuire une demie livre de fucre
à la grande plume, & vous y mettez tout
de fuite trois onces de citrons verds
coupés en petits filets les plus minces que
vous pourrez; remuez-les dans le fucre
fur un moyen feu jufqu'à ce qu'ils ayent
pris une belle couleur grillée; quand ils
font finis, vous y preffez promptement
quelques goutes de jus de citrons, & les
dreffez en forme de macarons fur des
feuilles de cuivre; poudrez-les tout de

fuite avec un peu de fucre fin , & les mettez fécher à l'étuve. A la place des filets de citrons, vous y pourrez mettre de l'écorce de citrons ratiffés avec un morceau de verre caffé , il en faut la même quantité que de celle qui eft coupée en filets.

Tailladins filés.

Prenez les écorces de deux citrons que vous coupez en petits filets ou tailladins, mettez les cuire dans de l'eau jufqu'à ce qu'ils fléchiffent facilement fous les doigts ; retirez-les à l'eau fraîche , & les faites égouter ; mettez-les dans une poële avec un peu de fucre clarifié pour leur donner une douzaine de bouillons, ôtez-les du feu & les laiffez dans leur firop jufqu'à ce qu'ils foient froids, que vous les retirez pour les mettre égouter & fécher à l'étuve ; lorfqu'ils feront bien fecs , vous les femez fur une feuille de cuivre frottée légerement de bonne huile d'olive ; vous avez un fucre cuit au caramel, que vous tenez chaudement fur un petit feu; prenez-en avec deux fourchettes , que vous filez légerement par-deffus tous les tailladins en laiffant des vuides ; après que vous avez fini, vous retournez les tailladins fur une autre feuille auffi frottée d'huile, pour en faire autant de l'autre côté.

Dragées de Citrons.

Coupez en petits filets des écorces de citrons, que vous mettez tremper dans de l'eau jufqu'au lendemain, que vous les faites blanchir, jufqu'à ce qu'ils foient tendres fous les doigts; après les avoir mis dans de l'eau fraîche, & égouter, vous les mettez dans un fucre cuit au liffé; faites leur prendre cinq ou fix bouillons; ôtez-les du feu, pour les laiffer dans le fucre, jufqu'à ce qu'ils foient froids, que vous les retirez du firop, pour les mettre fécher à l'étuve; lorfqu'ils feront bien fecs, vous les mettrez dans une poële à provifion avec du fucre cuit au grand liffé, où vous avez mis un peu de gomme Arabique, détrempée avec de l'eau; remuez toujours la poële fur un petit feu, jufqu'à ce que le fucre gommé fe foit attaché après les filets de citrons; quand ils feront bien fecs, vous y remettrez encore de ce même fucre, pour leur donner une feconde couche, en remuant toujours les anfes de la poële; cette feconde couche étant finie, comme la premiere, vous leur donnerez encore

cinq ou six couches de la même façon,
avec du sucre cuit au lissé, sans être
gommé comme les deux premieres ;
lorsque vous jugez qu'ils sont assez
chargés de sucre, vous les menez fortement sur la fin sans les sauter, pour
les lisser, & les mettrez rachever de sécher à l'étuve. Si vous en faites beaucoup à la fois, vous vous servirez d'une
bassine, à la place d'une poële à provision.

Grillages d'Oranges aigres.

Prenez l'écorce de plusieurs oranges
aigres ; si vous voulez de celles qui ont
servi sur table, dont on a pressé le jus ;
coupez-les en petits filets ou tailladins ;
faites-les blanchir trois ou quatre bouillons dans l'eau ; retirez-les à l'eau fraîche, & égoutez : sur un quarteron de
tailladins, faites cuire une demie livre
de sucre à la grande plume : mettez-y
les tailladins, faites-les cuire avec le
sucre, en les remuant avec une espatule, jusqu'à ce qu'ils soient presque grillés, que vous y mettez un peu de sucre fin, en les dressant par petits tas sur
des feuilles de cuivre frottées avec un
peu d'huile.

Sirop de Citrons.

Pour une livre de fucre cuit au liffé, vous y mettez le jus d'un citron entier; vous faites recuire le fucre en firop; ôtez-le du feu pour vous en fervir. Vous ne faites de ce firop que lorfque vous en avez befoin.

Conferve de Cédra.

Faites cuire une demie livre de fucre à la grande plume; ôtez-le du feu, & y mettez du cédra rappé très-fin, que vous remuez avec le fucre; avant que de le verfer dans les moules, preffez-y quelques goutes de jus de citron; remuez encore deux ou trois tours avec une cuilliere; verfez votre conferve dans les moules de papier; lorfqu'elle fera froide, vous la couperez par tablettes à votre ufage.

Paftilles au Citron.

Mettez deux gros de gomme adragante dans un verre d'eau, avec les zefts d'un citron entier; laiffez tremper jufqu'à ce que la gomme foit fondue, que vous la paffez au travers d'un linge en la preffant fort; mettez cette eau dans un mortier avec le jus du citron;

mettez y peu à peu une livre de sucre
fin passé au tambour, en pilant à mesure, jusqu'à ce que vous ayez une pâte maniable; vous la retirez du mortier
pour en former des pastilles de tels desseins que vous voudrez.

Bigarades confites.

Prenez la quantité de bigarades que
vous voulez confire ; mettez-les tremper
dans de l'eau jusqu'au lendemain, que
vous les tournez pour en ôter les zests,
faites-leur une ouverture de forme ronde
du côté de la queue ; il faut les faire
blanchir & vuider comme les citrons ;
ensuite vous les laisserez deux jours
dans de l'eau fraîche, en la changeant
plusieurs fois, pour leur faire perdre
cette grande amertume ; après vous les
faites confire de la même façon qu'il
a été dit pour les citrons.

DES ORANGES.

OBSERVATION.

ON nous en apporte de douces de la Chine, de l'Amérique, de Portugal, de Nice, de la Provence, & de plusieurs autres endroits; celles qui viennent des Pays chauds sont les meilleures; parce que la chaleur du Soleil, qui mûrit plus parfaitement leur suc, les rend d'un goût plus délicieux. Comme j'ai parlé dans mon précédent volume, de leurs propriétés, ainsi que de celles des Oranges aigres & des citrons, page 63, je ne le répéterai pas ici.

Biscuits à l'Orange.

Prenez deux cuillerées de marmelade d'Oranges, rappez-y un peu de citron, & la mettez dans une terrine avec une demie livre de sucre fin, & six jaunes d'œufs frais, que vous battez bien avec l'espatule jusqu'à ce que le sucre soit bien incorporé avec la marmelade & les jaunes d'œufs; ensuite vous fouettez huit blancs d'œufs; quand ils sont bien montés en neige, vous les mêlez avec le fucre, & vous y ajouterez trois onces de farine, paffée au tamis; lorfque vous aurez bien mêlé le tout enfemble, vous dreſſerez les bifcuits dans des moules de papier, pour les mettre cuire au four; quand ils font cuits & ôtés du papier, vous avez une glace blanche, faite avec un peu d'eau de fleurs d'orange, un blanc d'œuf, du fucre fin paffé au tambour, que vous battez bien enfemble jufqu'à ce que la glace foit blanche, couvrez-en tous les deffus des bifcuits; remettez-les au four pour faire fécher la glace.

Marmelade d'Oranges douces.

Coupez par morceaux des oranges douces, preffez-en un peu le jus, & ôtez les durillons de la tête & de la queue; mettez-les dans une eau prête à bouillir, preffez un jus de citron dans cette eau, faites-les blanchir jufqu'à ce qu'elles fléchiffent facilement fous les doigts, que vous les retirez dans de l'eau fraîche, & les prefferez bien fort dans une étamine pour en faire fortir l'eau, il faut enfuite les piler dans un mortier, & les paffer dans un tamis, en les preffant fort avec l'efpatule, pour en tirer le plus de marmelade que vous pour-

rez ; fur une demie livre de cette marmelade , vous ferez cuire une livre de
fucre à la grande plume ; mettez-y la
marmelade, pour la bien délayer avec
le fucre ; mettez-la fur le feu, pour lui
donner fept ou huit bouillons ; quand
elle fera un peu réfroidie , vous la mettrez dans les pots.

Oranges douces confites.

Prenez de belles oranges douces de
Provence ou de Portugal , que vous
mettez une demie heure dans l'eau pour
leur attendrir la peau ; après vous les
tournez tout autour, en coupant en
filets égaux la fuperficie de la peau , &
les jettez à mefure dans l'eau ; vous obferverez pour les confire ce qui a été dit
pour les citrons confits , *page 346*, la
façon en eft de même. Il en eft qui les
tournent fans les mettre dans l'eau.

Chinoife confite.

La façon de confire les oranges de
la Chine, eft femblable à celles des citrons, avec cette différence, qu'il en eft
qui ne les vuident point, parce qu'elles
font très-douces, & de bon goût ; pour
lors l'on ne fait que les percer du côté
de la queue, pour en ôter le dur, &

faire prendre le fucre en dedans. Nous avons encore des oranges d'un goût aigre-doux, que l'on appelle Oranges de la Porte; elles fe mettent confire de la même façon que les citrons, *page 362.*

Oranges à l'Eau-de-vie.

Choififfez de belles Oranges de Portugal, mettez-les dans de l'eau fraîche pendant une demie heure pour les tourner plus facilement; après avoir enlevé proprement la fuperficie de l'écorce, vous y faites un petit trou rond du côté de la queue, & les mettez à mefure dans l'eau; enfuite vous les mettez, fans les vuider, blanchir à l'eau bouillante, jufqu'à ce qu'elles quittent l'épingle en les piquant avec, retirez-les à l'eau fraîche, & mettez égoutter; vous avez du fucre clarifié, fuffifamment pour que les oranges puiffent baigner dedans, que vous mettez dans une poële avec les oranges, pour leur donner trois ou quatre bouillons couverts; mettez-les dans une terrine, après les avoir écumées, pour les y laiffer vingt-quatre heures, enfuite vous remettez le fucre dans la poële, pour le faire cuire fept ou huit bouillons, verfez le fucre fur les oranges pour les y laiffer jufqu'au lendemain, que vous remettez le fucre dans la poële avec les oranges pour leur faire prendre une douzaine de bouillons, ayez foin de les écumer en les ôtant du feu; quand elles feront réfroidies dans leur firop; vous les retirerez avec une cuillere pour les mettre dans des bouteilles de verre à large goulot, mettez dans la poële autant d'eau-de-vie que de firop, faites-les un peu chauffer fur le feu, feulement pour les pouvoir bien mêler enfemble, quand ils feront froids, vous les verferez dans les bouteilles que vous aurez foin de bien boucher pour les conferver.

Tailladins ou filets d'orange à l'Eau-de-vie.

Ratiffez avec un verre caffé le deffus de plufieurs oranges de Portugal, feulement pour ôter la fuperficie de l'écorce, effuyez-les; enfuite vous prenez toute l'écorce que vous coupez en filets, que vous mettez à mefure dans de l'eau; lorfqu'ils feront tous coupés, vous les mettrez dans de l'eau bouillante pour les faire cuire, jufqu'à ce qu'ils fléchiffent fous les doigts, que vous les mettez dans l'eau fraîche; retirez-les fur un tamis pour les faire égoûter; fuivant la quantité que vous aurez d'oranges, vous ferez clarifier du fucre; il en faut fuffifamment pour qu'elles en foient couvertes; mettez-y les filets d'oranges pour leur faire prendre neuf ou dix bouillons couverts, defcendez-les du feu pour les écumer, & les mettre dans une terrine pendant vingt-quatre heures; vous remettrez le fucre dans la poële pour le faite cuire fept ou huit bouillons; remettez-le dans la terrine fur les filets, pour le laiffer encore vingt-quatre heures, après vous mettrez le fucre & les oranges fur le feu, pour les faire bouillir cinq ou fix bouillons, ôtez-les du feu, quand elles feront froides, vous les retirez du firop pour les mettre dans des bouteilles, vous mettez dans la poële autant d'eau-de-vie que vous avez de firop, faites un peu chauffer, en remuant le firop avec l'eau-de-vie, pour qu'ils fe mêlent enfemble, lorfqu'il fera tout-à-fait froid, vous le mettrez dans des bouteilles avec les oranges, que vous aurez foin de bien boucher. La chair des oranges vous fervira à mettre en compote crue, coupée en tranches avec du fucre fin, ou à mettre au caramel, comme il eft dit ci-après.

Oranges de Portugal au Caramel.

Il faut prendre la chair des oranges, de celles dont vous avez ôté l'écorce pour mettre à l'eau-de-vie, vous les féparez en quatre, en prenant garde de percer la petite peau qui fépare les morceaux ; vous avez un fucre cuit au caramel, que vous tenez chaudement fur un petit feu ; mettez-y vos quartiers d'oranges un à un, & les retournez avec une fourchette ; en les retirant, vous mettez à chaque quartier un petit bâton pointu, pour les dreffer fur un clayon, vous mettez les petits bâtons dans la maille du clayon, afin que le caramel puiffe fécher en l'air.

Oranges en puits.

Prenez de belles oranges de Portugal, coupez le deffus en forme de couvercle ; donnez quelques coups de couteau dans la chair, fans percer la peau ; faites entrer du fucre fin dans la chair des oranges ; remettez le couvercle deffus, fi vous voulez, & fervez.

Orange de Portugal en tranches ou par quartiers.

Otez proprement la pelure de plufieurs

fieurs oranges douces, épluchez avec la pointe d'un couteau une petite peau qui eſt ſur la chair de l'orange : vous les ſervirez en quartiers ou par tranches de l'épaiſſeur d'un travers de doigt, avec du ſucre en poudre, ou un ſirop fort léger.

Compote de Zeſts & Tailladins d'Oranges & Citrons.

Ayez des oranges & citrons, de ceux que vous voudrez : lorſque vous les tournez pour faire d'autres emplois, vous mettez les zeſts dans de l'eau pour les faire tremper juſqu'au lendemain, que vous les faites blanchir à l'eau bouillante, juſqu'à ce qu'ils fléchiſſent ſous les doigts, que vous les retirez à l'eau fraîche, mettez-les égouter; & enſuite dans un ſucre clarifié donnez-leur une douzaine de bouillons : ôtez-les du feu pour leur laiſſer prendre ſucre deux ou trois heures, que vous les remettez ſur le feu pour leur donner encore trois ou quatre bouillons, & les dreſſez dans le compotier.

Les tailladins ſe font de la même façon, à cette différence, que vous prenez l'écorce entiere, après avoir tourné l'orange ou citron, vous les coupez en

R

filets ou tailladins : il faut une demie
livre de fucre pour demie livre d'écorce.

Glace d'Oranges.

Voyez l'article des Glaces, page 170.

Oranges glacées en fruits.

Voyez l'article des Glaces, page 179.

Eſſence d'Orange diſtilée.

Coupez par morceaux des oranges
encore vertes, que vous mettrez dans
de l'eau tiede dans un pot bien couvert,
pour les faire infuſer du ſoir au lendemain , enſuite vous les mettrez dans
un alambic pour les faire diſtiller (comme il ſera dit à l'article de la diſtillation;)
lorſqu'elle ſera diſtillée, vous mettrez la
liqueur dans des bouteilles de verre à
petits goulots, l'eau ira au fond , & l'eſſence deſſus : renverſez la bouteille ſens
deſſus deſſous, pour que l'eſſence remonte au deſſus, vous lâcherez un peu
le pouce pour faire couler l'eau, & votre
eſſence reſtera ſeule.

DES MARONS.

L'ON trouvera dans le premier volume l'obfervation fur les qualités & proprietés des Marons, page 14.

Compote de Marons

Prenez ce qu'il vous faut de marons, pour une compote, environ un demi-cent, coupez-les un peu pour empêcher qu'ils ne fautent en cuifant ; mettez-les cuire dans une braife de cendre chaude ; quand ils feront cuits, effuyez-les avec un torchon, & les pelez proprement, vous les prefferez un peu avec les doigts pour les applatir fans les caffer ; ayez un quarteron de fucre clarifié, mettez-y les marons pour les faire migeoter dans le fucre fur un très-petit feu un peu plus d'un quart d'heure ; en les ôtant du feu, vous y preffez le jus de la moitié d'un citron, ou celui d'une bigarade, dreffez-les dans le compotier ; quand vous êtes prêt à fervir, vous jettez un peu de fucre fin avec le fucrier.

Marons confits tirés au fec.

Otez la premiere peau à des gros

R ij

marons ; quand ils feront tous pelés, ayez deux poëles d'eau bouillante, faites-leur prendre trois ou quatre bouillons dans la premiere, & les mettez avec l'écumoire dans la feconde pour achever de les blanchir, jufqu'à ce qu'en les picquant d'une épingle elle entre très-facilement, que vous les ôtez du feu pour en prendre avec une écumoire, & leur ôter un à un la petite peau pendant qu'ils font chauds, & les jetter à mefure dans une eau très-claire & un peu tiéde, où vous preffez le jus d'un citron pour les conferver blancs ; après les avoir égoutés, vous les mettez dans un fucre cuit au petit liffé, il faut mettre un jus de citron dans le fucre ; mettez-le un quart d'heure fur un petit feu pour les faire migeoter dans le fucre fans qu'ils bouillent, enfuite vous les coulez doucement dans une terrine, & les mettez- vingt-quatre heures à l'étuve, après vous leur faites prendre un bouillon, & les remettrez encore vingt-quatre heures à l'étuve, & vous les retirez du fucre pour les mettre égouter ; remettez le fucre dans une poële pour le faire cuire à la grande plume, mettez-y les marons pour leur faire prendre un bouillon couvert, ôtez-les du feu : lorfque la châleur du fucre fera un peu diminuée, vous le travaillerez fur le bord de la poële ; à mefure qu'il blanchit fur un côté, vous prenez un maron avec une fourchette que vous retournez en douceur dans ce fucre blanchi, prenez garde de ne le point caffer, dreffez-les à mefure fur des grilles de fil d'archal, vous continuerez les autres de la même façon.

Bifcuits de Marons.

Faites cuire dans de la cendre une vingtaine de marons ; après les avoir bien effuyés & pelés, mettez-les dans un mortier pour les piler en les arrofant avec un peu de blanc d'œuf ; quand ils feront bien pilés, vous les retirez du mortier pour les mettre dans une terrine avec une demie livre de fucre fin, battez-les bien avec une efpatule jufqu'à ce que le fucre & les marons foient bien incorporés enfemble, enfuite vous y mettrez cinq blancs d'œufs fouettés que vous mêlez bien avec ; dreffez vos bifcuits fur des feuilles de papier blanc en rond un peu plus gros qu'un macaron, ou en long comme les bifcuits à la cuilliere ; faites les-cuire dans un four doux ; lorfqu'ils feront cuits de belle couleur, vous les leverez du papier quand ils feront prefque froids.

Pâte de Marons.

Mettez dans de l'eau bouillante une trentaine de gros marons, faites-les cuire jufqu'à ce que vous les puifliez peler facilement; après les avoir pelés, vous les paffez au travers d'une étamine en les bourant fortement avec une efpatule ou une cuilliere de bois, délayez ce que vous avez paffé (fi vous en avez plus de trois quarterons, vous ôterez le furplus) avec un quarteron de marmelade de telle confiture que vous voudrez; faites cuire cinq quarterons de fucre à la grande plume, mettez-y la marmelade de marons que vous travaillerez avec le fucre, jufqu'à ce qu'ils foient bien incorporés enfemble; dreffez-les dans les moules à pâte, que vous mettrez à l'étuve pour faire fécher.

Marons en Chemife.

Faites griller des marons fur un petit feu pour ne les point colorer, jufqu'à ce que vous puifliez enlever facilement les deux peaux, enfuite vous les trempez dans du blanc d'œuf fouetté en neige, & les roulez tout de fuite dans du fucre fin, mettez-les fur des tamis pour faire fécher à l'étuve.

Marons au Caramel.

Otez la premiere peau à des gros marons, faites-les cuire dans de l'eau jufqu'à ce que vous puiffiez ôter la feconde ; après les avoir fait égouter & un peu reffuyer à l'étuve, faites cuire du fucre au caramel, que vous entretenez chaudement fur un petit feu, mettez les marons dans le fucre un à un en les retournant avec une fourchette, en les retirant, mettez à chacun une petite brochette pointue pour les mettre égouter fur un clayon, en mettant le petit bâton dans la maille du clayon, pour que le caramel puiffe fécher en l'air.

Marons à l'Arlequine.

Vous vous fervez d'une compote de marons qui vous a déja fervi, egoutez-les de leur firop pour les faire un peu reffuyer à l'étuve, enfuite vous prenez le firop de la compote; s'il n'eft point affez fort, vous y ajouterez un peu de fucre; faites le cuire fur le feu & réduire au caffé, entretenez-le chaudement fur un petit feu, & y mettez les marons un à un pour les retourner avec une fourchette dans le fucre, & à mefure que vous les retirez, vous y jettez légerement par deffus de la nompareille de toutes couleurs.

Marons glacés en fruit.

Voyez Glaces page 180.

DU GENIÈVRE.

OBSERVATION.

LE Geniévre vient dans les bois & dans les montagnes, fur-tout aux lieux fecs. Au mois de Mai il s'éleve une poudre qui eft la fleur, le bois a une odeur de réfine, fon fruit vient en quantité le long des rameaux, il eft deux fois plus gros que les grains de poivre; il eft verd au commencement, & enfuite il devient prefque noir. Il faut le cueillir au mois de Septembre, & le fécher au Soleil. Il fortifie l'eftomac, le cerveau & la vue, aide à la digeftion, purifie le mauvais air, fait bonne haleine & bon fang.

Glace de Geniévre.

Voyez Glaces, page 172.

Ratafiat de Geniévre.

Prenez un litron de bon geniévre nouveau & bien choifi, que vous mettez dans une cruche de quinze à feize pintes; mettez-y dix pintes d'eau-de-vie, il faut prendre trois quarterons de fucre par pinte, que vous clarifierez; fi vous avez quelques vieux gâteaux de fleurs d'orange, vous les ferez fondre dedans, & diminuez le fucre de la pefanteur du gâteau; mettez infufer le tout dans la cruche, que vous aurez foin de bien boucher avec de la pâte, comme on fait pour les bains-maries; fi c'eft en Eté vous expoferez la cruche au Soleil, & l'hiver dans une étuve; quand votre ratafiat aura infufé un mois, vous le pafferez pour le mettre en bouteille. Ce ratafiat plus il eft gardé, meilleur il eft.

Eau-de-vie de Geniévre diftillée.

Pour quatre pintes d'eau-de-vie, il faut concaffer trois quarterons de grains de geniévre, que vous mettez avec l'eau-de-vie dans une cruche bien bouchée, pour laiffer infufer au moins deux jours, enfuite vous mettez le tout enfemble dans un alambic pour le diftiller avec un feu doux & égal, comme il eft expli-

qué à l'article de la diſtillation. Les
quatre pintes d'eau-de-vie ne vous four-
niront tout au plus que deux pintes d'eau
de geniévre diſtillée.

DES OUVRAGES
DE TOUTES LES SAISONS.

DU CAFFÉ.

OBSERVATION.

LE Caffé eſt un petit fruit ou graine qui croît ſur un arbre dans pluſieurs endroits du Levant. Il faut le choiſir bien net, de moyenne groſſeur, de couleur griſâtre & léger, d'une bonne odeur, & qui ne ſente point le moiſi., ce qui lui arrive quand il a été mouillé par l'eau de la mer; la façon de le faire eſt à préſent ſi commune, que peu de perſonnes l'ignorent. Vous le faites brûler ou rôtir ſur le feu dans une poële en le remuant ſans ceſſe juſqu'à ce qu'il ait acquis également une couleur brune; vous l'étouffez enſuite dans un linge ou du papier pour le moudre quand il eſt froid; plus il eſt frais moulu, meilleur il eſt, il ſe conſerve mieux en grains brûlés que moulus. Pour le faire, vous avez de l'eau bouillante dans une caffetiere, suivant la quantité de tasses que vous voulez faire ; vous mettez pour chaque tasse pour le faire bon, une once de caffé moulu, que vous remuez à mesure que vous le mettez dedans ; vous lui faites prendre cinq ou six bouillons à petit feu, & le mettez après reposer sur de la cendre chaude jusqu'à ce que vous le tiriez au clair ; ceux qui veulent le faire reposer promptement y mettent un peu de sucre fin en le retirant du feu. Le caffé, quand on en use modérément, appaise les maux de tête, hâte la digestion, fortifie l'estomac, donne de la gayeté, rend la mémoire plus vive, abbat les vapeurs du vin. L'excès empêche de dormir, & épuise les forces, principalement à ceux qui sont d'un tempérament bilieux.

Caffé à la Crême.

Faites du bon caffé un peu fort, & le laissez reposer, prenez de la crême que vous faites bouillir, & vous mettrez un tiers de crême avec les deux tiers de caffé ; faites de même pour le caffé au lait, excepté que vous le vouliez faire

au lait pur ; il faudroit prendre du
bon lait, après l'avoir fait bouillir trois
ou quatre bouillons avec le caffé, le
laisser bien reposer, & le passer au travers d'un linge blanc.

Caffé à la Reine.

Mettez votre caffetiere sur du feu à
sec, & votre caffé dedans : ayez de l'eau
bouillante toute prête que vous verserez dessus ; après qu'il en sera sorti
deux ou trois fois une grosse fumée,
vous jetterez votre eau bouillante dessus ; quand il sera précipité, que le caffé
ne montera plus, vous le retirez, & y
versez un peu de caramel que vous aurez
eu soin de faire auparavant; vous pouvez le servir tout de suite, il se trouvera clair.

Glace de Caffé. Voyez page 171.

Mousse de Caffé. Voyez page 175.

Fromage glacé de Caffé. Voyez p. 185.

Canelons glacés de Caffé. Voyez p. 191.

Gaufres au Caffé.

Mettez dans une terrine un quarteron
de sucre en poudre, un quarteron de
farine, deux œufs frais, une bonne

cuillerée de caffé paffé au tamis ; mêlez
le tout enfemble en y mêlant peu à peu
de la crême double jufqu'à ce que votre
pâte foit d'une bonne confiftance fans
être ni trop claire, ni trop épaiffe, qu'elle
file en la verfant avec la cuilliere, faites
chauffer le gauffrier fur un fourneau, &
le frottez des deux côtés avec de la bougie blanche, ou du beurre pour le graiffer, vous y mettez enfuite une bonne
cuillerée de votre pâte, fermez le gaufrier pour le mettre fur le feu, après
l'avoir fait cuire d'un côté, vous le retournez de l'autre, lorfque vous croyez
que la gaufre eft cuite, vous ouvrez le
gaufrier pour voir fi elle eft de belle
couleur dorée & également cuite, vous
l'enlevez tout de fuite pour la pofer fur
un rouleau fait en chevalet, appuyez la
main deffus pour lui faire prendre la forme du rouleau, laiffez la fur le chevalet jufqu'à ce que vous en ayez fait une
autre de la même façon ; pendant qu'elle
cuit, vous ôtez celle qui eft fur le rouleau, & y mettez à mefure celle que vous
retirez du gaufrier, lorfqu'elles feront
toutes faites, vous mettez le tamis où
font les gauffres à l'étuve, pour les tenir féchement jufqu'à ce que vous les
ferviez.

Paftillages ou ingrédiens de Caffé.

Pour faire une livre de paftillages de caffé, vous faites fondre avec un peu d'eau un once de gomme adragante ; lorfqu'elle fera fondue & paffée dans un linge, vous la mettez dans un mortier avec deux onces de caffé pulvérifé & paffé au tambour; mettez-y du fucre fin, peu à peu à mefure que vous pilez, jufqu'à ce que vous ayez une pâte maniable, que vous l'ôtez du mortier pour en former toutes fortes de paftilles ou ingrédiens , comme des coquillages, des petits pois, des cloux de girofle, des grains de bled, des grains de caffé, des paftilles de différentes grandeurs & marquées de différents cachets.

Conferve de Caffé.

Prenez un once de caffé pulvérifé, & une livre de fucre que vous clarifiez, & faites cuire à la petite plume; ôtez-le du feu, & le laiffez réfroidir à moitié; enfuite vous jetterez le caffé dans le fucre, & le travaillerez dans la poële, en le mêlant avec une efpatule jufqu'à ce qu'il foit bien incorporé avec le fucre; vous ferez attention de ne point trop blanchir le fucre ; dreffez la conferve

dons un moule de papier, lorfqu'elle
fera froide, vous la couperez par tablettes à votre ufage.

Sable de Caffé.

Vous prendrez des vieilles conferves
de caffé qui vous auront déja fervi, que
vous pilez dans un mortier, & les paffez au travers d'un tamis; fi vous n'en
avez point, faites en de la même façon
qu'il eft expliqué ci-devant pour la
conferve; lorfque le fucre fera réfroidi, vous le pafferez au travers du tamis.

DU THÉ.

OBSERVATION.

L'ATTENTION que nous avons à
nous fervir de tout ce que nous trou-
vons de mieux dans la façon de vivre
de chaque Nation a introduit parmi
nous la boiffon du Thé, dont l'ufage
nous eft venu des Peuples d'Orient;
leur façon de s'en fervir eft femblable
à la nôtre, puifqu'ils ne font que le
faire infufer dans l'eau bouillante, ou
du lait, jufqu'à ce que la liqueur en
ait acquis l'odeur & le goût; c'est ce

que nous pratiquons pour le thé verd;
pour le thé-bou, il faut le faire bouillir
un bouillon ou deux, & enfuite le laiſſer
repoſer. La feuille de thé nous eſt produite par un petit arbriſſeau aſſez ſemblable au Mirthe, & qui ſe trouve communément à Siam, à la Chine & au Japon: ce dernier eſt le plus eſtimé, vous
le connoiſſez en ce qu'il donne à l'eau
où vous l'avez fait infuſer une teinture
verdâtre tirant ſur le jaune clair. En général, il faut choiſir le thé d'une odeur
de violette, la feuille petite, bien verte
& entiere. Pour le conſerver, vous le
mettez dans des bouteilles de verre, ou
une boëte bien fermée, de crainte qu'il
ne prenne l'évent, ce qui lui ôte toute
ſa bonté. La boiſſon du thé eſt eſtimée
pour les bons effets qu'elle produit; il
aide à la digeſtion, ôte le mal de tête,
abbat les vapeurs, empêche l'aſſoupiſſe-
ment, recrée les eſprits, excite l'urine,
& purifie le ſang; l'on remarque qu'il
ne peut produire aucun mauvais effet.
Peut être qu'à la ſuite de cet article, on
ne ſera pas fâché de lire les paroles ſui-
vantes d'un célèbre Médecin. « Il y a
« deux ſortes de thé, le Verd & le
« Bou. M. Cuningham, qui eſt une per-
» ſonne très-ſçavante & très-polie, &

» qui a vécu plusieurs années à la Chine,
» nous apprend que ces deux especes de
» thé se tirent du même arbrisseau ;
» mais en différentes Saisons, & que le
» thé-bou est cueilli au Printems, &
» séché au Soleil, & le verd au feu.
» Mais je présume, & non sans auto-
» rité, qu'outre ces différentes manieres
» de le sécher, on verse l'infusion de
« quelques plantes ou de terre (peut-
« être d'une pareille à celle du Japon
« ou de Catechu) sur quelques sortes de
« thé-bou, pour lui donner la douceur,
» la saveur & la pesanteur qu'il a sur
« l'estomac, par le moyen de quoi il
« devient une pure drogue, & a besoin
» de la simplicité naturelle du thé verd,
« qui, quand il est léger, qu'on ne le
« boit ni trop fort ni trop chaud, qu'il
« est adouci avec un peu de lait, est
« un dilayant très-propre à nétoyer les
« passages alimentaires, & emporter les
« sels scorbutiques & urineux, &c. »
*Règles sur la santé & sur les moyens de
prolonger la vie, par M. Cheyne, ch. 2.
§. 18, pag. 68 & 69.*

DU CHOCOLAT.

OBSERVATION.

LA compofition de cette pâte, qui eft d'un goût très-agréable, nous eft venue de l'Amérique, fes Peuples qui en font un grand ufage, nous ont appris la façon de le faire. Comme nous avons beaucoup enchéri fur leur compofition, celui que l'on fait à préfent en Efpagne & en France, principalement à Paris, eft de beaucoup meilleur. On le fait avec du cacao, appellé *gros caraque*, qui eft un fruit d'un arbre qui croît dans l'Amérique, de la forme & grandeur d'un châtaignier; ce fruit vient couvert d'une grande gouffe rayée, comme nos melons, elle renferme beaucoup de noix de cacao, de la groffeur de nos amandes.

La vanille, dont le goût relevé, & la bonne odeur fournit un mêlange heureux avec le cacao, pour la bonté du chocolat, eft une gouffe plus longue & plus plate que nos haricots, remplie de petites graines noires, luifantes, d'une fubftance miéleufe; elle fait une partie de la compofition du chocolat avec le fucre, ce qui fera marqué à la ma-

niere de le faire. Il faut choifir le chocolat de couleur brune, rougeâtre, dur
& fec, de bonne odeur & d'un bon
goût; il nourrit beaucoup, aide à la
digeftion, fortifie l'eftomac, abbat les
fumées du vin, convient aux vieillards
& à ceux qui ne digerent pas aifément;
mais il eft nuifible aux Valétudinaires & à
ceux qui ont les nerfs foibles; comme
il échauffe, les jeunes gens doivent en
ufer très-modérément.

Compofition du Chocolat.

Le chocolat ne peut réuffir fi l'on ne
fçait choifir le cacao; ceux qui con-
noiffent celui de Galicola n'ont que faire
d'en choifir d'autre; il faut prendre garde
que les grains foient en dedans, de couleur brune & d'un pourpre enfoncé; car
ceux qui font rouges ne valent rien, ils
font le chocolat rude & amer; mais on
ne connoit bien le cacao qu'après qu'il
eft roti; car alors on voit s'il y a beaucoup de ces grains rouges. Il faut que le
cacao foit roti au point que le goût & la
couleur du chocolat le demande. Après
l'avoir mis dans une poële de cuivre ou
de fer ou dans un pot de terre non ver-
niffé, vous le mettez fur le feu & le remuez fans ceffe jufqu'à ce qu'il foit ex-

térieurement noir comme des marons rotis; pour cette premiere fois, on ne peut guere le trop brûler; enfuite il faut éplucher le cacao & le bien vanner; pour fçavoir s'il eft affez roti, le meilleur eft d'en faire une épreuve; prenez une once de cacao & une demie once de fucre, que vous réduifez en pâte pour en mieux diftinguer le goût & la couleur; car s'il n'eft pas affez brun, & qu'il ne fente point affez le roti, on peut le rotir encore une fois, mais légerement, parce qu'étant privé de fon écorce, il fe brûle aifément, & prend un méchant goût. Lorfque l'on a réduit ainfi le cacao au point de la cuiffon qu'il doit avoir, on le pile au mortier, afin qu'il foit plutôt réduit en maffe fur la plaque. Lorfque la pâte du chocolat approche d'être affez fine, il faut y ajouter de la vanille, & un peu de canelle en poudre, la quantité dépend de la volonté; le tout étant mêlé enfemble, vous y ajoutez trois quarterons ou une livre de fucre pour livre de cacao pilé; le fucre étant bien incorporé avec le refte, vous retirez votre compofition du mortier, pour la mettre fur la pierre ou fur la plaque de fer échauffée avec un réchaud de feu en deffous; faites auffi chauffer le rouleau, enfuite réduifez cette mixtion en poudre très-fine, qui fe met d'elle même en pâte; paffez le rouleau deffus peu à peu jufqu'à ce qu'elle foit fi fine qu'elle ne croque pas fous les dents, alors l'on en forme des tablettes d'une once, ou des rouleaux d'un quarteron ou de demie livre.

il faut choifir les vanilles odorantes, point trop féches ni trop graffes, car elles font fouvent ointes d'huile mêlé de baume pour les faire paroître bonnes & fraîches, elles font très difficiles à réduire en poudre; mais après les avoir coupées en petits morceaux avec des cifeaux, elles fe pulvérifent à force de les battre & paffer par le tamis.

Boiffon du Chocolat.

Ordinairement les taffes font marquées par tablettes, mais la regle eft dix taffes par livre; vous prenez donc autant de tablettes que vous en voulez de taffes; mettez fondre le chocolat au naturel dans une caffetiere où vous avez mis l'eau de la quantité que vous en voulez faire; faites-le bouillir & un peu mitonner fur de la cendre chaude, quand il fera fondu, & prêt à prendre, délayez un jaune d'œuf avec du chocolat, & le mettez dans votre caffetiere ; vous le remettrez fur un feu doux, & le remuerez bien avec le bâton, il faut obferver qu'il ne bouille point après que vous aurez mis le jaune d'œuf; fuivant la quantité de taffes que vous ferez, vous mettrez des jaunes d'œufs, il en faut un pour quatre ou cinq taffes.

Chocolat à l'Angloife.

Le chocolat à l'Angloife fe fait de la même façon que le précédent, excepté que vous prenez le blanc d'un œuf que vous fouettez bien & en ôtez toute la premiere mouffe ; mettez-y fondre le chocolat, & le finiffez de même. Il faut obferver que le chocolat eft meilleur fait de la veille que du jour, & ordinairemeut on y laiffe un bon levain pour ceux qui font dans l'ufage d'en faire tous les jours.

Glace de Chocolat. Voyez page 171.
Mouffe de Chocolat. Voyez page 175.
Fromage glacé de Chocolat. Voyez page 184.
Canelons glacés de Chocolat. Voyez page 190.

Conferve de Chocolat.

Rappez une once de choco'at que

vous mettez dans une demie livre de fucre cuit à la grande plume, délayez-les bien enfemble en les travaillant avec l'efpatule jufqu'à ce qu'ils foient incorporés, dreffez votre conferve dans un moule de papier; quand elle fera froide, vous la couperez par tablettes à votre ufage.

Bifcuits de Chocolat.

Mettez dans une terrine deux tablettes de chocolat rapé, avec une demie livre de fucre fin paffé au tamis, quatre jaunes d'œufs, battez le tout enfemble avec une efpatule, enfuite vous y mettez huit blancs d'œufs fouettés, que vous mêlez bien avec le fucre & le chocolat, vous avez un quarteron de farine un peu féchée au four que vous mettez dans un tamis, paffez-la au travers dans la compofition de bifcuits, que vous remuez à mefure qu'elle tombe, pour la bien mêler avec; dreffez vos bifcuits dans des moules de papier, jettez un peu de fucre fin deffus en le faifant tomber légerement d'un tamis; mettez cuire dans un four doux.

Chocolat en Olives.

Pilez dans un mortier une tablette de chocolat, lorfqu'il eft fin, vous y

mettez

mettez trois blancs d'œufs avec du sucre en poudre, il en faut suffisamment pour que vous puissiez en former une pâte, pilez le tout ensemble, & y ajoutez du sucre jusqu'à ce que vous ayez une pâte maniable, retirez-la du mortier pour la mettre sur une table avec du sucre fin, coupez-en des petits morceaux égaux, que vous roulez un peu dans les mains avec du sucre fin, pour leur donner la figure d'une olive ; mettez-les à mesure sur des feuilles de papier blanc, posez sur des feuilles de cuivre, faites cuire dans un four doux.

Biscuits manqués de Chocolat.

Rappez une tablette de chocolat que vous mettez dans une terrine avec un quarteron de sucre fin, un demi quarteron de farine, trois jaunes d'œufs, battez le tout ensemble, vous y mettrez ensuite quatre blancs d'œufs fouettés, que vous mêlez bien avec ; dressez vos biscuits en long sur des feuilles de papier blanc ; jettez un peu de sucre fin dessus avec le tamis ; faites cuire dans un four doux ; lorsque vous les aurez tirés du four, vous les levez de dessus le papier pour les mettre sur un tamis sécher à l'étuve.

S

Maſſepains de Chocolat glacés.

Pilez très-fin une livre d'amandes douces échaudées, arroſez-les, en les pilant, avec la moitié d'un blanc d'œuf pour qu'elles ne tournent pas en huile, faites cuire une demie-livre de ſucre à la grande plume, mettez-y les amandes pour les faire deſſécher ſur un petit feu juſqu'à ce qu'elles ne colent plus après les doigts, enſuite vous y mettrez une tablette & demie de chocolat pilé & paſſé au tamis, avec la moitié d'un blanc d'œuf, que vous mêlez bien dans la pâte; mettez cette pâte ſur une table avec du ſucre fin mêlé d'un tiers de farine, abbattez la avec le rouleau de l'épaiſſeur d'un écu, pour la découper de la façon que vous voudrez; dreſſez-les ſur des feuilles de papier pour faire cuire dans un four doux; lorſqu'ils ſont cuits, glacez tout le deſſus avec du ſucre fin paſſé au tambour, battu avec un peu de blanc d'œuf, & quelques gouttes de jus de citron, remettez-les au four ſeulement pour faire ſécher la glace.

Paſtilles ou ingrédiens de Chocolat.

Pour une livre de ſucre fin, vous ferez une once de gomme adragante avec un

peu d'eau ; lorfqu'elle fera fondue, paffez la au travers d'une ferviette, mettez
cette eau gommée dans un mortier avec
deux tablettes de chocolat pilé & paffé au travers d'un tamis, la moitié d'un
blanc d'œuf, & une livre de fucre fin
paffé au tambour. Pilez le tout enfemble
en mettant le fucre peu à peu jufqu'à
ce que cela vous forme une pâte maniable; enfuite vous l'ôtez du mortier pour
en former des paftilles de la grandeur
& deffein que vous jugerez à propos,
ou des ingrédiens en grains de bled; de
caffé, de pois, de lentilles, des coquillages, & autre chofes à votre volonté.

Dragée de Chocolat.

Faites tremper un peu de gomme adragante avec un peu d'eau ; lorfquelle eft
fondue & bien épaiffe, paffez-la au travers d'un linge en preffant fort pour
qu'elle paffe toute, mettez-la dans un
mortier avec du chocolat en poudre &
du fucre fin, jufqu'à ce que vous ayez
une pâte maniable; mettez cette pâte
fur une table poudrée de fucre fin, que
vous abattez avec un rouleau jufqu'à ce
qu'elle foit de l'épaiffeur d'un écu, coupez-en des petits morceaux pour les arrondir de la groffeur d'un pois, mettez

les fécher à l'étuve ; lorfqu'ils feront
fecs vous les couvrirez de fucre, en
obfervant la même façon qu'il eft expliqué pour les dragées, page 20.

Diablotins.

Prenez du bon chocolat ; s'il eft trop
fec, mettez-le amolir à l'étuve, mettez
y un peu de bonne huile d'olive pour le
bien travailler avec une cuiller, vous
en prenez de petits morceaux que vous
roulez dans vos mains pour en faire des
petites boulettes groffes comme des noi-
fettes, que vous mettez fur des petits
quarrés de papier d'un bon pouce de diftance égale ; quand votre feuille eft
remplie, vous prenez votre papier de
coin en coin, vous en appuyez un fur
la table, & l'autre que vous fecouez
pour les applatir pour qu'ils fe glacent
d'eux-mêmes, vous les glacez fi vous
voulez avec de la nompareille blanche,
& les piquerez tous avec du cannelat ;
mettez fécher à l'étuve.

Diablotins aux Piftaches.

Vous les faites comme les précédens,
à cette différence, que vous mettez dans
le milieu une piftache entiere émondée de
fa peau ; roulez les diablotins dans les

mains pour leur donner la figure d'une petite olive, ensuite il faut les rouler dans de la nompareille blanche, & les mettre sécher à l'étuve.

DES AVELINES
ET DES AMANDES.

OBSERVATION.

L'AVELINE ou Noisette est produite par un petit arbrisseau que l'on appelle Noisetier ou Coudrier, que l'on cultive dans les Jardins ; mais il est plus commun dans les bois & dans les hayes ; nous en avons de plusieurs grosseurs, les meilleures sont celles qui viennent du Lyonnois, leur qualité est assez semblable à celle des Noix, à cette différence, qu'elles sont plus agréables pour le goût. On en tire aussi comme les Noix une huile par expression qui a moins d'âcreté. Il faut les choisir grosses, que l'amande en soit presque ronde, pleine de suc & rougeâtre ; elles sont d'un grand usage pour faire les dragées, & se servent dans leur naturel sur les meilleures tables dans leur nouveauté.

J'ai parlé des amandes & de leur propriété dans le précédent volume, page 303, auquel il faut avoir recours.

Amandes à la nompareille.

Prenez des amandes douces que vous mettez dans une poële sans leur ôter la peau, faites-les un peu rouffir fur un petit feu en les retournant avec une fpatule; enfuite vous faites cuire du fucre au grand perlé, tenez-le chaudement, mettez-y les amandes une à une, vous les retournez avec une fourchette; en les retirant, il faut tout de fuite y jetter tout autour de la nompareille pour qu'elle s'attache après l'amande, dreffez-les à mefure fur des feuillles; lorqu'elles feront toutes prêtes, vous les mettrez fécher à l'étuve.

Amandes fouflées au citron.

Coupez par petits morceaux de groffeur d'une lentille à la reine, des amandes douces que vous aurez échaudées, mettez les fur un plat avec du citron verd rapé, un blanc d'œuf, & du fucre en poudre fuffifamment jufqu'à ce que vous en puiffiez former une pâte maniable, enfuite vous en prendrez des petits morceaux que vous roulez dans les mains pour en former des amandes de leur groffeur naturelle, que vous drefferez à mefure fur des feuilles de papier blanc, de diftance d'un doigt de l'une à l'autre; mettez-les cuire dans un four très-doux; quand elles feront de belle couleur, il faut les enlever tout de fuite de deffus le papier.

Amandes aux Zephirs.

Mettez fur une affiette de terre ou de fayance une demie cuillerée de bonne eau de fleurs d'orange, avec un blanc d'œuf & du fucre fin paffé au tambour; battez bien le tout enfemble avec une cuillier de bois, jufqu'à ce que cette glace foit très-fine, un peu liée & bien blanche; mettez-y des amandes douces échaudées & à moitié pilées, que vous mêlez bien avec cette glace pour qu'elles s'attachent toutes après les amandes, enfuite vous les dreffez par petits tas de la groffeur d'une amande un peu éloignées les unes des autres fur des feuilles de papier blanc; mettez-les cuire dans un four très doux.

Amandes à la Praline.

Faites fondre dans une poële une demie livre de fucre avec un peu d'eau; mettez-y une demie livre d'amandes douces avec leur peau que vous aurez bien frottées dans un linge propre, pour en ôter la poudre ; faites-les bouillir sur un bon feu avec le sucre en les remuant souvent jusqu'à ce qu'elles pétillent ; lorsque le sucre commence à se colorer, vous les retournez doucement & également avec une spatule pour leur donner le tems de se colorer ; lorsque l'amande est luisante, & qu'elle a ramassé tout le sucre, vous l'ôtez du feu, & la mettez à l'étuve, deux heures après vous les ôtez de la poële pour vous en servir.

Pralines à l'écarlate.

Faites une couleur écarlate de cette façon : Mettez dans un petit pot un demi-septier d'eau ; quand elle bouillira, mettez-y une once de cochenille bien pulvérisée, faites-lui faire une douzaine de bouillons, & vous y ajouterez tout à la fois une demie once d'alun & une demie once de crême de tartre bien pilée ; faites encore faire une douzaine de bouillons, ensuite vous l'ôtez du feu & la laissez reposer avant que de vous en servir.

Pour faire les amandes à l'écarlate, mettez dans une poële une demie livre de sucre avec un peu d'eau ; le sucre étant fondu, mettez-y une demie livre d'amandes douces avec leur peau, & bien effuyées de leur poudre ; faites-les bouillir en les remuant fouvent jufqu'à ce qu'elles pétillent ; vous retirez promptement la poële du feu & les remuez fans ceffe avec une fpatule jufqu'à ce qu'elles ne prennent plus de fucre , que vous les jettez fur un tamis clair, & remettez dans la poële le fucre qui fera paffé au travers du tamis, avec environ un demi quarteron de fucre, & un peu d'eau ; faites-les fondre avec ce qui refte autour de la poële & cuire jufqu'au caffé, ajoutez-y fuffifamment de la couleur écarlate qui eft marqué ci-deffus, pour que votre fucre foit bien rouge, & le remettez fur le feu pour le faire cuire au caffé comme il étoit, mettez-y dans le moment les amandes pour leur faire prendre tout le fucre, & les remuez fans ceffe avec la fpatule, jufqu'à ce que le fucre fe candife ; & s'il en reftoit encore, vous ferez un peu chauffer la poële jufqu'à ce qu'il tienne tout après l'amande ; vous vous reglerez fur cette dofe fuivant le quantité que vous en voulez faire.

Pralines à la Reine.

Echaudez des amandes, après que vous les avez retirées de l'eau & bien effuyées, faites cuire au gros boulet autant pefant de fucre que d'amandes ; mettez-y les amandes pour leur faire prendre trois bouillons, enfuite vous les retirez du feu en les remuant toujours avec une fpatule jufqu'à ce qu'elles ayent pris tout le fucre ; s'il en reftoit quand elles feront un peu réfroidies, remettez la poële fur le feu feulement pour faire réchauffer, & remuez encore les amandes pour qu'elles achevent de prendre le fucre ; ordinairement ces pralines fe font à deux fois, en mettant la moitié du fucre chaque fois, & vous obferverez qu'il ne faut pas que le fucre vienne au caramel ; ces pralines doivent être blanches.

Bifcuits d'Amandes douces.

Faites des moules de papier blanc de la grandeur que vous voulez faire vos bifcuits, en long ou en petit carré ; échaudez un quarteron d'Amandes douces, & les mettez à mefure dans l'eau fraîche ; quand elles feront égoutées & bien effuyées, il faut les piler très-fin,

en les arrosant d'un peu de blanc d'œuf,
mettez-les dans une terrine avec deux
jaunes d'œufs frais, un quarteron de sucre
passé au tambour, battez bien les
amandes avec une spatule, ensuite vous
y ajouterez quatre blancs d'œufs frais
fouettés, & une cuilerée de farine; mêlez le tout ensemble, & dressez dans
les moules, glacez le dessus des biscuits
avec du sucre fin, où vous aurez mêlé
un quart de farine. Cette farine ressuye
l'humidité des amandes. Mettez-les cuire
dans un four doux, quand ils seront
bien montés & cuits de belle couleur,
en les retirant du four, ôtez-les tout de
suite de leur papier.

Biscuits d'Amandes ameres.

Echaudez un demi-quarteron d'amandes douces & un quarteron d'amandes
ameres, que vous pilez très-fin dans un
mortier, en y mettant à plusieurs fois
une demie cuillerée de sucre en poudre
ensuite vous les mettrez dans une terrine,
& les délayerez peu-à-peu avec quatre
blancs d'œufs frais, ajoutez-y trois
quarterons de sucre fin passé au tambour,
battez le tout ensemble pendant un quart
d'heure avec une spatule, dressez vos
biscuits en long ou en rond de la gros-

feur d'un bouton fur du papier blanc ; en prenant cette pâte avec deux couteaux ; faites-les cuire dans un four très-doux, vous ne les ôterez du papier que quand ils feront froids.

Bifcuits d'Avelines.

Pilez très-fin un quarteron d'avelines ; après les avoir échaudées, arrofez-les en les pilant avec un peu de blanc d'œuf, enfuite mettez-y un quarteron de fucre que vous pilez avec les avelines jufqu'à ce qu'ils foient bien mêlés enfemble, après vous y mettrez quatre blancs d'œufs fouettés que vous délayez peu-à-peu avec les avelines & le fucre ; finiffez vos bifcuits de la même façon que ceux d'amandes ameres.

Conferve d'Avelines.

Prenez un demi quarteron d'avelines que vous échaudez, & les coupez en travers le plus mince que vous pouvez ; faites cuire une livre de fucre à la grande plume, ôtez-le du feu, quand il fera un peu refroidi, mettez y les avelines que vous remuez bien avec une fpatule jufqu'à ce qu'elles foient incorporées avec le fucre ; dreffez votre conferve dans des moules de papier ; lorfqu'elles fera

froide, vous la couperez par tablette à
votre ufage.

Conferve d'Amandes au Citron.

Pilez très-fin un quarteron d'amandes
douces en les arrofant de jus de citron
en les pilant; faites cuire à la grande
plume une livre de fucre, defcendez-le
du feu pour le travailler jufqu'à ce
qu'il blanchiffe, mettez-y les amandes
pour les bien délayer avec le fucre, &
dreffez dans les moules à conferve.

Crême d'Amandes en filagrane.

Faites bouillir & réduire aux deux
tiers un demi feptier de lait avec une
chopine de crême, un quarteron de fucre, enfuite mettez-y un quarteron d'a-
mandes douces pilées très-fin avec trois
blancs d'œufs fouettés; faites bouillir le
tout enfemble deux ou trois bouillons
en remuant avec une fpatule; paffez
cette crême dans un tamis & la mettez
dans la jatte que vous devez fervir;
quand elle eft froide, & que vous êtes
prêt à fervir, mettez y deffus un fila-
grane que vous faites en femant de la
fleur d'orange pralinée & hachée fur une
feuille de cuivre frottée avec un peu
d'huile, vous filez deffus un fucre cuit

au caramel, vous la retournez fur une autre feuille auffi frottée d'huile, pour filer du caramel de l'autre côté du fila-grane, & le dreffez enfuite fur la crême.

Dragées d'Avelines.

Echaudez des avelines fuivant la quan-tité que vous en voulez faire, & les met-tez fécher à l'étuve, fi vous n'en avez qu'une livre, il n'eft point néceffaire de les mettre dans la baffine, comme il eft dit, page 374, vous les mettrez dans une grande poële à provifion fur un bon feu, & les remuerez bien jufqu'à ce qu'elles foient bien féches, enfuite vous y mettrez peu-à-peu un fucre gommé fait de cette façon. Vous faites fondre de la gomme arabique avec de l'eau; lorf-qu'elle eft fondue & paffée dans un linge, vous la mêlez avec autant de fucre cuit au liffé, mettez-y de ce fucre & remuez toujours les avelines fur un moyen feu jufqu'à ce qu'elles fe foient attachées après : quand elles commenceront à être féches, vous y remettrez encore de ce même fucre jufqu'à ce que vous voyez qu'elles en ayent affez, alors vous les con-tinuerez avec un autre fucre cuit au liffé fans être gommé & leur donnerez de

cette façon une douzaine de couches ;
quand la derniere fera bien féche, vous
ôterez les avelines de la poële ; lavez la
poële, & la faites fécher, remettez-y
les avelines pour les liffer ; en remettant
encore du fucre cuit au liffé, que vous
les remuez fortement fur la fin fans les
faire fauter, & acheverez de les faire
fécher à l'étuve,

Dragées d'Amandes.

Elles fe font de la même façon que les
précédentes.

Eau ou Pâte d'Orgeat.

Prenez une demie livre d'amandes
douces, & une douzaine d'amandes
ameres, un quarteron de graines des
quatre femences froides, échaudez les
amandes, & pilez bien le tout enfemble,
enfuite vous étendez fur une table ce que
vous avez pilé avec une livre de fucre
en poudre pour en former une pâte ; cette
pâte fe garde fix mois ; quand vous voulez vous en fervir, vous en délayez une
once dans un demi-feptier d'èau ; que
vous paffez dans une étamine ou une
ferviette.

Grillage à l'Arlequine.

Coupez des amandes douces en quatre après les avoir échaudées, & les mettez dans une poële avec une demie livre de fucre fondu avec un peu d'eau ; mettez les fur le feu, & les faites bouillir jufqu'à ce qu'elles pétillent, que vous les retirez du feu, & y mettez un jus de citron & de l'écorce hachée très-fin, remuez toujours avec une fpatule jufqu'à ce que votre grillage foit de belle couleur, dreffez fur un plat femé de nompareille de toutes couleurs, melée d'un peu d'anis fin de Verdun, & tout de fuite femez auffi de la nompareille avec un peu d'anis pendant que vos amandes font chaudes ; après que votre grillage eft froid, vous le mettez fur du papier blanc pofé fur un tamis, & le confervez à l'étuve.

Grillage mêlé.

Faites cuire une demie livre de fucre à la grande plume, mettez-y un quarteron de piftaches & un quarteron d'amandes douces, le tout échaudé ; coupez chacune en cinq ou fix morceaux ; faites-les bouillir avec le fucre jufqu'à ce qu'elles pétillent, & les remuez fans ceffe avec une fpatule jufqu'à ce qu'elles ayent pris le fucre ; vous les ôtez du feu pour y femer du citron confit haché,

un peu d'anis & de la nompareille mêlée, remuez promptement le tout enfemble, & dreſſez votre grillage ſur une
feuille de cuivre frottée légerement de
bonne huile d'olive, vous l'applatirez
le plus également que vous pourrez;
quad il ſera froid, vous le couperez de
la grandeur que vous jugerez à propos,
& le ſerrerez à l'étuve ſur un tamis; le
citron, l'anis & la nompareille què vous
mettez dedans, doivent être mêlés enſemble, & prêts pour les mettre au moment que vous en avez beſoin.

Grillage d'Amandes à la Portugaiſe.

Mettez dans une poële une demie livre
de ſucre avec un peu d'eau; quand il ſera
fondu, mettez-y une demie livre d'a-
mandes douces échaudées & coupées en
deux; faites-les bouillir avec le ſucre
juſqu'à ce qu'elles pétillent, remuez-
les bien pour leur faire prendre ſucre;
quand elles commenceront à rouſſir,
vous les étendrez promptement ſur un tamis, & jettez vîte de la nompareille
blanche par-deſſus; renverſez-les auſſi-
tôt ſur un plat pour ſemer auſſi de la
nompareille de l'autre côté, & les ſerrez
enſuite à l'étuve.

Grillages d'Avelines.

Echaudez une livre d'avelines, & les mettez dans une poële avec un peu d'eau & une livre de fucre, faites-les bouillir jufqu'à ce qu'elles pétillent, ôtez-les du feu & les remuez fans cefſe avec la fpatule; quand elles feront affez pralinées, mettez-y un peu de nompareille mêlée avec du citron confit haché, & un peu d'anis; mêlez bien le tout enfemble & promptement, jettez votre grillage fur une feuille frottée avec un peu d'huile d'olives, étendez-le avec la fpatule; quand il fera froid, coupez-le par morceaux de la grandeur que vous jugerez à propos, & le mettez à l'étuve.

Lait d'Amandes.

Faites bouillir trois chopines de lait & réduire à moitié; ôtez le du feu, & y mettez fix onces d'amandes douces échaudées & pilées très fin en les arrofant de tems en tems avec une demie cuillerée de lait, délayez bien les amandes avec le lait, vous y mettez auffi un peu d'eau de fleurs d'orange & un bon quarteron de fucre; quand il fera fondu, paſſez deux ou trois fois votre lait d'amandes dans une serviette pour le servir dans une jatte.

Macarons.

Pilez très-fin une demie livre d'amandes douces échaudées, lavées & bien essuyées, arrosez-les en les pilant avec quelques gouttes d'eau de fleurs d'oranges & du sucre fin, de crainte qu'elles ne tournent en huile, ensuite vous les ôtez du mortier & les battez bien dans une terrine avec une demie livre de sucre en poudre, ajoutez-y quatre blancs d'œufs que vous fouettez bien avec le sucre & les amandes; dressez vos macarons sur des feuilles de papier blanc de la grosseur d'un bouton; faites-les cuire dans un four doux; quand ils seront cuits de belle couleur vous les servirez dans leur naturel. Ou si vous jugez à propos de les glacer, vous mettrez sur une assiette de terre ou de fayance, du sucre fin passé au tambour, avec un jus de citron, un peu de blanc d'œuf que vous battez bien ensemble avec la spatule jusqu'à ce que cette glace soit bien blanche; vous en couvrirez les macarons & les remettrez au four seulement pour faire sécher la glace.

Macarons liquides.

Prenez une demie livre d'amandes douces que vous échaudez & pilez très-fin, en les arrofant avec un blanc d'œuf, pour qu'elles ne tournent pas en huile, mettez-les dans une terrine avec une demie livre de fucre en poudre, que vous battez bien avec les amandes ; enfuite vous y ajouterez quatre blancs d'œufs fouttés, que vous mêlez bien enfemble ; dreffez vos macarons fur des feuilles de papier blanc, de la groffeur d'une noix, faites un petit trou dans le milieu pour y mettre gros comme une noifette de telle marmelade que vous jugerez à propos, ou d'une bonne crême bien liée & froide, couvrez tout le deffus comme le deffous fans que votre confiture paroiffe, mettez vos macarons cuire comme à l'ordinaire, & les fervirez avec leur couleur naturelle, ou glacés comme les précédens.

Macarons de Bruxelles.

Echaudez & pilez très-fin une demie livre d'amandes douces, en les arrofant avec la moitié d'un blanc d'œuf, mettez-les dans une terrine avec deux onces de farine de riz, une demie livre de fucre

en poudre, battez bien le tout enfemble
& vous y ajouterez quatre blancs d'œufs
fouettés; quuand ils feront bien mêlés avec
les amandes, vous les dreflerez en long
fur des feuilles de papier blanc, faites-
les cuire dans un four doux; lorfqu'ils
feront cuits vous les glacerez d'une glace
blanche.

Maffepains découpés.

Ayez une livre d'amandes douces
échaudées, que vous jettez à mefure dans
l'eau fraiche, mettez-les égouter fur un
tamis, & les effuyez avec une ferviette;
il faut les piler très-fin en y mettant de
tems en tems un peu de fucre fin & quelques goutes d'eau de fleurs d'oranges,
retirez-les du mortier pour les mettre
dans une poële fur un très-petit feu, avec
une demie livre de fucre cuit à la grande
plume, remuez les amandes & le fucre
avec une fpatule jufqu'à ce que la pâte,
en la touchant avec les doigts, ne fe
cole point après; enfuite vous la mettrez fur une feuille de papier blanc pou-
dré de fucre fin, abattez-la en douceur
avec un rouleau, ayez foin de jetter de
tems en tems un peu de fucre fin deffus
& deffous pour empêcher qu'elle ne fe
cole après le papier; quand elle fera

de l'épaiſſeur d'un écu, vous la découperez de la façon que vous jugerez à propos, comme en fleur de lys, en cœur, en trefle, en rond, en lozange, ou avec différentes ſortes de moules de ceux que vous aurez, dreſſez-les ſur des feuilles de papier que vous mettez ſur des feuilles de cuivre, pour les faire cuire dans un four très doux; quand ils ſeront cuits vous les glacerez avec une glace blanche faite avec du ſucre fin, un jus de citron & un peu de blanc d'œuf.

Maſſepains à la Portugaiſe.

Pilez très-fin une demie livre d'amandes douces échaudées & bien eſſuyées, que vous arroſez avec un peu d'eau de fleurs d'oranges & un blanc d'œuf; faites cuire une demie livre de ſucre à la grande plume, en l'ôtant du feu vous y mettrez les amandes pilées, que vous remuerez toujours avec une ſpatule en les remettant ſur un très-petit feu pour les faire deſſécher juſqu'à ce qu'elles ne tiennent plus après les doigts en les appuyant contre, mettez-les ſur une feuille de papier avec du ſucre en poudre deſſus & deſſous, abbattez les en douceur avec un rouleau de l'épaiſſeur d'un petit écu; coupez-en des petits ronds de la gran-

deur d'une paftille, pour faire à chacun un petit bord, mettez les cuire dans
un four très doux fur des feuilles de
cuivre ; quand ils feront cuits & réfroidis, vous mettrez dans chacun un grain
de verjus confit au liquide.

Pâte de Maffepains.

Echaudez des amandes que vous pilez
très-fin en les arrofant avec un peu d'eau
de fleurs d'oranges & un blanc d'œuf,
mettez-les dans une poële avec trois
quarterons de fucre en poudre pour une
livre d'amandes ; faites-les deffécher fur
un petit feu jufqu'à ce qu'elles ne fe colent plus contre les doigts & deviennent
en pâte maniable, mettez-la fur une feuille
de papier blanc avec du fucre fin deffous,
à mefure que vous la battez avec le rouleau, vous la remuez fouvent avec le papier, & y jettez de tems en tems du fucre
fin mêlé d'un quart de farine pour empêcher qu'elle ne s'attache au papier ; vous la
coupez enfuite pour en faire tout ce que
vous jugez à propos.

Maffepains à la Dauphine.

Délayez deux cuillerées de marmelade de cerifes avec un blanc d'œuf,
prenez de la pâte à maffepains comme
la précédente, que vous abbattez de

l'épaiffeur de deux écus; coupez-en des filets de longueur de demi-doigt pour en former des cercles autour d'un petit manche de couteau bien rond en pinçant les deux bouts pour les faire tenir enfemble; après que vous avez formé tous ces cercles, vous les trempez dans la marmelade que vous avez délayée avec le blanc d'œuf, & les roulez dans un fucre très-fin; dreffez-les à mefure fur des feuilles de papier blanc pofées fur des feuilles de cuivre, enfuite vous abattez de la pâte d'amandes de l'épaiffeur d'une lame de couteau; coupez-en des petits ronds où vous mettez une cerife confite ou un peu de marmelade, que vous enveloppez de la pâte pour en former des petits ronds de la groffeur d'une noifette, trempez-les auffi dans la marmelade délayée avec le blanc d'œuf, que vous roulez dans le fucre; mettez tous ces petits ronds dans le milieu des cercles relevés en dôme fans entrer dans le fond, faites-les cuire dans un four très-doux; quand ils feront glacés de belle couleur, vous les retirez pour les fervir comme vous le jugez à propos.

Maffepains en lacs d'amour.

Ayez une demie livre d'amandes
douces

douces échaudées que vous laiſſez tremper vingt-quatre heures dans de l'eau fraîche, après les avoir bien égoutées & eſſuyées, vous les mettez dans un mortier pour les piler en les arroſant avec de l'eau de fleurs d'orange ; mettez-les dans une demie livre de ſucre cuit à la grande plume pour les faire deſſécher ſur un très-petit feu juſqu'à ce qu'elles ſoient en pâte maniable, que vous les mettez ſur une feuille de papier blanc poudrée d'un peu de ſucre fin ; abbattez la pâte avec le rouleau de l'épaiſſeur d'un écu ; coupez-en de longs filets quarrés d'égale longueur, pour les tourner comme un huit de chiffre, en laiſſant paſſer un bout de chaque côté, ce qui formera vos las d'amour ; enſuite vous les trempez tous dans un ſucre délayé avec du blanc d'œuf ; poudrez-les par-tout de ſucre fin, & les dreſſez ſur des feuilles de papier que vous mettez ſur des feuilles de cuivre, pour les faire cuire dans un four doux.

Maſſepains au Zéphir.

Faites cuire une livre de ſucre à la grande plume, mettez-y une livre d'amandes douces, échaudées & bien pilées, que vous travaillez avec une eſpatule

T

fur un très-petit feu ufqu'à ce que la pâte foit defféchée, & qu'elle quitte la poële; après vous la mettrez réfroidir & enfuite remettez-la dans le mortier pour la repiler, & y ajoutez en la pilant un peu de fucre fin, du citron verd rapé, trois blancs d'œufs, que vous mettez un à un en pilant le tout enfemble l'efpace d'un quart d'heure; dreffez vos maffe pains fur des feuilles de papier blanc, de tels deffeins que vous jugerez à propos, pour les faire cuire dans un four très-doux.

Maffepains mafqués.

Echaudez une demie livre d'amandes douces que vous pilez très-fin en les arro-fant avec de l'eau de fleurs d'orange; enfuite vous les mettez dans une demie livre de fucre cuit à la grande plume; remuez-les fur un très-petit feu avec l'ef-patule jufqu'à ce qu'elles quittent la poë-le, & que la pâte ne tienne plus après les doigts, mettez-les fur une feuille de papier blanc poudrée de fucre fin, abbat-tez-la avec le rouleau pour la découper de la figure & grandeur que vous voulez, avec les moules de fer blanc que vous avez; mettez vos maffepains fur une feuille de papier blanc que vous met-

tez fur une table avec un couvercle de
four de campagne & du feu deſſus, pour
que les maſſepains ne cuiſent que d'un
côté, enſuite vous les levez de deſſus le
papier pour mettre ſur le côté qui n'eſt
pas cuit une marmelade délayée avec la
moitié d'un blanc d'œuf & du ſucre en
poudre ; couvrez-en tout le deſſus, fai-
tes-en tenir le plus que vous pouvez ;
remettez-les ſur le papier ſur le côté
qu'ils ſont cuits ; couvrez avec le couvercle du four de campagne, du feu
deſſus pour faire cuire cette glace.

Maſſepains liquides.

Faites une pâte comme celle des maſſepains en las d'amour ; quand elle ſera
deſſéchée ; mettez-la ſur une feuille de
papier blanc avec du ſucre fin ; abbattez-
la de l'épaiſſeur d'un petit écu, coupez-
en des ronds de la grandeur d'une piece
de douze ſols, enfoncez un peu le milieu de chaque rond avec le bout du petit doigt, pour y mettre à chacun gros
comme un pois de telle marmelade que
vous jugerez à propos, ou d'une bonne
crême cuite bien liée ; frottez tous les
bords de ces petits ronds avec un peu
de jaune d'œuf pour en coler deux enſemble en leur faiſant prendre la forme

d'un bouton fans que la marmelade paroiffe : faites-les cuire dans un four très-doux ; lorfqu'ils feront de belle couleur, retirez-les du four, pour glacer tout le deffus d'une glace blanche, remettez-les au four pour faire fécher la glace.

Tourons.

Coupez en petites tranches très-minces une démie livre d'amandes échaudées, mettez-les dans une poële fur le feu avec un peu de citron verd rapé & du fucre fin, faites-les bien deffécher en les remuant toujours avec une efpatule ; quand elles feront bien defféchées, vous les ôtez du feu : apres qu'elles feront froides, vous les mettez dans trois blancs d'œufs bien fouettés avec du fucre fin fuffifamment jufqu'à ce qu'il y en ait affez pour rendre les amandes maniables & en former les ronds avec les mains, que vous mettez à mefure fur du papier pour les faire cuire dans un four doux. Si vous avez des avelines vous ne mettrez qu'un quarteron d'amandes & autant d'Avelines échaudées, que vous couperez de même pour les mêler enfemble, & les acheverez comme il a été dit ci-deffus.

Amandes à la Polonoise.

Echaudez un quarteron d'amandes douces & un quarteron d'avelines que vous mettez à mesure dans l'eau fraîche ; après les avoir égoutées & bien essuyées, hachez-en la moitié très-fin, & coupez l'autre moitié en tranches, faites cuire une livre de sucre à la grande plume, mettez-y les amandes & les avelines avec un peu de citron haché ; remuez le tout avec une espatule hors du feu ; quand elles feront bien mêlées avec le sucre, vous y ajouterez un blanc d'œuf fouetté, que vous mêlez encore ; versez vos amandes sur une feuille de papier, lorsqu'elles feront froides, vous les couperez de la façon que vous jugerez à propos.

Sirop d'orgeat.

Prenez trois quarterons d'amandes douces, une once d'amandes ameres, un quarteron des quatre semences froides ; émondez les amandes & pilez le tout ensemble le plus fin qu'il vous fera possible ; mettez cette pâte d'amandes dans une chopine d'eau, que vous remuez bien ensemble avec une espatule : laissez infuser une heure ou deux, ensuite vous les passez dans une serviette, & les pres-

T iij

fez en tordant fort la ferviette pour en exprimer tout le fuc des amandes : clarifiez deux livres de fucre que vous réduirez au caffé : mettez-y le lait d'amandes : quand votre fucre fera décuit, vous-y ajouterez une bonne cuillerée d'eau de fleurs d'orange ; mettez votre firop dans une terrine , pour le mettre à l'étuve pendant trois ou quatre jours, vous entretiendrez l'étuve de feu comme pour un candi : vous verrez à votre firop de tems en tems avec une cuilliere : quand il fera au perlé, vous le mettrez dans des bouteilles. Il n'eft point fujet à pouffer ni à candir , fait de cette façon.

Sirop de Capillaires.

Pour faire une bouteille de pinte de firop de capilaires, il faut prendre deux onces de capilaires de Canada , que l'on fait infuser comme du thé, il n'en faut prendre que les feuilles : vous les mettez infuser à l'étuve dans un pot bien bouché, pendant quatorze ou quinze heures : prenez deux livres & demie de fucre que vous clarifiez & faites réduire au caffé : metez-y votre infufion de capilaires paffée au tamis : lorfque votre fucre fera décuit , vous mettrez votre firop dans une terrine pour le mettre à l'étuve pendant trois ou quatre jours, & le finirez de la même façon que le précédent. Le bon capilaire de Canada se vend chez un Epicier droguiste, Cloître Saint-Jacques de la Boucherie.

Orgeat d'Amandes. Voyez page 193.

DES PISTACHES.

OBSERVATIONS.

CE fruit dont l'amande est de couleur verte, mêlé de rouge en dehors, & verte en dedans, est couverte de deux ecorces, la premiere tendre de couleur verte, la seconde blanche, dure & cassante, il naît par grappes sur une espéce de Térébinte des Indes ; on nous l'envoye sec de plusieurs endroits des Indes, d'Arabie, de Perse & de Syrie.

Il faut choisir les pistaches nouvelles, pesantes, de bon goût, & d'une odeur comme aromatique. Ce fruit est bon pour les Néphrétiques & les personnes atténuées ; il excite l'appétit, fortifie l'estomac & la poitrine, il n'y a que l'excès qui puisse être contraire, parce qu'il échauffe beaucoup & peut causer des maux de tête, & autres incommodités.

Orgeat de Piſtaches. Voyez page 194.

Conſerve de Piſtaches.

Echaudez une once de Piſtaches de la même façon que les amandes ; lorſque vous les aurez égoutées, pilez-les très-fin, & les paſſez au tamis, pour les mettre dans une demie livre de ſucre cuit à la petite plume, après l'avoir ôté du feu, remuez les piſtaches dans le ſucre pour les bien mêler enſemble ; dreſſez votre conſerve dans un moule de papier ; quand elle ſera froide, vous la couperez par tablettes à votre uſage.

Piſtaches filées.

Echaudez un demi quarteron de piſtaches, que vous coupez par petits filets, eſſuyez-les avec un linge, & les ſemez ſur des feuilles de cuivre frottées légerement de bonne huile d'olive, vous avez un ſucre cuit au caramel, que vous tenez chaudement pour qu'il ne ſe prenne pas, prenez-en avec deux fourchettes que vous filez à meſure ſur tous les les filets de piſtaches en laiſſant des vuides entre, vous retournez vos piſtaches ſur une autre feuille de cuivre auſſi frottée d'huile, pour en faire autant comme au côté précédent, en prenant garde de les trop charger de fucre en les filant.

Bifcuits de Piftaches.

Echaudez un quarteron de piftaches, faites-les égouter, effuyez-les avec une ferviette : mettez-les dans un mortier avec un demi quartier de citron confit, & un peu de citron verd rapé : pilez-les très-fin en les arrofant à plufieurs fois avec un blanc d'œuf : lorfqu'elles font pilées, vous les mettez dans une terrine avec un peu plus d'un quarteron de fucre fin, deux jaunes d'œufs, battez-les enfemble avec une efpatule jufqu'à ce qu'ils foient bien incorporés l'un avec l'autre, que vous y mettez fix blancs d'œufs fouettés & bien montés avec plein une cuilliere à caffé de farine : mêlez le tout enfemble, dreffez vos bifcuits dans des moules, ou en long fur des feuilles de papier blanc : jettez un peu de fucre par-deffus, faites cuire dans un four doux.

Piftaches à la Fleur d'Orange.

Mettez tremper deux gros de gomme adragante avec deux cuillerées d'eau de fleurs d'orange, & un demi verre d'eau :

T v

lorfqu'elle eft fondue, vous la paffez dans un linge en la preffant fort ; vous avez un quarteron de piftaches échaudées & pilées très-fin dans un mortier : lorfqu'elles font pilées, mettez-y votre eau gommée avec du fucre fin, pilez le tout enfemble en y ajoutant du fucre fin jufqu'à ce que cela forme une pâte maniable, que vous mettez fur une table pour en prendre des petits morceaux égaux pour les rouler dans les mains & eu former des efpeces d'amandes, que vous mettez à mefure fur des feuilles de papier blanc, pour les faire cuire dans un four très-doux.

Lait de Piftaches.

Echaudez un quarteron de Piftaches, que vous pilez très-fin en les arrofant de tems en tems avec une cuillerée de lait, & quelques goutes d'eau de fleurs d'orange, faites bouillir une chopine de crême avec un demi feptier de lait, environ un quarteron de fucre, laiffez réduire à un tiers, enfuite vous l'ôtez du feu pour y délayer les piftaches que vous paffez à plufieurs fois dans une ferviette, dreffez dans ce que vous devez fervir.

Piſtaches en Olives.

Prenez des piſtaches que vous émondez, & les jettez à meſure dans l'eau
fraiche, retirez-les, & les eſſuyez pour
les piler très-fin dans un mortier : mettez-les dans une poële avec la moitié
péſant de ſucre en poudre de ce que
vous avez de piſtaches : faites-les deſſécher ſur le feu juſqu'a ce que la pâte ne
ſe cole plus après les doigts, enſuite vous
les retirez de la poële pour les mettre
ſur du papier avec du ſucre en poudre :
vous en prendrez des petits morceaux
que vous roulerez dans vos mains pour
leur donner la forme d'olives, mettez
à chacune un petit bâton pour pouvoir
les tremper dans un ſucre cuit au caramel, & à meſure que vous les retirez du
caramel, vous les dreſſez ſur un clayon,
en mettant les petits bâtons dans la
maille du clayon, afin que le caramel
puiſſe ſécher en l'air, & vous les dreſ-
ferez ſur une aſſiette de porcelaine garnie d'un rond de papier découpé.

Diablotins aux Piſtaches. Voy. p. 412.

Fromage de Piſtaches. Voyez Glaces
page 185.

T vj

Dragées de Piſtaches.

Echaudez des piſtaches, que vous mettez enſuite ſécher à l'étuve; ſi vous n'en faites qu'une livre, vous les mettrez dans une grande poële à proviſion avec un ſucre gommé, que vous faites avec un peu de gomme arabique, fondue avec très-peu d'eau, que vous mêlez avec du ſucre cuit au liſſé; faites aller votre poële ſur un moyen feu, en la remuant toujours pour que les piſtaches prennent ſucre également; lorſqu'elles commenceront à ſécher, vous remettrez un peu de ce même ſucre pour leur donner encore une couche ou deux de cette même façon; enſuite vous continuez toujours à les remuer, en leur donnant encore cinq ou ſix couches avec un autre ſucre au liſſé, ou il n'y a point de gomme, juſqu'à ce que vous voyez qu'elles en ayent aſſez; à la derniere couche, vous les ôterez de la poële pour la bien eſſuyer: remettez-y les piſtaches avec du ſucre cuit au liſſé, vous les remuez fortement ſur la fin, ſans les faire ſauter; lorſqu'elles ſeront bien liſſées, vous les mettrez rachever de ſécher à l'étuve.

Maffepains de Piftaches à la Comète.

Pilez très-fin une demie livre de piftaches échaudées ; mettez-y , en les pilant un peu de fucre fin , pour qu'elles
ne tournent pas en huile ; faites cuire
à la grande plume un quarteron & demi de fucre; mettez-y les piftaches pilées, pour les faire deffécher avec le fucre fur un très-petit feu, jufqu'à ce que
les touchant avec les doigts , elles ne
fe colent point après ; mettez votre
pâte fur une table , poudrez-la deffus
& deffous de fucre fin ; abbattez-la avec
le rouleau de l'épaiffeur d'un petit écu,
pour la couper en étoile, où il y ait
une petite queue ; mettez vos maffepains fur une feuille de papier blanc :
pofez deffus un couvercle de four de
campagne , avec un peu de feu deffus,
faites-les cuire doucement : lorfqu'ils
feront cuits d'un côté, vous les retournez fens deffus deffous , pour mettre
fur le côté qui n'eft pas cuit, une glace
faite avec un peu de blanc d'œuf, quelques goutes de jus de citron, & du fucre
fin paffé au tambour : remettez-le couvercle fur les maffepains pour faire cuire
la glace.

Maffepains de Piftaches en Joyaux.

Echaudez une demie livre de piftaches, que vous mettez dans un mortier, que vous pilez très-fin en les arrofant avec un peu d'eau de fleurs d'orange : mettez les dans une poële avec fix onces de fucre en poudre : faites-les deffécher fur un très petit feu, jufqu'à ce qu'elles ne fe colent point après les doigts, que vous les mettez fur une feuille de papier avec du fucre fin deffous, & à mefure que vous l'abattez avec le rouleau, vous y jettez un peu de fucre fin mêlé d'un quart de farine, pour que la pâte ne fe cole point après le papier : coupez-en des filets de longueur de demi - doigt pour en former des cercles autour d'un petit manche de couteau bien rond, en pinçant les deux bouts, pour les faire tenir enfemble : lorfque vous avez formé tous ces cercles ou joyaux, vous les trempez dans une marmelade de confiture délayée avec un peu de blanc d'œuf : mettez - les à mefure dans du fucre fin pour les rouler dedans, & les dreffez à mefure fur des feuilles de cuivre pour les mettre cuire dans un four doux.

DE LA CANELLE.

L'ON trouvera dans le premier volume, page 10, l'obſervation ſur la connoiſſance & propriété de la canelle.

Maſſepains de Canelle.

Echaudez une livre d'amandes douces, que vous pilez très-fin, en les arroſant avec une cuillerée d'eau de fleurs d'orange : faites cuire une demie livre de ſucre à la grande plume : mettez y les amandes avec un demi gros de canelle en poudre; faites deſſécher la pâte ſur un petit feu juſqu'à ce qu'elle ne cole plus après les doigts, que vous la mettez ſur une feuille de papier, avec un peu de ſucre fin, mêlé d'un tiers de farine, abattez la pâte de l'épaiſſeur d'un écu pour la découper comme vous voudrez; faites-les cuire dans un four doux, & les glacez enſuite avec une glace blanche.

Paſtilles de Canelle.

Faites fondre une once de gomme adragante avec un peu d'eau; lorſqu'elle eſt fondue, vous la paſſez dans un linge ; mettez cette eau gommée dans un mortier, avec plein une cuilliere à caffé de canelle battue, paſſée au tamis fin, & une livre de ſucre paſſé au tambour, que vous ne mettez que peu à peu, en pilant la pâre à meſure qu'il en eſt beſoin, juſqu'à ce que vous ayez une pâte maniable, que vous retirez du mortier pour en former des paſtilles de tel deſſein que vous voulez, & les mettez ſécher à l'étuve.

Canelle au Candi.

Mettez tremper dans un peu d'eau pendant vingt-quatre heures, des morceaux de canelle ; retirez-les pour les couper en petits filets très-minces, & les mettez enſuite faire deux ou trois bouillons dans un ſucre cuit au petit liſſé ; mettez-les égouter ſur un clayon & ſécher à l'étuve : lorſqu'ils ſont ſecs vous les dreſſez ſur les grilles qui ſe mettent dans les moules à candi : faites cuire votre ſucre au ſoufflé, & les verſez deſſus : quand il eſt à moitié froid, mettez-les juſqu'au lendemain à l'étuve, avec un feu modéré : ſi le ſucre n'étoit point aſſez candi, vous égouterez ce qui reſte de liquide, & les laiſſerez encore une heure ou deux avant que de les ôter des mou-

les pour les mettre dans des boëtes garnies de papier blanc. Pour connoître fi
votre candi eft comme il faut avant que
de le lever, vous mettez quatre petits
bâtons blancs fecs, aux quatre coins des
moules, que vous enfoncez jufqu'au fond
pour effai, que vous retirez doucement;
vous verrez s'ils font le diamant deffus
également, c'eft une marque que votre
candi eft fait : pour lors vous égoutez-
votre candi, en penchant le moule par
le coin, que vous laiffez égouter pendant
deux heures : il faudra renverfer le moule
fur une feuille de papier blanc un peu
fort & également.

Conferve de Canelle.

Délayez dans une affiette avec deux
ou trois cuillerées de fucre clarifié, un
gros de canelle en poudre, paffée dans
un tamis très-fin enfuite vous la mettez
dans une demie livre de fucre cuit à la
grande plume, remuez-bien la canelle
avec le fucre pour les bien incorporer
enfemble : verfez tout de fuite votre
conferve dans des moules de papier :
quand elle fera prife vous la couperez
par tablettes à votre ufage.

Canelle en bâtons.

· Mettez tremper une once de gomme adragante avec un verre d'eau : lorfqu'elle eft fondue, vous la paffez dans une ferviette en la preffant fort : mettez cette eau gommée dans un mortier avec plein une cuilliere à caffé de canelle en poudre paffée au tamis fin : mettez-y peu à peu du fucre en poudre en pilant à mefure, jufqu'à ce que vous ayez une pâte maniable, que vous mettez fur une feuille de papier blanc avec du fucre fin pour qu'elle ne fe cole point au papier : abbattez cette pâte avec le rouleau le plus mince que vous pourrez; vous en coupez des bandes de longueur & largeur qu'il faut pour envelopper une plume d'oye, pour leur donner la forme d'un bâton de canelle : à mefure que vous en avez roulé un, vous l'ôtez pour en faire un autre, que vous mettez à mefure fur un tamis : lorfqu'ils font tous faits, mettez les fécher à l'étuve.

DES GIROFLES.

L'ON trouvera dans le premier volume, page 9, la connoiffance & propriété des cloux de Girofles.

Pastilles aux *ingrédiens de Girofles.*

Ayez une once de gomme adragante que vous faites fondre avec un peu d'eau, & la passez au travers d'une serviette : mettez cette eau gommée dans un mortier avec douze cloux de girofles en poudre passés dans un tamis fin, mettez y peu à peu en pilant environ une livre de sucre fin, jusqu'à ce que vous ayez une pâte maniable : retirez cette pâte du mortier pour en former des pastilles ou des ingrédiens, comme des cloux de girofles, des coquillages, des grains de bled, de caffé, de petits pois, ce que vous voudrez : lorsqu'ils feront tous préparés, vous les mettrez fécher à l'étuve.

Pour faire des Figures & des Vases au caffé & au caramel.

Suivant la quantité & groffeur des figures ou des vases que vous voulez faire, vous prenez plus ou moins de fucre, environ trois livres que vous faites clarifier & paffer au tamis, enfuite vous le faites cuire au caffé, il faut qu'il foit jufte à fon dégré. Vous avez vos moules tous prêts bien nets & frottés de bonne huile ; qu'ils foient bien ferrés enfemble & ficelés qu'il n'y refte point de jour que le trou par où vous devez verfer votre fucre. Vous prenez le moule de la main gauche ; enveloppé d'un torchon, & de la droite vous verfez le fucre dans le moule en les tournant doucement d'un côté & d'autre pour que le fucre s'étende, afin que les figures fe forment & ne reftent point en maffe, elles doivent être creufes en dedans & tranfparentes ; vous continuez toujours à les tourner doucement jufqu'à ce que le fucre foit pris, vous n'ouvrirez le moule que quand il fera tout à fait froid. Ceux au caramel fe font la même façon, à cette différence qu'il faut faire cuire le fucre au caramel.

Pour faire des Figures & des Fleurs de Paftillages.

Suivant la quantité de fucre que vous voulez employer, vous faites fondre dans de l'eau tiéde fans la mettre fur le feu, de la gomme adragante, une once fuffit pour employer au moins une livre de fucre ; lorfque votre gomme fera fondue, vous la paffez dans un torchon neuf, en le tordant fort pour que toute la gomme paffe au travers, & qu'elle foit bien épaiffe, mettez-y fuffifamment du fucre royal paffé au tambour, mêlé d'un quart d'amidon ; mettez le tout enfemble dans un mortier pour le piler jufqu'à ce que cela vous forme une pâte maniable ; pour connoître fi cette pâte eft comme il faut, vous la tirez d'une main à l'autre ; tant qu'elle file vous y ajoutez du fucre fin mêlé d'un quart d'amidon, jufqu'à ce qu'elle fe caffe net en la tirant des deux mains, enfuite vous mettez votre compofition dans des moules frottés légerement de bonne huile : lorfqu'ils feront bien emplis, vous les ferrez fort avec un ruban de fil, ou autre chofe, deux heures après vous ouvrirez les moules pour voir fi les figures font prifes. vous les retirez en douceur pour les conferver dans un endroit fec. Les fleurs fe font de même que les figures, il n'eft que les moules qui en font la différence: quand elles font retirées des moules, il faut les peindre avec un pinceau & les couleurs dont on fe fert à l'Office, pour leur donner la couleur naturelle de la fleur qu'elles repréfentent.

Couleur verte.

Vous faites une couleur verte avec du bled verd dans le tems, ou des épinards si vous voulez, d'autres ne se servent que de poiré : en prenant une des trois, celle que vous voudrez, il faut en ôter la côte, & ne se servir que des feuilles que vous lavez ; faites-les cuire deux bouillons dans l'eau, & les retirez à l'eau fraîche, pressez-les dans les mains pour les mettre ensuite dans un mortier, pour les piler très fin, pressez-les pour en tirer le plus de jus que vous pourrez, passez ce jus au tamis pour le mettre sur le feu & réduire au moins à la moitié, lorsqu'il sera froid, vous vous en servirez à ce que vous jugerez à propos.

Couleur rouge de Cochenille.

Pour une chopine d'eau, il faut prendre deux onces de cochenille bien pulvérisée, que vous mettez dans l'eau quand elle bouillira : faites-lui faire une douzaine de bouillons, ensuite vous y mettrez pour l'éclaircir une once d'alun & une once de crême de tartre bien pilés, tous les deux en même tems, & ferez encore bouillir une douzaine de bouillons, vous prendrez un petit bâton blanc avec un petit morceau de papier blanc, que vous trempez dans la cochenille, il faut en égouter quelques goutes du bâton sur du papier blanc, elle doit se soutenir comme de l'encre & écrire de même ; c'est une marque qu'elle est faite. Pour la conserver long-tems, il faut y ajouter un morceau de sucre d'un quarteron vous lui laisserez bien faire le dépôt dans la poële, & la mettrez dans une bouteille que vous aurez soin de bien boucher,

Couleur jaune.

Il faut prendre une pierre de gomme gutte, que vous tenez avec la main pour la frotter sur une assiette dans un peu d'eau chaude jusqu'à ce que l'eau ait pris assez de couleur, suivant la quantité que vous en avez de besoin. Si vous voulez faire du jaune dans le tems des lys, prenez-en la fleur qui se trouve dans le milieu, que vous mettez infuser dans un peu d'eau, elle vous fournira une belle couleur qui est naturelle, l'on en peut faire sécher à l'étuve pour s'en servir lorsqu'on en a besoin.

Couleur bleue.

Elle se fait avec une pierre d'indigo que vous frottez sur une assiette avec un peu d'eau chaude de la même façon que la gomme gutte.

L'on fait, si l'on veut, des nuances de

ces différentes couleurs en les mêlant ensemble à l'imitation des Peintres.

Pastille à l'écarlate.

Faites tremper une once de gomme adragante avec un peu d'eau chaude ; quand elle est fondue & bien épaisse, vous la passez au travers d'une serviette en la pressant fort pour que le tout passe au travers ; mettez cette eau dans un mortier avec deux cuillerées de marmelade d'épine-vinette bien rouge ; mettez-y peu à peu à mesure que vous pilez une livre de sucre passé au tambour, jusqu'à ce que vous ayez une pâte maniable que vous ôtez du mortier pour en former des pastilles de tels desseins que vous jugerez à propos, & les mettez sécher à l'étuve. Si vous n'avez point de marmelade d'épine-vinette, vous en pouvez faire en mettant de la cochenille préparée ; celles qui sont faites avec l'épine-vinette sont supérieures en bonté à ces dernieres.

Pastilles & ingrédiens de Safran.

Mettez tremper dans un peu d'eau tiéde une once de gomme adragante, & la passez dans une serviette pour la mettre dans un mortier avec une once

de

de safran pulvérisé & passé au tamis fin ; mettez-y à mesure que vous pilez environ une livre de sucre passé au tambour jusqu'à ce que vous ayez une pâte maniable, vous en formerez des pastilles & des ingrédiens de telle grandeur & figure que vous voudrez.

Pastillages de Cédra.

Prenez de la rapure de cédra, mettez-en la moitié sécher à l'étuve pour la piler & passer au tamis fin ; mettez l'autre moitié dans un peu d'eau avec une once de gomme adragante jusqu'à ce qu'elle soit fondue, que vous la passez dans un linge, & la mettez dans un mortier avec la rapure de cédra que vous avez passée au tamis, mettez-y du sucre en poudre que vous pilez à mesure, & en mettez jusqu'à ce que vous ayez une pâte maniable, que vous en formez des pastillages de tels desseins que vous voulez. Si votre pâte n'avoit point assez le goût de fruit, vous aurez soin d'y goûter avant que de la finir, vous y mettrez un peu d'essence de cédra.

Les pastillages de bergamotte, de citron, de lime, de bigarade, d'orange de Portugal, se font tout de même.

V

Conserve d'Eau de fleurs d'Orange.

Faites cuire une demie livre de sucre à la grande plume, descendez-le du feu, après l'avoir remué trois ou quatre tours avec une cuilliere, vous y mettez plein une bonne cuilliere à caffé d'eau de fleurs d'orange, que vous remuez dans le sucre : dressez votre conserve toute chaude dans les moules de papier : lorsqu'elle est froide, coupez-la par tablettes à votre usage.

Conserve de Fruits confits.

Vous faites de la conserve de fruits confits, de telle confiture que vous voulez ; passez votre confiture dans un tamis, faites-la dessécher sur un petit feu ; sur un demi quarteron desséché faites cuire une demie livre de sucre à la grande plume, mettez-y votre confiture pour la bien délayer avec le sucre, dressez la conserve dans les moules de papier ; quand elle sera froide, vous la couperez par tablettes à votre usage.

Conserve à l'écarlate.

Prenez deux ou trois cuillerées d'eau de cochenille, que vous mettez sur une assiette & faites réduire sur le feu à un cuillerée : en l'ôtant du feu, vous y mettez quelques goutes d'eau de fleurs d'oranges ; faites cuire une demie livre de sucre à la grande plume ; ôtez-le du feu pour le laisser reposer un moment, ensuite mettez-y votre couleur rouge que vous remuez dans le sucre ; dressez votre conserve dans les moules de papier, quand elle sera froide, vous la couperez par tablettes à votre usage.

Conserve au verd Pré.

Prenez une couleur verte, comme il est marqué ci-devant, page 453 ; il en faut mettre quatre cuillerées dans une assiette que vous mettez sur le feu, & les faites réduire à un tiers ; faites cuire une demie livre de sucre à la grande plume, mettez-y la couleur verte, que vous travaillerez avec le sucre jusqu'à ce qu'il en ait pris la couleur ; dressez votre conserve dans des moules de papier ; quand elle sera froide, vous la couperez par tablettes à votre usage.

Conserve de Safran.

Faites cuire à la petite plume une demie livre ou trois quarterons de sucre, retirez le du feu, & y mettez un peu de safran en poudre (il n'en faut que pour donner la couleur au fucre,) remuez avec une cuilliere en la frottant douce- ment fur les bords de la poële : lorfque le fucre commence à s'épaiffir, vous la jettez dans un moule de papier que vous avez tout prêt ; quand elle fera froide, vous la couperez par tablettes à votre ufage.

Bifcuits à la cuilliere.

Mettez dans une balance fix œufs entiers, & de l'autre côté autant pefant de fucre fin ; ôtez-le fucre pour le mettre dans une terrine, ôtez trois œufs de la balance, & mettez de l'autre côté de la farine, la pefanteur des trois œufs qui font reftés dans la balance ; caffez les œufs pour mettre les jaunes avec le fucre, & les blancs à part pour les fouet- ter ; battez les jaunes avec le fucre, & un peu de citron rapé, vous y met- tez enfuite les blancs bien fouettés, que vous mêlez avec le fucre; mettez la farine dans un tamis, faites la tomber légerement dans votre appareil de bif- cuits ; mêlez le tout enfemble, dreffez vos bifcuits en long avec une cuilliere fur des feuilles de papier blanc ; jettez du fucre fin par deffus pour qu'il fe for- me une glace, & les faites cuire dans un four doux; lorfqu'ils font cuits de belle couleur, vous les enlevez de deſſus le papier avant qu'ils foient froids. Si vous voulez vos biſcuits plus légers, vous ne mettrez de la farine, que la péſanteur de deux œufs; pour les œufs, vous ne mettrez que deux jaunes & huit blancs fouettés; du fucre, la peſanteur de fix œufs; vous les finirez de la même façon qu'il eſt dit ci-deſſus.

Biſcuits au Zéphir.

Mettez dans une terrine quatre jaunes d'œufs frais, une livre de fucre fin paſſé au tamis, une pincée d'écorce de citron rapé, autant de fleurs d'orange praſlinées, hachées très-fin; battez le tout enſemble avec une eſpatule, pendant une demie heure; vous prenez douze blancs d'œufs frais, que vous fouettez; quand ils font bien montés, vous les mêlez avec le fucre, en les remuant avec le fouet; mettez dans un tamis une demie livre de fleurs de farine que vous aurez fait fécher au four; paſſez-la au travers d'un tamis dans l'apareil des biſcuits; remuez avec le fouet à meſure qu'elle tombe; enſuite vous dreſſerez vos biſcuits dans des moules de papier; jettez du fucre fin par-deſſus pour les glacer, & les faites cuire dans un four doux : lorſqu'ils ſeront bien montés & cuits de belle couleur, ôtez-les des moules pendant qu'ils ſont chauds.

Biſcuits de Provence.

Mettez dans une terrine deux cuille-rées de marmelade d'orange, une pin-cée d'écorce de citron verd rapé, une demie livre de ſucre en poudre paſ-ſé au tamis, quatre jaunes d'œufs frais : battez le tout enſemble avec une eſpa-tule, une demie heure : enſuite vous y mettez huit blancs d'œufs fouettés : lorſ-qu'ils ſeront bien mêlés, vous y ajou-terez un quarteron de fleur de farine un peu ſéchée, que vous paſſez légere-ment au travers d'un tamis dans les biſ-cuits : remuez avec le fouet à meſure qu'elle tombe : dreſſez vos biſcuits dans des moules de papier, & faites cuire dans un four doux : lorſqu'ils ſeront retirés du four, vous glacez le deſſus avec une glace de ſucre fin délayé avec un peu de blanc d'œuf, du jus de citron ; re-mettez au four, ſeulement pour faire ſécher la glace : retirez-les des moules pendant qu'ils ſont encore chauds.

Biscuits à la Reine.

Mettez dans une terrine un quarteron de farine de ris paſſée au tambour, une livre de ſucre fin paſſé au tamis, l'écorce de la moitié d'un citron rapé, ſix jaunes d'œufs : battez le tout enſemble pendant une demie heure avec deux eſpatules : vous y ajouterez enſuite douze blancs d'œufs fouettés , que vous mêlez bien avec votre compoſition de biſcuits : dreſſez-les dans des moules de papier : faites cuire dans un four doux : lorſqu'ils ſont cuits , couvrez tout le deſſus avec une glace faite de ſucre fin , battu avec un peu de blanc d'œuf, du jus de citron , remettez au four ſeulement pour faire ſécher la glace ; ôtez les du papier pendant qu'ils ſont chauds.

Biscuits cannelés.

Il faut prendre ſix œufs frais : peſez du ſucre fin & de la farine , mettez-en de chacun la peſanteur des ſix œufs : mettez les œufs dans la terrine pour fouetter les blancs & les jaunes enſemble autant de tems que vous êtes à fouetter des biſcuits à la cuilliere : enſuite vous mettez la farine avec le ſucre & un peu de citron verd rapé : battez

le tout enfemble avec une efpatule :
dreffez vos bifcuits de cette façon.
Vous pliez une grande feuille de papier
blanc dans fa longueur, l'un fur l'autre
& de largeur d'un travers de doigt : le
fond doit avoir la figure cannelée, ces
bifcuits fe dreffent à contre-fens fur la
feuille de papier, l'on en peut faire trois
rangées fur la même feuille ; il faut leur
donner la même cuiffon qu'aux bifcuits
à la cuilliere : lorfque vous croyez qu'ils
font cuits, il faut les retirer, & vous
prenez la feuille de papier par les deux
bouts, en écartant vos deux mains les
bifcuits fe détachent feuls du papier : on
les met fur une autre feuille de papier,
pour les remettre fécher au four. Ils fe
gardent tant que l'on veut : ils font très-
bons pour tremper dans les vins de liqueurs.

Bifcuits de fruits mêlés.

Mettez dans un mortier deux abricots confits au fec, un quartier d'orange douce confite au fec, un demi quarteron de pâte d'amandes, une cuillerée
de marmelade de fleurs d'orange ; pilez le tout enfemble jufqu'à ce que vous
le puiffiez paffer au travers d'un tamis ;
preffez-le fort dans le tamis avec une

eſpatule, pour que le tout paſſe au travers : mettez cette marmelade dans une
terrine avec cinq jaunes d'œufs, un demi quarteron de ſucre en poudre ; battez le tout enſemble juſqu'à ce que cela
vous forme une pâte maniable ſans être
trop liquide : prenez-en avec l'eſpatule
d'une main , & la coupez en longueur
de l'autre main avec un couteau, que
vous mettez à meſure dans du ſucre fin :
pour les ranger ſur du papier blanc,
faites-les cuire dans un four doux.

Biſcuits de Gênes.

Rapez la ſuperficie de l'écorce d'un
citron entier , la ſuperficie de l'écorce
d'une orange douce entiere, que vous
mettez dans un mortier avec deux cuillerées de marmelade de fleurs d'orange,
deux abricots confits au ſec ; pilez le
tout enſemble , paſſez - le enſuite au
travers d'un tamis, & le mettez dans
une petite terrine pour le mêler avec
trois jaunes d'œufs & quatre onces de
ſucre en poudre ; le tout étant bien battu & mêlé enſemble, vous y ajoutez ſix
blancs d'œufs bien fouettés, que vous
mêlez encore avec le reſte ; dreſſez vos
biſcuits dans des moules de papier ; faites-les cuire dans un four doux, en-
Vv

fuite vous les glacez avec une glace faite avec un peu de blanc d'œuf, un jus de citron, & du fucre fin paffé au tambour.

Bifcuits à l'Infante.

Mettez dans une terrine un quarteron de farine de ris paffée au tambour, un quarteron de fucre fin paffé au tamis quatre cuillerées de quatre fortes de marmelades, une de chaque, trois jaunes d'œufs frais ; battez le tout enfemble pendant un quart d'heure, & vous y ajouterez enfuite cinq blancs d'œufs fouettés & bien montés : fouettez encore le tout enfemble, & le dreffez dans des petits moules de papier : jettez un peu de fucre fin par-deffus avec le tamis pour les glacer, faites cuire dans un four doux.

Bifcuits à la Fleur d'orange manqués.

Prenez deux pincées de fleurs d'orange pralinées, que vous hachez très-fin : mettez-les dans une terrine, avec un quarteron de fucre fin, un demi quarteron de farine, trois jaunes d'œufs : battez le tout enfemble, & y mettez enfuite quatre blancs d'œufs fouettés, que vous mêlez avec : dreffez vos bifcuits en long fur des feuilles de papier blanc : jettez du fucre fin deffus, & faites cuire

dans un four doux; lorfqu'ils feront
cuits vous les ôterez du papier pour les
mettre fur un tamis fécher à l'étuve.
Ceux de citron fe font de la même façon,
à cette différence qu'à la place de fleurs
d'orange, vous y mettez du citron verd
rapé.

Bifcuits à la Dauphine.

Echaudez un quarteron d'amandes
doucés, & un quarteron d'amandes
amères; effuyez-les avec une ferviette,
& les mettez enfemble dans un mortier
pour les piler très-fin, en les arrofant de
tems en tems avec du blanc d'œuf; lorfqu'elles feront pilées, vous y mettrez
deux livres de fucre fin que vous repi-
lerez avec les amandes, en y mettant
un blanc d'œuf, jufqu'à ce que cela vous
forme une pâte maniable; paffez-la au-
travers d'une feringue faite exprès, pour
en former des bifcuits de la longueur &
groffeur que vous voulez, que vous
dreffez fur du papier blanc; mettez vos
bifcuits qui font fur le papier, fur une
table avec un couvercle de four de
campagne & du feu deffus, faites-les
cuire à petit feu; lorfque le deffus eft
cuit, vous les levez du papier pour les
retourner, & mettre le côté qui eft cuit

en deſſous ; mettez ſur le côté qui n'eſt pas cuit une glace faite avec du ſucre fin paſſé au tambour, que vous battez avec un peu de blanc d'œuf & du jus de citron ; vos biſcuits étant glacés, vous remettez le couvercle deſſus, avec un peu de feu pour faire prendre la glace.

Biſcotins en las d'amour.

Mettez ſur une table un demi litron de farine, faites un creux dans le milieu pour y mettre deux cuillerées de marmelade, de telle confiture que vous voudrez, avec gros comme un œuf de ſucre en poudre, trois blancs d'œufs ; paîtriſſez le tout enſemble juſqu'à ce que vous ayez une pâte maniable ; ſi votre pâte étoit trop ferme, vous y ajouterez un blanc d'œuf ; vous l'abbattrez enſuite avec un rouleau pour la couper en filets, aſſez longs pour les tourner en las d'amour ; dreſſez-les ſur des feuilles de cuivre, pour les faire cuire dans un four doux ; vous les retirez quand ils ſont d'un blond doré.

Biſcotins au Citron.

Faites cuire une demie livre de ſucre à la grande plume : en l'ôtant du feu, mettez-y une demie livre de farine, que

vous remuez beaucoup avec une espatule pour qu'il n'y reste point de grumelots; ajoutez-y trois blancs d'œufs, &
l'écorce rapée de la moitié d'un citron;
remuez encore le tout avec l'espatule,
jusqu'à ce qu'ils soient bien mêlés; mettez cette pâte sur une table, poudrez de
farine dessus & dessous; prenez-en des
petits morceaux pour en former des bis-
cotins de la grosseur & figure que vous
voulez, en forme d'amandes, de noisettes, ou d'olives; dressez les sur des
feuilles de cuivre, pour les faire cuire
dans un four d'une chaleur modérée;
lorsqu'ils sont cuits d'un blond doré,
vous les retirez pour les conserver à l'é-
tuve, jusqu'à ce que vous serviez.

Biscotins à la Choisy.

Faites cuire une demie livre de sucre
à la grande plume; en l'ôtant du feu,
vous le mettez dans un mortier avec
une demie livre de fleurs de farine, une
cuillerée d'eau de fleurs d'orange, deux
œufs frais, pilez le tout ensemble pour
en former une pâte maniable; retirez
cette pâte pour la mettre sur une table
poudrée de farine mêlée avec un peu
de sucre fin, prenez-en des petits morceaux égaux de la grosseur d'une olive,

roulez-les dans les mains avec un peu de farine mêlée d'un tiers de fucre ; applatiffez-les un peu, & les dreffez à mefure fur des feuilles de cuivre pour les faire cuire dans un four d'une moyenne chaleur.

Gimblettes à la fleur d'Orange.

Mettez dans une poële une demie livre de fucre avec deux cuillerées d'eau-de-vie & deux cuillerées d'eau de fleurs d'orange ; mettez le fucre fur le feu feulement pour le faire fondre ; lorfqu'il eft fondu, vous l'ôtez du feu & y mettez trois quarterons de fleurs de farine, deux œufs entiers blancs & jaunes : paîtriffez le tout enfemble pour en former une pâte maniable, enfuite vous la coupez en filets que vous roulez un peu fous les mains pour en former des anneaux ou autres deffeins faits en chiffre ; mettez de l'eau fur le feu dans un vaiffeau un peu creux ; quand elle eft prête à bouillir vous y mettez les gimblettes, & agitez l'eau avec l'écumoire pour exciter les gimblettes qui font au fond à monter fur l'eau ; à mefure qu'elles montent, vous les retirez avec l'écumoire pour les mettre égouter & cuire dans un four de moyenne chaleur ; lorfqu'elles feront de belle couleur, vous les retirez pour paffer deffus une plume trempée dans de l'eau de blanc d'œuf: pour les glacer; remettez-les un inftant au four pour faire fécher; l'eau de blanc d'œufs fe fait en fouettant un blanc d'œuf laiffez-le jufqu'à ce qu'il fe faffe une eau deffous la mouffe.

Meringues liquides.

Fouettez fix blancs d'œufs frais juf-qu'à ce qu'ils foient bien montés, en-fuite vous y mettez du citron verd rapé très-fin, cinq cuillerées de fucre en poudre; remuez le fucre avec les blancs d'œuf en donnant quelques coups de fouet; prenez-en avec une cuilliere à bouche pour dreffer vos meringues de la groffeur d'un maron le plus également que vous pourrez fur des feuilles de papier blanc à une petite diftance de l'une à l'autre; jettez par-deffus du fucre fin avec un fucrier; couvrez-les avec un couvercle de four de campagne point trop chaud, & un peu de feu deffus; faites-les cuire en douceur jufqu'a ce qu'elles foient d'une couleur dorée, enfuite vous les enlevez de deffus le papier, mettez-en deux l'une contre l'autre avec un grain de fruit confit dans le milieu, comme cerifes, verjus, framboifes, ce que vous jugerez à propos; confervez-les à l'étuve jufqu'à ce que vous les ferviez.

Groſſes Meringues féches.

Fouettez en neige huit blancs d'œufs frais; lorfqu'ils font bien montés, vous y mettrez du citron verd rapé, & huit cuillerées de fucre en poudre; formez-en une groſſe meringue en rond ou ovale & en rocher, que vous dreſſez fur une feuille de papier blanc; glacez tout le deſſus de fucre fin; mettez votre papier avec la meringue fur une feuille de cuivre, & la faites cuire dans un four très-doux; lorfqu'elle eſt d'une belle couleur, bien dorée, retirez-la pour la lever de deſſus le papier pour la mettre achever de fécher à l'étuve. On y met, fi l'on veut, de la marmelade de fleurs d'orange, ou gelée de grofeilles, & marmelade d'abricots.

Gaufres à la crême.

Suivant la quantité de gaufres que vous voulez faire, délayez autant de farine que de fucre fin avec un peu d'eau de fleurs d'orange, & de la crême bien douce, que vous délayez peu à peu pour

qu'il n'y ait point de grumelots, il faut
que cette pâte ne foit ni trop claire, ni
trop épaiffe, qu'elle file en la verfant
avec la cuilliere; faites chauffer le gaufrier fur un fourneau, & le frottez des
deux côtés avec de la bougie blanche,
ou du beurre frais pour le graiffer;
mettez-y enfuite une bonne cuillerée de
votre pâte, & fermez le gaufrier pour
le mettre fur le feu; après l'avoir fait
cuire d'un côté, vous le retournez de
l'autre; lorfque vous jugerez que votre
gaufre eft cuite, vous ouvrez le gaufrier
pour voir fi elle eft d'une belle couleur dorée, également cuite, vous l'enlevez tout de fuite pour la pofer fur un
rouleau fait en chevalet; appuyez la main
deffus pour lui faire prendre la forme
du rouleau; laiffez-la fur le chevalet
jufqu'à ce que vous en ayez fait un autre de la même façon; pendant qu'elle
cuit, vous ôtez celle qui eft fur le chevalet pour la mettre fur un tamis; mettez à mefure celle que vous ôtez du gaufrier fur le rouleau; quand elles feront
toutes faites, mettez le tamis où font
les gaufres à l'étuve pour les tenir féchement jufqu'à ce que vous ferviez. En faifant les gaufres, fi elles tenoient après
le gaufrier, il faudroit le frotter lége-

rement avec de la bougie ou du beurre.

Gaufres au beurre de Vanvre.

Délayez dans une terrine deux œufs frais avec un quarteron de farine, un quarteron de fucre en poudre, deux pains de beurre de Vanvre fondu dans un peu de lait, un peu d'eau de fleurs d'orange, une pincée d'écorce de citron verd rapé très-fin ; battez le tout en-femble jufqu'à ce que votre pâte foit bien délayée fans être en grumelots, & qu'elle ne foit ni trop claire, ni trop épaiffe, qu'elle file en la verfant avec la cuilliere, enfuite vous ferez les gaufres de la même façon que la précédente.

Gaufres au vin d'Efpagne.

Mettez dans une terrine un quarteron de farine avec deux œufs frais blancs & jaunes, un quarteron de fucre fin ; délayez cette pâte en y mettant peu à peu du vin d'Efpagne jufqu'à ce que votre pâte ait la même confiftance que les gaufres à la crême, & vous les finirez de la même façon.

Cornets à la fleur d'Orange.

Faites bouillir un inftant dans un de-mi-fetier d'eau, deux pains de beurre de Vanvre; ôtez-le du feu, mettez-y une cuillerée d'eau de fleurs d'orange, vous avez dans une terrine une demie livre de farine avec un quarteron de sucre fin, un œuf entier blanc & jaune; délayez votre pâte en y mettant peu à peu l'eau où vous avez fait fondre le beurre jusqu'à ce qu'elle ne soit ni trop claire ni trop épaisse, qu'elle file en la versant de la cuilllere; vous ferez cuire les cornets de la même façon que les gaufres, à cette différence, qu'en les ôtant du fer, vous les roulez tout de suite pendant qu'ils sont chauds. Vous pouvez faire des cornets d'un goût plus fin avec les mêmes compositions qu'il est marqué pour les gaufres.

Pour faire des Pains de Sainte Génevieve.

Frenez six œufs, fouettez le blanc comme pour les biscuits à la cuilliere, prenez les jaunes que vous délayerez avec un litron de farine, un peu de crême & une demie livre de sucre en poudre; mettez-y les blancs d'œufs fouettés, battez le tout ensemble pour en faire une pâte bien liante, vous y pouvez mettre un peu d'eau de fleurs d'orange: voilà la façon des pains de Sainte Génevieve, il ne s'agit plus que d'en avoir le fer, & on les fait cuire comme les gaufres.

Pâte à l'Espagnole.

Mettez sur une table un demi litron de farine, faites un trou dans le milieu pour y mettre quatre œufs frais, une cuillerée d'eau de fleurs d'orange, un verre de vin d'Espagne, quatre pains de beurre de Vanvre: paîtrissez le tout ensemble pour en former une pâte, que vous coupez ensuite de telle façon que vous voulez pour en former des trefles, des fleurs de lys ou autres desseins ; faites cuire à moitié dans un four: lorsqu'elles sont à la moitié de la cuisson, vous les retirez pour couvrir tous les dessus avec un sucre cuit à la grande plume: remettez au four pour achever de cuire & bien glacer.

Pâte à la Baviere.

Fouettez huit blancs d'œufs que vous mettez dans une poële avec une demie livre de sucre fin : remuez ensemble avec une espatule jusqu'à ce qu'ils soient mêlés : faites-la dessécher sur un petit feu en la remuant toujours, ensuite vous l'ôtez du feu pour y mettre quelques goutes d'eau de fleurs d'orange, vous

en dreſſez des petits morceaux de la
groſſeur d'une noix ſur des feuilles de
papier blanc pour les mettre cuire dans
un four doux, & les ôtez du papier,
lorſqu'ils ſont froids.

Oeufs glacés.

Prenez huit jaunes d'œufs durs, que
vous mettez dans une petite poële avec
un quarteron de ſucre fin, quelques goutes d'eau de fleurs d'orange, un peu
d'écorce de citron verd rapé; mélez le
tout enſemble avec l'eſpatule, & le mettez ſur un petit feu pour le faire deſſécher, enſuite vous en formerez des petits ronds un peu moins gros qu'un jaune
d'œuf; faites cuire une demie livre de
ſucre à la grande plume, deſcendez-le
du feu pour lui laiſſer un peu abbattre ſa
chaleur, & vous y mettrez vos petits
œufs; travaillez le ſucre ſur le bord
de la poële, à meſure qu'ils commencent à blanchir, tournez-y les œufs un
à un en les prenant avec une fourchette
pour les mettre à meſure ſur des grilles
pour égouter & ſécher.

Oeufs au Caramel.

Faites des petits œufs comme les précédens; lorſque vous les aurez tous

arrondis, faites cuire du fucre au caramel, que vous tenez chaudement fur un petit feu ; tournez-y un à un les petits œufs en les prenant avec deux fourchettes, & les mettez à mefure fur des feuilles de cuivre frottées légerement de bonne huile d'olive.

Sables de vieilles Conferves.

Quand on a de vieilles conferves de la couleur que l'on veut faire des fables, on les pile pour les paffer au travers d'un tamis, & l'on s'en fert à la place d'un fable neuf.

Noyaux de Pêches en furprife.

Faites tremper une once de gomme adragante pour employer une livre de fucre, vous mettez la gomme tremper avec un peu d'eau de cochenille pour lui donner une couleur rouge ; lorfqu'elle eft fondue, vous la paffierez au travers d'un tamis dans un mortier pour y mettre du fucre fin en pilant toujours jufqu'à ce que vous ayez une pâte maniable ; mettez de cette pâte dans un moule à noyaux avec une amande dans le milieu ; lorfque vous avez marqué un noyau de cette façon, vous en mettez un autre que vous mettez à mesure sur un tamis pour les faire sécher à l'étuve.

Dragées de Nompareille.

Il faut piler de la graine de céleri, après l'avoir fait sécher à l'étuve; lorsqu'elle est pilée, vous la passez dans un tamis fin; mettez-la dans une grande poële à provision avec du sucre au lissé, en lui donnant plusieurs couches comme aux dragées; jusqu'à ce que vous voyiez qu'elle ait pris sucre; sur la fin, avant que de les finir, vous leur donnez la couleur que vous voulez, avec les couleurs dont on se sert à l'Office, que vous trouverez page 453 & suiv. Vous les serrerez dans un endroit sec.

Sucre d'Orge.

Mettez de l'orge dans une caffetiere, avec de l'eau pour le faire bouillir, jusqu'à ce qu'il soit cuit, & qu'il reste peu d'eau, passez cette eau dans une serviette, en la tordant fort pour en tirer l'expression de l'orge ; laissez reposer pour la tirer au clair, que vous la mettrez dans un sucre clarifié, pour les faire bouillir ensemble, jusqu'à ce que le sucre soit cuit au caramel, que vous l'ôtez promptement pour le verser sur des feuilles de cuivre frottées légerement avec un peu de bonne huile d'olive; lorsque votre sucre commence à se durcir, vous le coupez en long, & l'arrondissez pendant qu'il est tout chaud.

Mousseline jaune.

Faites tremper une once de gomme adragante, avec un peu d'eau, & la passez dans un linge; mettez-la dans un mortier, avec un peu de gomme gutte, que vous tenez dans la main, pour la frotter sur une assiette dans un peu d'eau chaude jusqu'à ce que vous en ayez assez pour donner la couleur jaune à votre mousseline; mettez du sucre fin avec la gomme pour le piler; jusqu'à ce que vous en ayez une pâte maniable, que vous l'ôtez du mortier pour en former des desseins tels que vous jugerez à propos, comme en dôme, en rocher, en clocher, &c.

Mousseline verte.

Dans le tems du bled verd, vous en prendrez une bonne poignée que vous ferez blanchir; retirez-le à l'eau fraîche pour le bien presser, mettez-le dans un mortier pour le piler; il faut en exprimer tout le jus, que vous passez dans un

un tamis, & le mettez fur le feu pour le
faire réduire à moitié, vous vous fervirez de cette eau verte pour mettre tremper une once de gomme adragante. Si
vous n'êtes point dans le tems du bled
verd, vous prendrez des épinards à la
place; lorfque votre gomme fera fondue, paffez-la au travers d'un linge en
la preffant fort; vous la mettrez dans un
mortier pour la piler avec du fucre fin,
en le mettant à mefure que vous pilez,
jufqu'à ce que vous ayez une pâte maniable, vous en formerez des deffeins
comme les précédens.

Mouffeline rouge.

Faites tremper une once de gomme
adragante avec un peu d'eau, & la paffez dans un linge pour la mettre dans un
mortier, avec de l'eau de cochenille
préparée, vous finirez votre moufseline
comme les précédentes.

Moufseline blanche.

Faites tremper une once de gomme
adragante, avec le jus de deux citrons
& un peu d'eau; après l'avoir paffée au
travers d'un linge, vous la mettez dans
un mortier pour en former une pâte
comme les précédentes.

X

Mousseline violette.

Mettez tremper une once de gomme adragante avec un peu d'eau, que vous passez dans un linge, & la mettez dans un mortier; vous prenez une pierre d'indigo, que vous tenez dans la main & la frottez sur une assiette avec un peu d'eau chaude jusqu'à ce que vous en ayez assez pour donner une couleur violette à votre mousseline; vous la mettrez avec la gomme & du sucre fin pour en former une pâte comme les précédentes. Si c'est dans le tems de la violette, vous en prendrez d'épluchée, pour en faire une infusion avec de l'eau chaude, comme nous avons dit à l'article des clarequets de violettes, & vous mettrez votre gomme trempée dans cette infusion.

Mousseline en Bastion.

Vous faites une pâte de toutes les couleurs, comme elles sont marquées ci devant, vous en formez de chacune des rouleaux de la longueur & grosseur que vous jugerez à propos; mettez-les à l'étuve pour les faire sécher; vous en dresserez cinq l'un contre l'autre dans leur hauteur en forme de bastion, en les faisant tenir avec du caramel.

Crême piquée de citron.

Ayez trois demi-septiers de crême double, que vous mettez dans une terrine, avec une pincée de gomme adragante en poudre, & une poignée de sucre fin, une cuillerée d'eau de fleurs d'orange; fouettez le tout ensemble, jusqu'à ce que votre crême soit bien montée; vous la levez ensuite avec une écumoire pour la dresser dans ce que vous devez la servir; garnissez tout le dessus avec des petits filets de citron confit, coupés également, que vous arrangez en formant le dessein que vous jugez à propos. Si la crême est bonne, il ne faut point de gomme.

Crême au Zéphir.

Prenez une chopine de crême double, que vous mettez dans une terrine, avec quelques goutes d'eau de fleurs d'orange, du sucre fin, un blanc d'œuf; fouettez le tout ensemble jusqu'à ce que votre crême soit bien épaisse, que vous la mettrez égouter dans un petit pannier d'ozier, garni d'un linge fin; lorsqu'elle fera bien égouttée, vous la dresserez dans ce que vous devez la servir.

X ij

Crême en Rocher.

Rapez un peu de citron verd que vous mettez dans une chopine de crême double, avec quelques cuillerées de sucre fin; fouettez le tout ensemble jusqu'à ce que votre crême soit bien montée, & la dreffez dans ce que vous la devez servir, en forme de plufieurs petits rochers.

Crême de Sodeville.

Délayez gros comme un pois de bonne preffure avec quelques gouttes d'eau de fleurs d'orange, & une demie cuillerée de crême; prenez une chopine de crême double que vous fouettez, jufqu'à ce qu'elle foit bien épaiffe; mettez-y tout de fuite la preffure que vous mêlez bien avec la crême; dreffez dans ce que vous devez la fervir & la mettez à l'étuve pour la faire prendre; lorfqu'elle fera prife vous jetterez un peu de fucre fin par deffus, avant que de la fervir.

Crême tremblante.

Faites bouillir trois demi-feptiers de crême double, avec un peu de fucre; lorfqu'elle fera diminuée d'un tiers vous y mettrez deux blancs d'œufs fouettés en neige, avec quelques gouttes d'eau de fleurs d'orange ; mettez un inftant fur le feu, en remuant toujours avec le fouet, feulement pour que les blancs d'œufs cuifent, & la dreffez dans ce que vous devez la fervir, mettez-la au frais juf-qu'à ce que vous ferviez.

Fromage à la Crême.

Mettez dans un vaiffeau un demi-feptier de lait avec une chopine de crême, que vous faites chauffer feulement pour le tiédir, en l'ôtant du feu vous y met-trez gros comme un petit grain de caffé de la preffure, délayée avec très-peu de lait ; paffez-le enfuite dans un tamis, fur un plat que vous couvrez, jufqu'à ce que votre crême foit prife, en la faifant prendre fur un peu de cen-dre chaude, ou à l'étuve ; lorfqu'elle eft prife vous la mettez dans un petit pôt de fayance troué & fait exprès, jufqu'à ce que votre fromage foit bien égoutté, que vous le renverfez dans le compo-tier ; mettez autour une bonne crême double, & du fucre fin fur le fromage & la crême.

Fromage de Sodeville.

Faites tiédir une chopine de crême, avec une chopine de lait; en le retirant du feu, mettez y gros comme deux pois de preſſure, délayée avec un peu de lait; mêlez bien la preſſure dans le lait, & le paſſez tout de ſuite dans un tamis pour le mettre dans un plat, & le couvrez d'un autre juſqu'à ce qu'il ſoit caillé, en le faiſant prendre ſur un peu de cendres chaudes, ou à l'étuve; enſuite vous mettez votre caillé dans un panier d'ozier un peu ſerré, pour le laiſſer égoutter; lorſqu'il ſera égouté, mettez votre fromage dans une terrine, & y verſez de haut une chopine de lait, en délayant à meſure le fromage avec une cuiller, vous laiſſerez un peu repoſer le fromage; prenez celui qui vient deſſus avec une écumoire, que vous laiſſez égoutter; mettez le dans le compotier que vous devez ſervir; faites en pluſieurs couches l'une ſur l'autre, en mettant du ſucre fin entre, & finiſſez avec du ſucre par-deſſus.

Fromage à la Bourguignotte.

Mettez dans une terrine une chopine de crême double, avec un peu d'écorce

de citron rapé très-fin, une bonne pincée de gomme adragante pulvérifée;
fouettez le tout enfemble jufqu'à ce que
votre crême foit bien liée & épaiffe,
fans être montée en neige; mettez-la
égoutter dans un panier d'ozier, garni
d'un linge fin; lorfque le fromage fera
bien égoutté, & qu'il aura pris la forme
du panier, vous le renverferez dans ce
que vous devez fervir; poudrez-le par-
tout de fucre fin.

Fromage à la Suiffe.

Faites bouillir & réduire à moitié trois
demi-feptiers de crême, avec trois demi-feptiers de lait; ôtez-les du féu, & y
mettez très peu de fel, avec un demi
quarteron de fucre; lorfqu'ils feront un
peu plus que tiédes, vous y mettrez gros
comme un grain de caffé de preffure délayée; mêlez-les enfemble, & paffez
tout de fuite au tamis pour le mettre
dans un plat que vous couvrez d'un
autre, jufqu'à ce qu'ils foient caillés, en
le faifant prendre fur un peu de cendre
chaude, ou à l'étuve; enfuite vous le
mettez dans un petit panier ou pot de
fayance fait exprès pour les fromages;
lorfqu'il eft bien égoutté, vous le ren-

verfez dans ce que vous devez le fervir, & jettez du fucre fin deffus.

Fromage à la Dauphine.

Faites bouillir une chopine de bonne crême avec un demi quarteron de fucre, en l'ôtant du feu vous y mettrez quelques goutes d'eau de fleurs d'orange; lorfque votre crême fera froide, vous la fouettez jufqu'à ce qu'elle foit bien montée, & la dreffez dans un panier d'ofier garni d'un linge, vous laifferez votre fromage jufqu'à ce qu'il foit bien égoutté, que vous le renverfez dans ce que vous devez le fervir.

Fromage à la Maréchale.

Ayez une chopine de crême double que vous mettez dans une grande falbotiere avec un peu de citron verd rapé, tournez la crême dans la falbotiere en la remuant avec un fouet jufqu'à ce qu'elle foit bien épaiffe & qu'elle ait pris la forme de la falbotiere, vous la dreffez dans ce que vous devez la fervir en poudrant tout le deffus de fucre fin.

Fromage à la Conti.

Faites bouillir une chopine de crême avec un demi-feptier de lait & un peu

de fucre; lorfqu'il bouillira, vous l'ôterez du feu, pour y mettre quatre jaunes
d'œufs délayés avec une demie cuillerée d'eau de fleurs d'orange, & un peu
de lait; remettez fur le feu feulement
pour faire chauffer en remuant toujours
avec une cuiller; quand la crême commence à s'épaiffir, vous l'ôtez promptement du feu, crainte que les œufs ne
tournent; laiffez-la refroidir jufqu'à ce
qu'elle foit un peu plus tiéde que vous y
mettrez un peu de preffure délayée pour
faire cailler la crême en la mettant fur un
peu de cendre chaude, couverte d'un
plat avec de la cendre chaude deffus, ou
à l'étuve; quand elle fera prife, vous
la mettrez dans un petit panier à fromage
garni d'un linge fin pour la faire égoutter; vous fervirez votre fromage dans
un compotier avec une bonne crême
autour & du fucre fin.

Fromage en cannelons.

Faites bouillir une chopine de crême
avec une chopine de lait, un quarteron
de fucre, une cuillerée d'eau de fleurs
d'orange; lorfque votre crême aura
bouilli un bouillon, vous l'ôtez du feu
pour la laiffer refroidir jufqu'à ce qu'elle
foit un peu plus que tiéde, que vous y

mettez gros comme un grain de caffé de la preſſure délayée avec un peu de lait; paſſez tout de ſuite votre crême dans un tamis pour la mettre dans un plat, & la faire prendre ſur un peu de cendre chaude ou à l'étuve, quand elle ſera priſe, vous la coupez en cannelons avec un couteau; mettez à meſure tous ces morceaux ſur un grand plat un peu éloignés les uns des autres; mettez ce plat ſur une cendre chaude pour que les cannelons jettent tout le petit lait qui peut reſter après, & qu'ils ſe raffermiſſent, vous les dreſſez enſuite dans ce que vous devez ſervir; mettez deſſus un peu de bonne crême, & du ſucre fin.

Fromage à la Portugaiſe.

Mettez dans un mortier un quartier de citron confit que vous pilez très-fin, enſuite vous y mettez deux ou trois cuillerées de marmelade de telle confiture que vous voudrez, que vous mêlez avec le citron; prenez une pinte de crême avec un demi-ſeptier de lait que vous faites bouillir & diminuer d'un tiers; lorſque la crême ſera un peu diminuée de ſa chaleur, vous la délayez peu à peu avec la marmelade; quand elle ne ſera plus que tiéde, vous y mettrez

gros comme un grain de caffé de preffure délayée avec un peu de lait ; paffez
votre crême dans un tamis pour la mettre
dans un plat, & la faites prendre fur un
peu de cendre chaude, ou à l'étuve ; lorfqu'elle fera caillée, vous la mettrez dans
un petit pot à fromage pour la faire
égoutter ; dreffez votre fromage dans un
compotier, & mettez autour un peu de
crême douce & du fucre fin.

Caillé à la Fleur d'orange.

Faites tiédir une chopine de crême
avec un peu d'eau de fleurs d'orange &
du fucre, mettez-y un peu de preffure
délayée avec très peu de crême ; mêlez
le tout enfemble pour le mettre dans le
compotier que vous devez fervir ; mettez-le à l'étuve pour le faire prendre ;
lorfque votre crême fera caillée, vous
mettrez rafraichir fur de la glace avant
que de fervir.

Fromage à la Bourgeoife.

Mettez fur le feu une pinte de lait
avec une chopine de crême, une demie
cuillerée d'eau de fleurs d'orange, un
quarteron de fucre, faites bouilir le tout
enfemble & réduire à moitié ; en l'ôtant
du feu, vous y mettrez trois jaunes

X vj

d'œufs, que vous remettez un inftant fur le feu fans qu'il bouille, feulement pour faire cuire les œufs, & ôtez-le auffi-tôt qu'il commence à s'épaiffir; lorfque votre crême fera refroidie aux trois quarts, vous y mettrez un peu de preffure de la groffeur d'un poids, mettez fur une cendre chaude pour faire cailler, & enfuite dans un panier à fromage garni d'un linge fin; quand il fera bien égoutté, vous le dreffez dans le compotier.

Fromage à la Saint Cloud.

Faites tiédir trois demi-feptiers de bon lait, mettez-y gros comme un grain de caffé de preffure délayée avec deux cuillerées de lait; après que vous l'aurez bien mêlé, faites prendre le lait fur un peu de cendre chaude, ou à l'étuve; quand il fera bien caillé, mettez-le dans un moule à fromage jufqu'à ce qu'il foit bien égoutté; pilez très-fin dans un mortier un quartier de citron confit, enfuite vous y ajouterez votre fromage caillé que vous pilez avec le citron, & y mettez peu à peu en les mêlant enfemble une chopine de crême, remettez le tout dans le moule à fromage garni d'un linge fin; lorfque votre fromage fera bien égoutté, vous le fervirez dans un compotier avec de la crême douce & du fucre fin par deffus.

Beurre en Filagrane.

.Pour une demie livre de beurre frais battu, pilez très-fin une douzaine d'amandes douces, mettez-y votre beurre pour les bien mêler enfemble, enfuite vous mettez ce beurre dans une paffoire pour le faire tomber au travers des trous, & le dreffez enfuite fur des affiettes, vous pouvez encore paffer ce beurre dans une ferviette en la tordant fort pour en faire fortir le beurre. Si vous voulez donner du beurre dans fon naturel, vous n'y mettrez qu'un peu de fel fin ; l'on peut encore fervir du beurre de cette façon fans y mettre des amandes, en lui donnant le goût de citron, bergamotte, eau de fleurs d'orange & autres fenteurs.

Sables de différentes couleurs.

Suivant la couleur des fables que vous voulez faire, vous prendrez la quantité de fucre que vous jugerez à propos ; après l'avoir fait clarifier, vous y mettez pour du rouge, de l'eau de cochenille ; pour du bleu, de la pierre d'indi-

go; pour du jaune, de la gomme gutte;
pour du verd, de la couleur verte; ces
couleurs font expliquées, *page 453 &*
fuiv. vous en mettrez fuffifamment pour
donner couleur au fucre, & ferez cuire
le fucre jufqu'à ce qu'il foit-à la grande
plume, vous l'ôtez du feu pour le travailler avec une efpatule en le remuant
toujours jufqu'à ce qu'il revienne en
fucre; lorfqu'il fera refroidi, vous le
paflerez dans un tamis pour en former
du fable; ce fable vous fervira à faire
des deffeins de parterre.

Pain - d'Epice de Fleurs d'Oranges, ou
Conferve manquée, du goût de la Cour.

Prenez du fucre de fleurs d'oranges
pralinées, mettez-y de l'eau, & le faites
réduire prefqu'au caffé, travaillez-le avec
une fpatule, comme fi vous vouliez faire
une conferve; lorfque vous voyez qu'il
s'éleve, comme pour une conferve, vous
le renverfez fur une feuille de cuivre
frottée de bonne huile d'olive, faites-
en plufieurs petits tas égaux de diftance
de deux pouces, mettez deffus une autre
feuille de cuivre, auffi frottée d'huile,
que vous appuyez pour les applatir de
l'épaiffeur d'un gros écu. L'on peut y

mettre la rapure d'un citron en mettant l'eau pour faire décuire le sucre.

DU PAIN.

OBSERVATION.

CET aliment est pour nous d'un usage si étendu & si nécessaire que sans lui les meilleures viandes nous paroîtroient insipides, & nous causeroient du dégoût; il est peu de Nations qui ne s'en servent; cependant comme le bled ne vient pas généralement par-tout, il est des Pays où les Peuples sont obligés de se servir de matieres équivalentes qui leur tiennent lieu de cet aliment. Au rapport des Voyageurs, les Lapponois & les Islandois font durcir des poissons au froid pour s'en servir comme de pain; d'autres Peuples font durcir différentes chairs d'animaux, qu'ils mêlent avec des écorces d'arbres pour en faire. Les châtaignes & les dattes, & d'autres végétaux dans divers Pays, sont aussi employés au même usage. Ce n'est pas ici le lieu de détailler les différens moyens, que la nature & l'industrie ont fournis aux hommes de remplacer le défaut du pain, dans les

Contrées où il ne croît point de bled, ou dans celles où il vient à manquer par quelqu'accident : Je me borne à quelques réflexions plus utiles à un Officier. De toutes les especes de bled, celui qui fait le meilleur pain, est le froment, qui est celui dont nous faisons le plus d'usage, sa qualité est différente, suivant les endroits où il croît. En général il faut le choisir bien nourri, pesant, net, bien sec ; il y en a qui préferent celui qui est nouvellement battu, parce qu'il rend le pain plus blanc & plus délicat que celui que l'on garde depuis long-tems au grenier, mais il ne rend pas tant de farine ; on doit aussi autant que l'on peut préférer pour le moudre, le moulin à eau, au moulin à vent, principalement celui qui mout à l'aide d'un ruisseau qui coule avec rapidité. Je n'entrerai point ici dans toutes les explications des différentes sortes de pain que l'on peut faire, ce détail ne regarde point l'office d'un Maître d'Hôtel ; je crois cependant qu'il ne sera pas hors de propos de donner ici quelques instructions pour faire le pain des Maîtres, qui, souvent dans leurs Châteaux n'ont pas la commodité d'avoir du pain de Boulanger ; on s'en rapporte ordinairement alors à des femmes peu inftruites, qui, fouvent par la mal-façon, font un pain pefant, & d'un goût peu agréable. On obfervera donc que fi la farine n'a point été blutée au moulin, il faut la tamifer pour en avoir la plus fine, il faut pétrir fon pain dans un endroit chaud, ce qui contribue beaucoup à la bonne façon; toutes les farines ne fe manient pas de même, l'une demande plus de levain que l'autre, celle-ci veut l'eau plus chaude ou plus froide que celle-là, & être pétrie plus ou moins forte; l'expérience que l'on en fait la premiere fois, pour peu que l'on foit accoutumé à pétrir, vous inftruit de la conduite qu'il faut tenir dans la fuite.

Le levain fe fait d'un morceau de pâte qu'on garde de la derniere fournée, il faut être foigneux de le bien couvrir de farine & de le garder dans un endroit chaud, principalement en hyver. Quelques-uns font un levain avec du froment qu'ils font bouillir, & à mefure qu'il bout ils enlevent l'écume qui vient au-deffus, la laiffent épaiffir & l'employent dans leur pâte, ce levain fait du pain plus léger que le précédent; la levure de bierre qui a fait naître autrefois tant de difputes, paffe aujourd'hui pour le meilleur de tous les levains; mais on n'a pas partout la facilité d'en avoir. Il faut détremper son levain la veille que l'on veut faire le pain, en été avec de l'eau un peu tiéde, & en hyver avec de l'eau un peu plus chaude, celle de riviere est la meilleure; il faut bien pétrir la pâte sans qu'il y reste aucun grumelot de farine pour la mêler avec le levain, & la tenir bien couverte dans un endroit moyennement chaud, pour qu'elle puisse fermenter; il faut observer que plus la pâte est maniée & plus elle devient ferme, vous façonnez après les pains de la grosseur que vous voulez pour les faire cuire. Il est nécessaire de faire attention au degré de chaleur du four, parce que si elle est trop forte, le pain durcit & ne se leve pas; si elle est trop foible, il reste pâteux. Vous connoissez son juste point de cuisson en le frappant fort avec le bout du doigt, s'il raisonne c'est une marque qu'il est cuit, sinon il faut encore le laisser cuire; quand vous tirez les pains du four, il faut les mettre droits sur une table sans être l'un sur l'autre. Le gros pain doit être pétri dur, celui des Maîtres plus molet; la différence, quand c'est la même farine, ne se trouve que dans le plus ou moins d'eau que l'on met en détrempant la farine. Les pains molets se font de la même façon, à cette différence que vous détrempez la farine avec de l'eau, très-peu de sel & de la levure de bierre; si vous le voulez plus délicat, vous y mettez du lait, quelques-uns y mettent un peu de beurre; à tous ces pains il faut la pâte plus molle & plus levée qu'aux autres. En général le pain nourrit beaucoup, & ne peut produire de mauvais effets que quand on en use avec excès, ou qu'il est trop cuit ou pas assez, parce qu'alors il pese sur l'estomac, & se digere difficilement, celui qui est à demi-rassis est le meilleur pour la santé.

___

DU VIN.

OBSERVATION.

JE n'entrerai point ici dans le détail de ce qui concerne la façon de faire les vins, chaque pays a sa méthode, & la façon de les faire n'est point nécessaire au Maître d'Hôtel, comme d'en connoître la qualité, les propriétés & le moyen de les conserver. La différence des vins est presque infinie, & varie suivant les lieux, & même suivant certains cantons particuliers dans les mêmes lieux. Les meilleurs que nous ayons en France font ceux de Bourgogne & de Champagne ; ces deux Provinces jaloufes fur le chapitre de cette liqueur, veulent l'emporter tour à tour ; l'une, par fa couleur vermeille, & l'autre par un montant de goût qui plaît beaucoup. Comme le vin rouge eft celui qui convient le mieux à toutes fortes de tempérammens, je crois que celui de Champagne doit céder la préférence. De tous les vins de Bourgogne, ceux qui font les plus eftimés, font les vins de Nuits, le Pomart, le Beaune, le Volnay, le Mulceaux, le Moraché, le Clos de Voujeaux, le Clos de Cîteaux, le Chaffagne, le Savigny.

En vins de Champagne, celui de Sillery, de Haï, de Pierry & d'Auvilé, le vin bourru d'Arty & celui d'Arbois. Les autres font ceux de Bordeaux, de Grave, du Rhin, de la Mofelle, le Saint-Peré de Languedoc. Nous avons encore les vins de liqueur, comme le Saint-Laurent, le Lunelle, le Poifant, le Mufcat de Languedoc & de Provence, les vins d'Efpagne rouge & blanc ; ceux d'Alicante, de Malvoifie, de Canarie, de Malaga, d'Hongrie, de Tokai, de Cerifes, &c. Un point

essentiel pour les conserver, c'est de les
mettre dans une bonne cave, on connoît sa bonté quand elle est bien fraîche,
& éloignée des mauvaises odeurs ; il
faut remplir tous les mois les tonneaux
avec les meilleurs vins, parce qu'un
tonneau plein n'est point susceptible de
vent, & conserve au vin sa qualité,
vous mettez ensuite le vin en bouteilles
où il se bonifie encore, & se conserve
plus long-tems. Il y a des vins plus
prompts à boire que d'autres, il faut commencer par ceux qui sont les plus tendres, ou qui tombent en graisse, ce que
vous connoissez lorsqu'ils filent en les
versant ; car alors c'est une marque qu'ils
sont trop remplis de parties huileuses.
Pour les dégraisser, vous prenez deux
onces de belle cole de poisson que vous
coupez par petits morceaux, faites-la
fondre dans une chopine de vin sans la
mettre sur le feu ; après l'avoir bien re-
muée, vous la mettez dans le tonneau
par le bondon, & remuez le vin avec
un bâton où vous avez attaché un mou-
choir blanc au bout ; retirez de tems en
tems le bâton pour nettoyer ce qui tient
au linge, après vous laissez reposer le
vin, qui deviendra sec & se clarifiera.
Pour éclaircir le vin blanc, pour un demi

muid, vous y mettrez une pinte de lait de vache frais tiré, que vous remuez de la même façon qu'au précédent, trois jours après il fera clarifié. De tous les ingrédiens dont on fe fert pour racommoder les vins, ceux qui ne font point contraires à la fanté, font les blancs d'œufs, la cole de poiffon, le miel, le rapé, le marbre, le tartre, l'albâtre pulvérifé, la lie, le fucre, le vin cuit, le papier. Les vins qui font le plus en ufage dans les repas, font le rouge & le paillet; fur la fin des repas, le blanc & les vins de liqueur. Il faut les choifir d'une belle couleur, clairs, tranfparens, d'un goût doux & piquant, point trop nouveau & d'une odeur agréable. Le vin pris avec modération aide à la digeftion, fortifie l'eftomac, échauffe l'imagination, augmente la quantité des efprits, pouffe par les urines, donne de la vigueur au fang, excite la mémoire; mais quand on en ufe avec excès, non feulement il produit l'yvreffe, mais il échauffe beaucoup, corrompt les liqueurs, & peut caufer plufieurs maladies fâcheufes.

DE LA BIERRE.

OBSERVATION.

LA Bierre se fait avec du froment ou de l'orge & le houblon, & quelques plantes ameres que l'on y mêle aussi pour empêcher qu'elle ne s'aigrisse. La qualité de l'eau, la cuisson des matieres que l'on y employe, & la saison, par rapport à la fermentation, contribuent beaucoup à sa bonté. Nous en avons de plusieurs sortes, de rouge, de blanche, les unes claires & limpides, d'autres chargées, troubles & épaisses; les unes douces, & d'autres ameres & âcres; elles sont encore différentes par leur âge; la nouvelle est d'un goût plus doux que celles qui ont été gardées. Toutes ces bierres ne sont différentes que par rapport aux pays où elles ont été faites, des eaux que l'on a employées, des matieres que l'on a mis dans la cuisson, & de la saison où l'on y a travaillé. Il faut choisir la bierre d'un goût agréable, sans aigreur, & piquante, de belle couleur, claire & mousseuse en la versant. Cette boisson est rafraîchissante, engraisse & nourrit beaucoup ; quand elle est trop nouvelle, elle produit des ardeurs d'urine, excite des vents ; prise avec excès, elle produit l'yvresse.

DU CIDRE.

Observation.

Nous en avons de deux sortes, le Cidre poiré, que l'on fait avec les poires, & le Cidre pommé que l'on fait avec des pommes ; les meilleures pour le faire, font celles qui ont un goût rude & acerbe, parce qu'elles font un cidre fort & piquant, qui fe conferve longtems ; celui que l'on fait avec des pommes ordinaires, eft doux, & fe paffe très-vite. On les cueille dans l'Automne, après on les écrafe fous la meule pour en tirer par expreffion un fuc, que l'on met fermenter dans le tonneau ; cette fermentation de pommes eft affez femblable à celle du mout que l'on met dans le tonneau pour faire le vin. Le fuc des pommes fe rarefie de la même façon. Quand ce fuc n'à point été dépuré, il fe corrompt aifément. Quelques-uns pour achever de le clarifier ; & empêcher
cher

cher qu'il ne fe gâte, font diffoudre dans
du vin, de la colle de poiffon qu'ils mettent dedans ; d'autres pour empêcher
qu'il ne s'aigriffe y mettent de la mou-
tarde ; mais le plus fûr eft de le tirer au
clair, pour le mettre enfuite dans des
bouteilles de verre. Celui de poiré fe fait
de la même façon, avec des poires acer-
bes & âpres à la bouche : cette liqueur
approche affez du vin blanc, par fa couleur & fon goût. Le meilleur cidre que
nous ayons fe fait en Normandie, principalement celui d'Ifigny qui eft le plus
eftimé, Cette boiffon eft rafraîchiffante,
défaltere beaucoup, fortifie l'eftomac &
le cœur. Quelques-uns la préferent au
vin pour la fanté, quand on en ufe avec
modération : lorfqu'on en ufe avec excès l'ivreffe n'en eft point fi prompte
que celle du vin, mais elle eft plus longue
& les fuites en font plus fâcheufes. Il faut
le choifir d'une bonne odeur, très-clair,
d'un goût doux & piquant, & d'une
couleur dorée.

DES EAUX-DE-VIE.

ET LIQUEURS.

OBSERVATION.

IL y a plusieurs sortes d'eaux-de-vie, les meilleures sont celles qui sont faites avec le vin, principalement celui d'Orléans & des environs de Paris, qui fournissent plus d'eau de-vie dans la distillation que d'autres qui sont plus forts; celles qui sont faites avec la bierre, l'hydromel, le poiré & le cidre, ne sont pas si agréables au goût, & ont plus d'âcreté, aussi ne sont-elles d'usage que dans les Pays où il n'y a point de vin. On fait avec l'eau-de-vie toutes sortes de Ratafiats, qui ont chacun leur goût & propriété, suivant les ingrédiens dont ils sont composés. Les meilleures liqueurs étrangeres, celles qui nous viennent des Isles d'Angleterre, sont le Cinnamome, l'Escubac, l'Eau de Barbades, l'Eau de fines Oranges; nous avons encore le Ratafiat de Grenades, le Superfin de Safran, les Eaux-de vie d'Irlande, d'Andail, de Dantzic, &c. En général les liqueurs vineuses, prises avec modération, aident à la digeſtion, rétabliſſent les forces, donnent de la vigueur au ſang, & conviennent aux vieillards, & à tous ceux qui ſont d'un tempérament froid & flegmatique. Leur uſage fréquent & immodéré, non-ſeulement cauſe l'yvreſſe, mais elle jette dans le ſang une agitation très-forte, qui eſt ſouvent ſuivie de mauvais effets.

Vin brûlé.

Mettez pour une bouteille de vin de Bourgogne, une livre de ſucre, avec un peu de macis, un bâton de canelle, de la coriandre, trois feuilles de laurier; ayez un grand feu de charbon, mettez votre pot au milieu; lorſqu'il bout bien fort, mettez-y le feu avec du papier, & le laiſſez brûler juſqu'à ce qu'il s'éteigne de lui même; ôtez le du feu. Il faut le boire chaud.

Sorbec.

Prenez une ruelle de veau, & la dégraiſſez bien, coupez-la par morceaux, pour la mettre cuire avec deux pintes d'eau que vous ferez bouillir juſqu'à ce qu'elle ſoit réduite à chopine; paſſez-la dans un linge: lorſque cette décoction ſera repoſée, vous la tirerez au clair

Y ij

pour la mettre dans deux livres de fucre ;
que vous ferez cuire à la petite plume ;
mettez fur le feu pour les faire bouillir
un inftant ; lorfque vous l'aurez ôté du
feu, vous y mettrez une chopine de
jus de citron, que vous mêlerez bien
avec le refte, & le mettrez enfuite dans
des fioles de verre.

Nectar.

Prenez trois gros citrons, ôtez-en
l'écorce ; coupez-les en tranches bien
minces, & les mettez dans un pot avec
quatre pommes de reinette pelées &
coupées par morceaux, une cuillerée
d'eau de fleurs d'orange, un peu de
canelle, une pinte de vin de Bourgogne,
une livre de fucre ; faites infufer, le tout
enfemble bien couvert pendant vingt-
quatre heures, enfuite vous le pafferez
à la chauffe, & le mettrez dans des
bouteilles.

Roffoli.

Pour faire trois pintes de roffoli vous
mettez dans une cruche bien bouchée,
trois chopines d'eau tiede, avec une
pinte d'efprit de vin, trois livres de fucre
clarifié, & cuit à la petite plume, deux
feuilles de maçis, un bâton de canelle,

rompu par petits morceaux, une poignée de coriandre, trois pincées d'anis, un citron coupé par petits morceaux avec son écorce ; faites infuser le tout ensemble, pendant trois ou quatre jours, vous le passerez ensuite à la chausse pour le mettre dans des bouteilles.

Populo.

Mettez dans une cruche une pinte de bon vin blanc avec un demi-septier d'esprit de vin, une livre de sucre cuit à la plume, deux pommes de reinette pelées & coupées par tranches, trois cuillerées d'eau de fleurs d'orange ; faites infuser jusqu'au lendemain que vous le passerez à la chausse.

Angélique.

Prenez une pinte de blanquette ou vin de Scipion ; mettez-y avec une livre de sucre royal, ou d'autre, du plus beau que vous aurez, un peu d'anis & de coriandre concassés, une pomme de reinette pelée & coupée par petits morceaux, un citron pelé & coupé par ruelles, trois ou quatre zests de citron, un peu de poudre de cypres, deux cuillerées d'eau de fleurs d'orange ; laissez le tout infuser sans feu pendant vingt-quatre heures dans un vaiſſeau bien bouché; enſuite vous le paſſerez à la chauſſe pour le mettre dans des bouteilles.

Eau d'Amandes d'Abrece,

Pour ſix pintes d'eau-de-vie, vous prenez une demie livre d'amandes d'a-bricots, que vous pilez ſans ôter la peau; mettez-les dans la cruche avec l'eau-de-vie, un gros de canelle, une poignée de coriandre, deux livres de ſucre; faites infuſer le tout enſemble pendant cinq ou ſix jours; enſuite vous ferez bouillir une pinte d'eau, & la laiſ-ſerez réfroidir; mettez-la avec ce qui eſt dans la cruche; paſſez votre liqueur à la chauſſe pour la mettre dans des bouteilles.

Cinnamome.

Pour faire trois chopines de cinna-mome, prenez deux onces de canelle qu'il faut concaſſer dans un mortier; mettez-la infuſer deux fois vingt-quatre heures, avec trois chopines d'eau-de-vie, une pinte de vin d'Eſpagne, & une pinte de vin blanc; enſuite vous mettez le tout dans l'alambic pour le faire diſtiller, comme il ſera dit ci-après, à l'article de la Diſtillation.

Ratafiat de Noyaux.

Pour une pinte d'eau-de-vie, vous prendrez une once de noyaux d'abricots, avec cinq amandes ameres : il faut seulement les concasser, & ne point ôter la peau ; mettez-les dans une cruche, avec l'eau-de-vie, & trois quarterons de sucre clarifié ; faites infuser pendant trois jours dans un endroit tempéré ; ensuite vous passerez votre ratafiat à la chausse, & le mettrez dans des bouteilles.

Hypocras.

Mettez dans une cruche deux pintes de vin de Bourgogne avec une livre & demie de sucre, les zests d'un citron, six cloux de gérofle, la moitié d'une muscade, un bâton de canelle, une douzaine d'amandes douces un peu concassées, six feuilles de macis ; bouchez bien la cruche ; & laissez infuser pendant vingt-quatre heures ; ensuite vous passerez votre hypocras à la chausse, & le mettrez dans des bouteilles.

Hypocras d'une autre façon,

Faites infuser du soir au lendemain deux bouteilles de vin de Bourgogne avec une livre de fucre, deux bâtons de canelle de longueur du doigt, la moitié d'un citron en tranches, deux pommes de reinette auffi coupées en tranches, deux feuilles de macis, une pincée de coriandre concaffée, cinq ou fix amandes douces feulement concaffées; enfuite vous le paffez à la chauffe; cet hypocras ne peut fe garder qu'environ quinze jours à caufe du citron & des pommes.

Hypocras blanc.

Prenez deux pintes de vin blanc que vous mettez dans un vaiffeau avec trois quarterons de fucre, un bâton de canelle, deux cloux de gérofle, une pincée de coriandre, le tout concaffé enfemble, trois ou quatre zefts d'orange aigre, faites infufer pendant deux heures; vous prendrez une poignée d'amandes douces que vous pilez en y mettant deux ou trois cuillerées de lait, mettez-les au fond de la chauffe avant que de paffer l'hypocras, paffez-le à plufieurs fois jufqu'à ce qu'il foit bien clair, que vous le mettrez dans des bouteilles.

Ratafiat d'amandes d'Abricots.

Prenez fix pintes de bonne eau-de-vie & demie livre d'amandes d'abricots, il faut les piler avec leur peau & les mettre dans une cruche neuve avec l'eau-de-vie, deux gros de canelle, six cloux de gérofle, demie once de coriandre, quatre livres de fucre clarifié, bouchez bien la cruche & mettez votre ratafiat infufer au Soleil l'efpace de trois femaines ou un mois, paffez-le à la chauffe, & le mettez dans des bouteilles.

Hypoteque.

Sur une pinte d'eau-de-vie il faut prendre demie livre de fucre, une livre de fruits rouges compofée d'une demie livre de cerifes, un quarteron de grofeilles & un quarteron de framboifes, écrafez tous ces fruits le plus que vous pourrez, mettez le marc avec le jus dans l'eau-de-vie ; vous aurez foin d'écrafer les grofeilles à part pour n'en prendre que le jus, parce que le marc aigrit ; vous y mettez auffi tous les noyaux des cerifes avec cinquante amandes d'abricots que vous concaffez, une demi-poignée de coriandre, deux cloux de gérofle, un morceau de canelle, & un morceau de vanille ; mettez le tout dans une cruche pour infufer pendant quinze jours au Soleil, enfuite vous paffez votre hypoteque à la chauffe pour le mettre dans des bouteilles.

Y v

Lorsque les fruits rouges sont passés, vous en pouvez faire avec du verjus mûr, vous le faites de la même façon, à cette différence qu'à la place du jus des fruits rouges, vous y mettez du jus de verjus mûr, & cinquante amandes d'abricots.

Escubac d'Angleterre.

Sur trois pintes d'esprit de vin, trois pintes d'eau-de-vie, & trois pintes d'eau, il faut une demie livre d'amandes ameres coupées, une demie livre de raisin sec de Provence, une demie livre de dates coupées, une demie livre de figues grasses coupées, une demie once de canelle rompue, une demie once de coriandre, une demie once d'anis des Indes, une demie once de macis, un gros de cardemone, un gros d'aloës sacre, quatorze cloux de gérofle, trois muscades coupees, deux citrons coupés, jus & écorce, deux onces de safran en feuilles, un gros de cochenille, un demi-septier de sirop de pommes, un petit cédra coupé par tranches & jus, six gros de réglisse verte. Toute cette composition bien pilée ensemble ou séparément, pour en former une espece de pâte, & y ajouter trois livres de sucre en poudre, mettez le tout enfemble dans une cruche, que vous laifferez infufer huit jours, il faut le remuer de tems en tems avec un bâton, enfuite le paffer à la chauffe, & le mettre dans des bouteilles.

Efcubac du marc.

Vous prenez le marc d'efcubac pré-cédent, que vous remettrez dans la cruche, en y ajoutant trois pintes d'ef-prit de vin, trois pintes d'eau-de-vie, & trois pintes d'eau, une once de fafran en feuilles bien pilé, ajoutez-y une livre & demie de fucre en poudre, laiffez-le infufer un mois, enfuite vous le pafferez à la chauffe jufqu'à ce qu'il foit bien clair, que vous le mettrez dans des bouteilles.

Eau divine.

Prenez trois chopines d'eau; faites-y fondre à froid cinq quarterons de fucre mettez-y un demi-feptier d'eau de fleurs d'oranges, qu'il faut filtrer après que votre fucre fera bien fondu; enfuite vous y ajouterez une pinte de bon efprit de vin, le meilleur que l'on peut avoir; vous la mettrez après dans des bouteilles, vous en pourrez boire quinze jours après; mais plus elle eft vieille, meilleure elle eft.

Ratafiat de Citrons.

Pour faire trois pintes de ratafiat de citrons, prenez deux pintes & chopine d'eau-de-vie, mettez-y infuser pendant quinze jours les zefts d'une douzaine de citrons, il n'en faut prendre que le jaune & ne point anticiper fur le blanc ; enfuite vous ferez clarifier deux livres de fucre que vous mettrez dans l'eau-de-vie, & le laifferez encore infuser huit jours avec les citrons, & pafferez votre ratafiat à la chauffe pour le mettre dans des bouteilles bien bouchées ; ce ratafiat eft meilleur quand il eft gardé un an ou deux que dans le commencement. Celui de Bigarades fe fait de même.

Cornichons, façon d'Hollande.

Il faut prendre des cornichons les plus verds que vous pourrez trouver, les bien ranger dans un pot de terre, & mettre au fond du pot une poignée de thim bien ficelé, & parmi vos cornichons mettez-y du poivre d'Efpagne que vous trouverez chez les Herboriftes, il n'en faut prendre que le plus verd mettez auffi deffus les cornichons un gros paquet d'eftragon bien ficelé ;

Il faut avoir du vinaigre le moins couvert que vous pourrez trouver, faites-
le bouillir dans un chaudron avec le sel
que vous y devez mettre, & le jettez tout bouillant dans votre pot; vous
couvrez aussi-tôt le pot avec du linge
pour empêcher que la fumée ne s'évapore, vous aurez soin de faire bouillir ce vinaigre une fois par jour, pendant
cinq ou six jours, & le remettrez en
l'ôtant du feu dans le pot, que vous couvrirez promptement. Si vous avez la
commodité de les faire cueillir dans un
tems qui ne soit point humide, ils seront
d'un plus beau verd. Si vous les trouvez
trop forts de vinaigre, vous pouvez mettre une pinte d'eau sur trois pintes de
vinaigre.

Cornichons de bled de Turquie.

Il faut prendre du bled de Turquie
pendant qu'il est verd, & encore en
moële ; faites-le cuire à moitié dans de
l'eau ; après l'avoir rafraîchi dans une
autre eau, vous le mettrez égouter &
confire de la même façon que les cornichons précédens, ils vous serviront aux
mêmes usages.

DE LA DISTILLATION.

NOUS avons plusieurs façons de distiller, comme au bain marie, au sable, à la cendre & à la lampe, avec des alambics de verre. Ces différentes façons sont mises en usage pour toutes les distilations qui se font avec de l'eau-de-vie, il n'en est pas de même pour celles qui se font à l'eau, parce qu'elles demandent un plus grand feu, & ne se peuvent point faire autrement, qu'en mettant votre alambic sur un fourneau, vous lui donniez la chaleur qu'il faut pour faire bouillir également la composition qui est dans l'alambic. Lorsque vous voulez distiler, vous mettez votre composition dans un alambic ; il ne faut l'emplir qu'aux deux tiers ; c'est-à-dire, que si votre alambic tient six pintes, vous n'en mettrez que quatre ; parce que si vous en mettiez davantage, le tout sortiroit au premier feu ; ensuite vous couvrez l'alambic de son chapiteau ; bouchez-en tout le tour avec une pâte faite avec de l'eau & de la farine ; colez sur cette pâte plusieurs morceaux de papier.

Pour diftiller au bain-marie : fi votre alambic n'a point de cuvette à bain-marie, vous le mettez dans un chaudron plein d'eau, que vous placez fur un fourneau, & le faites aller à grand feu, jufqu'à ce que ce qui eft dans l'alambic commence à bouillir ; alors vous diminuerez la chaleur du bain-marie, afin qu'il bouille doucement ; vous aurez foin d'avoir de l'eau bouillante pour augmenter celle du bain-marie à mefure qu'elle diminue. Lorfque la liqueur qui eft dans l'alambic commence à bouillir vous en laiffez tomber le flegme, qui eft d'environ plein une cuilliere à bouche, avant que d'y mettre la bouteille qui doit recevoir la liqueur ; bouchez ce qui refte de vuide au goulot de la bouteille ou récipient, avec du papier que vous colez autour, pour empêcher la liqueur de perdre fon efprit ; vous aurez foin auffi-tôt que la compofition qui eft dans l'alambic commence à bouillir, de mettre de tems en tems de l'eau fraîche dans le réfrigérant ou cuvette qui environne le chapiteau, pour que votre efprit ne fente point le feu ; vous connoîtrez que votre liqueur fera diftillée, lorfqu'elle commencera à blanchir en tombant dans le récipient ou bouteille, il faut l'ôter promptement ; c'eſt une attention qu'il faut avoir pour que le marc de votre diſtillation n'altere point la bonté de votre liqueur.

En général, ſur toutes ſortes de diſtilations , vous ne pouvez en tirer de bon qu'environ la moitié ; c'eſt-à-dire, que ſur quatre pintes , vous n'en retirez au plus que deux.

La façon de diſtiller à la cendre & au ſable , eſt fort peu miſe en uſage ; elle n'eſt point ſi bonne que celle au bàin-marie ; elle ſe fait de même, à cette différence , qu'à la place d'eau que vous mettez dans un chaudron, vous mettez votre alambic dans un chaudron de fonte , & l'entourez de cendre ou de ſable ; faites deſſous un feu modéré ; parce-que le ſable ou la cendre étant une fois échauffée , il faut moins de feu pour le bain-marie.

Les Dames qui veulent s'amuſer à la diſtillation , la peuvent faire dans leur chambre , ſans aucun embarras , par le moyen des alambics de verre , qui ſe font chauffer avec la lumiere d'une lampe faite exprès ; il y en a depuis un demi-ſeptier juſqu'à ſix pintes ; vous mettez votre compoſition dans l'alambic de verre , & le couvrez de ſon chapiteau ;

bouchez-en tout le tour, comme au précédent; enfuite vous mettez votre alambic fur la lampe, que vous laiffez brûler
jufqu'à ce que votre diftillation foit faite.

Comme il y a peu d'alambics de verre
qui foient faits avec une cuvette qui environne le chapiteau, ce qui fait que l'on
ne peut point y mettre de l'eau fraîche;
pour fuppléer à ce défaut, vous y mettez à mefure qu'il en eft befoin, un linge
mouillé avec de l'eau fraîche.

D E L A L A V A N D E

O B S E R V A T I O N.

L A Lavande fleurit ordinairement en
Juin & Juillet. Cette plante croît d'elle-
même dans des collines pierreufes &
féches, expofées au Soleil, particuliere-
ment dans le Languedoc; on en feme
auffi prefque dans tous les jardins; fon
odeur quoique forte, eft très-agréable,
& donne une bonne odeur dans les
habits & au linge, l'eau diftillée des fleurs
eft odoriférante, & fert contre l'épilep-
fie, l'apoplexie, la léthargie, en l'appli-
quant aux temples & au front; elle eft
encore employée à plufieurs autres ufages

qui font affez connus. Pour faire l'eau de lavande, vous en prenez une livre de la fleur égrainée, que vous mettez dans une cruche, avec trois chopines d'eau-de-vie, bouchez bien la cruche, & la mettez au Soleil pendant un mois ou fix femaines; après vous la passerez au clair, pour la mettre dans des bouteilles. Si vous voulez qu'elle foit d'un clair fin & plus forte, vous la ferez diftiller, comme il fera expliqué ci-après.

Eau-de-vie de Lavande diftillée.

Empliffez une cruche de fleurs de lavande, enfuite vous y mettez autant d'eau-de-vie avec les fleurs qu'il en peut tenir dans la cruche, bouchez-la bien pour les laiffer infufer environ quinze jours; lorfque les fleurs & l'eau-de-vie feront bien infufées enfemble, vous mettez le tout dans un alambic pour faire diftiller au bain-marie, comme il a été dit dans l'article ci-devant.

Effence de Lavande.

Pour faire l'effence de lavande, vous mettez dans une cruche bien bouchée autant de fleurs de lavande qu'il en peut tenir avec de l'eau, laiffez-les infufer trois ou quatre jours, enfuite vous mettez

le tout dans un alambic pour le faire diftiler sur un moyen feu ; sur les premieres
bouteilles que vous tirerez, il se forme
une huile sur l'eau que vous enlevez
avec une petite éponge bien propre ;
pressez ensuite votre éponge dans un
vase de verre, vous continuez de cette
façon jusqu'à ce que vous voyez qu'il
n'y ait plus d'essence ; vous pouvez encore retirer cette essence en mettant le
pouce sur le goulot de la bouteille, &
la renverser sens dessus dessous, l'huile
ou l'essence remonte sur l'eau ; vous lâ-
chez doucement le pouce pour en laisser
sortir l'eau, & l'essence restera seule
dans la bouteille, vous la mettrez ensuite
dans des petites bouteilles que vous aurez
soin de bien boucher. Pour s'en servir,
toutes sortes d'essences se doivent mêler avec de l'esprit de vin, & du meilleur, autrement elle resteroit en huile ;
l'eau que vous en avez tirée par la distillation, vous la mettez dans des bouteilles, ayez soin de les bien boucher,
elle se conserve deux ou trois ans ; il
en est même qui la préferent pour se
laver à celle qui est tirée à l'eau-de-
vie, parcequ'elle est plus douce sur la
peau.

Essence de toutes sortes de fleurs &
Herbes aromatiques.

Prenez la fleur ou herbe aromatique
dont vous voudrez tirer des essences,
vous la mettez dans une cruche avec de
l'eau pour la laisser infuser trois ou quatre jours, ensuite vous la mettrez dans
un alambic, comme il a été dit pour l'essence de lavande, vous observerez la
même chose, elles se font toutes de la
même façon.

Différentes fleurs distillées à l'eau-de-vie.

Pour distiller toutes sortes de fleurs
avec de l'eau-de-vie, il faut observer
ce qui a été dit pour l'eau-de-vie de Lavande distillée, elles se font toutes de la
même façon.

Esprit de vin simple & double.

Suivant la grandeur de votre alambic,
vous y mettrez de l'eau-de-vie, si elle
tient six pintes, il n'en faut mettre que
quatre, faites-la distiller au bain-marie
comme il a été dit à l'article de la Dis-
tilation ; si votre eau-de-vie est bonne,
les quatre pintes vous doivent rendre
près de deux pintes d'esprit de vin ordinaire. Mais si vous le voulez plus fort,

ce que l'on appelle esprit de vin double, vous le remettez une seconde fois
dans l'alambic pour le faire encore diftiler; de deux pintes que vous aviez,
il se réduira à une pinte ou cinq demi-
septiers.

FIN.

TABLE

DES OBSERVATIONS
Par ordre Alphabétique

ALPHABETIQUE.

Fin de la Table des Obfervations.

TABLE
DES MATIERES
POUR LE TRAVAIL.

DU PRINTEMS.

Abricots

DES MATIERES.

Z

TABLE.

TABLE

DES MATIERES.

TABLE.

DES MATIERES.

Z iv

TABLE.

DES MATIERES.

Z v

TABLE.

DES MATIERES.

Z vj

TABLE

DE L'AUTOMNE, 268

DES MATIERES.

TABLE

DES MATIERES.

DE L'HYVER, 349

DES poires d'Hyver, 350

TABLE

DES MATIERES.

TABLE

DES OUVRAGES,

DE TOUTES LES SAISONS.

395

DES MATIERES.

TABLE

DES MATIERES.

TABLE

DES MATIERES.

TABLE DES MATIERES.

Fin de la Table.

L'approbation & le Privilege se trouvent au Maître d'Hôtel Cuisinier.

De l'Imprimerie de PRAULT, Imp.
du Roi, Quai de Gêvres.

www.ingramcontent.com/pod-product-compliance
Lightning Source LLC
Chambersburg PA
CBHW051338220526
45469CB00001B/22